개정판

국제농업통상론

WTO & International Agricultural Trade

이용기 지음

도서출판 해남

이용기(李龍耆)

· 경희대학교 정경대학 경제학과 졸업(1978)
· 미국 일리노이대(Urbana) 대학원 농업경제학과 석사 · 박사(1993)
· 제22회 행정고등고시(1978)
· 총무처, 동력자원부, 농림수산부 근무(1979~1994)
· 미국 버클리대(UC Berkeley) 객원교수(2001~2002)
· 미국 메릴랜드대(College Park) 객원교수(2010~2011)
· 학교법인 애광학원 이사(2008~2010)
· 영남대학교 자원문제연구소장(2007~2009)
· 영남대학교 자연자원대학장(2013~2015)
· 영남대학교 식품자원경제학과 교수(1994~현재)

〈저서 및 논문〉

· 「한국농업 길을 묻다」, (주)푸른길, 2012
외 농업정책 및 통상 관련 논문 다수

국제농업통상론 개정판

초　판1쇄 발행 2001년 5월 20일
개정판1쇄 인쇄 2016년 4월　7일
개정판1쇄 발행 2016년 4월 15일

저　자 이용기
발행인 노현철
발행처 도서출판 해남

출판등록 1995. 5. 10 제 1-1885호
주　　소 서울특별시 서대문구 충정로 38-12(충정로 3가) 우리타워 6F
전　　화 739-4822　**팩스** 720-4823
이 메 일 haenamin30@naver.com
홈페이지 www.hpub.co.kr

ISBN　978-89-6238-099-6　93320

개정판 머리말

『국제농업통상론』이 처음 세상에 나온 지 15년이 지났다. 개정판을 내야겠다고 마음먹은 지도 어림잡아 10년 가까이 되지 않나 싶다. 무엇보다 그 동안 묵은 책을 사용해 준 독자 여러분에게 미안한 마음 금할 길 없다.

1990년대 중반 이후 국제통상환경은 크게 두 흐름에서 진화해 왔다. 한편으로는 자유무역협정(FTA)을 중심으로 한 지역주의적 시장개방이 급속히 확산되었고, 또 다른 한편으로는 WTO의 도하개발어젠더(Doha Development Agenda: DDA) 다자간 무역협상이 2001년 시작되어 14년 이상 진행되어 왔다. 그러나 DDA 협상은 전례 없는 오랜 협상기간에도 불구하고 아직까지 사실상 아무런 진전을 보이지 못하고 있다. 따라서 현행 WTO 설립협정을 기반으로 한 다자주의적 세계 무역질서는 앞으로도 그대로 유지되며, 농업협정(Agreement on Agriculture)을 포함한 이 책의 농업통상 관련 중심 내용에도 본질적 변화는 없다.

이번 개정판은 다음과 같은 방향에서 개편하였다. 기본적으로 책의 전반적인 내용과 구성을 최대한 농업통상 문제에만 초점을 맞춰 특성화하고자 했다. 따라서 초판에 포함되어 있던 정책분석이나 한국 농업 관련 부분들은 별도 저술을 내기로 하고 개정판에서는 제외하거나 논의를 최소화하였다. 대신 농업통상 관련 내용 전반에 대해 잘못된 부분들을 바로잡고 미흡한 부분들을 보완하였다. 나아가 지역무역협정(RTA)에 관한 내용을 별도의 장으로 추가하였으며, 결렬 위기에 놓여 있긴 하지만 DDA 협상 관련 내용을 간략히 소개하였다. 같은 맥락에서 무역이론 부분도 난해한 내용은 삭제하고 이해하기 쉽도록 다시 작성하였다. 그리고 책의 전체적인 내용에 대해 문맥을 가다듬고 관련 자료들을 최근 자료로 업데이트하였다.

지난 10년 동안 늘 마음의 짐으로 따라다니던, 그러나 선뜻 손을 대지 못했던 작업을 이제 마친다. 무거운 짐을 벗는다는 홀가분함이 앞서긴 해도 여전히 마음 한 구석 아쉬움이 남아 있는 것은 아직 부족한 부분들이 많다는 점을 알기 때문이다. 하지만 더 이상 개정작업을 미룰 수 없다는 절박감에서 개정판을 내게 되었다. 부족한 부분들은 다시 향후의 과제로 남기고자 한다. 그 동안 이 책을 아껴주신 독자분들에게 감사를 드린다.

2016년 3월

李龍者

머리말

신자유주의를 이념적 배경으로 한 WTO 체제의 출범은 세계무역 및 경제 질서에 급격한 변화를 가져왔다. 특히 농업 및 농산물 무역 분야에서 현저한 변화가 일어나고 있음은 주지하는 바이다. 지난 반 세기 동안 허약한 GATT 체제에서 예외 분야로 간주되어 오던 이 사각지대에도 시장지향적(market-oriented) 자유무역체계의 확립이라는 개혁의 바람이 일고 있는 것이다.

이런 변화가 만성적인 보호정책에 안주해 있던 한국 농업에 준 충격은 매우 컸다. 우루과이라운드를 겪으면서 그 외부적 충격은 여과 없이 국내 농업에 파급되었다. 그러나 세계의 농업 개혁은 이제 시작일 뿐이다. WTO에서 서비스와 함께 확정의제(built-in agenda)로 선정된 농산물 분야에서는 이미 지난 해부터 새로운 다자간 무역협상이 시작되었다. 협상의 결과가 어떻게 나타나느냐에 따라 국내 농업과 국가경제에 미치는 영향은 크게 달라질 것이다.

지난 우루과이라운드에서 한국은 협상결과의 의미와 영향에 대한 면밀한 이론적 분석보다는 국내 농업의 무조건적 보호라는 기본입장으로 일관했다. 그 동안 우리는 농업 분야에 관한 한 시장원리나 무역자유화에 익숙하지 않았기 때문이기는 하지만, 농업통상 문제나 정책효과 분석에 대한 지식이 충분하지 못했던 데에도 원인이 있었다. 21세기 한국 농업이 나아갈 방향은 좋든싫든 WTO 체제 내에서 그 해답을 찾지 않으면 안 된다. 농업관련 국제통상 문제 및 정책분석에 관한 폭넓은 지식의 축적과 보급이 그 어느 때보다 중요시되는 이유가 여기에 있다.

그러나 유감스럽게도 지금까지 이 분야에 대하여 깊이 있게 또 종합적으로 분석 · 정리된 문헌이 없었다. 이 책은 이와 같은 필요성에 부응하기 위해 농업 및 농산물 무역 분야를 중심으로 처음 시도된 국제통상 각론서이다. 따라서 이

책은 WTO '농업협정'(Agreement on Agriculture) 및 관련 농업정책에 대한 이론적인 경제분석과 해석에 초점을 맞추고 있다.

이 책은 다음과 같이 구성되어 있다. 제1장에서는 우선 기초적인 고전적 무역이론을 간략히 소개하였다. 이를 통하여 자유무역론의 이론적 근거를 이해할 수 있도록 하고, 이 책 전반에 걸친 농산물 무역정책에 관한 경제분석 부분을 이해하는 데 도움을 주고자 하였다. 이미 무역의 기초이론을 이해하고 있는 독자는 이 장은 생략하고 바로 제2장으로 들어가도 무방하리라 본다. 제2장에서는 WTO의 성립배경과, 그 목적, 기능, 조직, GATT와의 관계 등에 대하여 논의하고 있다. 제3~5장은 WTO 농업협정의 성립배경, 농업보호론의 논거와 농업보호정책, 그리고 농업협정의 기본구조와 이념에 대해 설명한다. 제6~12장은 현행 '농업협정'의 내용을 전반적으로 심층분석하고 있다. 시장접근(market access), 국내지지(domestic support), 수출보조(export subsidy), 비교역적 관심사항(non-trade concerns), 개도국 우대, 동 · 식물 위생조치, 그리고 감축이행 감시 및 분쟁해결 등에 관하여 장별로 심층적인 분석과 해설을 하게 된다. 제13장에서는 WTO와 한국 농업에 대해 고찰하게 된다. 여기에서는 한국 농업의 전반적 현황, 우루과이라운드가 미친 영향, WTO 체제에서 한국 농업의 새로운 정책방향 등에 대해 논의하게 된다. 마지막으로 제14장에서는 현행 WTO '농업협정'에 대한 평가, 그리고 뉴라운드와 차기 농산물 무역협상에 대하여 고찰하게 된다.

이 책은 대학의 국제통상론이나 농산물무역론 등 관련 과목의 강의교재로 사용될 수 있을 것이다. 또 연구소, 정부, 기타 관련 기관에서 농산물 무역이나 농업통상과 관련한 정책수립이나 실무지침용으로도 활용될 수 있을 것으로 기대된다.

이 책이 완성되기까지는 여러 사람들의 도움이 있었다. 필요한 자료를 수집해 주고 복잡한 그림들을 잘 그려 준 이용복 군과 윤정규 군에게 감사의 뜻을 전한다. 특히 출판업계의 어려운 여건 속에서도 출간을 선뜻 맡아 주신 도서출판 해남의 노현철 사장님과, 세심한 교정과 편집작업을 해 주신 해남사의 여러 직원들께 진심으로 감사를 드린다. 그리고 그 동안 묵묵히 힘이 되어 주고 출간을 손꼽아 기다리던 가족들에게도 사랑의 마음을 전한다.

막상 출간을 앞두고 나니 기쁨과 함께 마음 한 구석 걱정과 아쉬움을 감출 수 없다. 독자 제현의 아낌없는 비판과 질정을 바라마지 않는다. 부족한 부분은 모두 저자의 책임이며, 앞으로 계속 보완해 나갈 계획이다.

2001년 4월 17일

李龍者

차례

제3장 WTO 농업협정

제4장 시장접근과 국경보호정책

제5장 국내지지정책

제6장 수출경쟁과 수출보조

제7장 비교역적 관심사항과 식량안보

제8장 개발도상국 우대

제9장 동 · 식물 위생조치

제10장 약속이행 감시 및 분쟁해결

제11장 WTO 뉴라운드와 농업

제12장 지역무역협정과 농업

Chapter 1

WTO와 신무역체제

Chapter 1

WTO와 신무역체제

제1절 GATT 체제와 그 성과

1. GATT의 성립

세계 대공황을 겪은 1930년대는 역사적으로 보호주의가 매우 극심했던 시기이다. 이 당시 세계 주요국들은 화폐의 인위적 평가절하, 관세율 인상, 수입상품에 대한 차별대우 등 보호주의 정책들을 경쟁적으로 시행하였다. 그러나 이러한 근린궁핍화정책(beggar-thy-neighbor policy)은 상대국의 유사한 보복조치를 유발함으로써 결국 교역국 모두에게 손실을 초래한다는 교훈을 남겼다. 이어서 제2차 세계대전까지 경험하면서 보호주의 무역정책에 대한 반성이 일기 시작하였다.

이에 미국과 영국을 중심으로 한 연합국들은 전후 피폐된 세계경제를 재건하고 자유주의적 세계 무역질서를 확립할 목적으로 국제적인 공조체제를 모색하게 되었다. 1944년 브레튼우즈(Bretton Woods) 회의를 계기로 국제부흥개발은행(International Bank for Reconstruction and Development: IBRD)과 국제통화기금(International Monetary Fund: IMF)이 창설되고 전후 세계경제 질서의 근간을 이루게

된 브레튼우즈 체제[1]가 탄생되었다. 그리고 세계 무역질서를 규율할 별도의 국제무역기구(International Trade Organization: ITO)의 설립을 위한 움직임도 시작되어 1947년 쿠바의 아바나(Havana)에서 유엔무역고용회의(United Nations Conference on Trade and Employment)를 개최하고 ITO 헌장을 채택하였다. 그러나 ITO 헌장은 지나친 야심의 결과 국제무역 외에도 경제개발, 고용 등 매우 광범위한 분야에 걸쳐 규정하고 있어 각국의 의회비준을 얻는 데 실패하고 말았다. 특히, 이 작업에 중심적 역할을 맡고 있던 미국까지도 의회의 비준을 받지 못함으로써 ITO의 출범은 무산되었다. 그리하여 전후 저개발국 경제개발(IBRD), 금융(IMF), 그리고 무역(ITO)의 삼각축으로 구성될 브레튼우즈 체제는 한쪽이 미완의 상태로 남겨지게 되었다. 그러나 세계 무역질서의 확립은 무엇보다도 중요한 과제였기 때문에 ITO 헌장 중 무역관련 부분만 분리하여 협정의 형태로 발효시키기로 합의함으로써 관세 및 무역에 관한 일반협정(General Agreement on Tariffs and Trade: GATT)이 성립되었다.

GATT는 국제적 기구(organization)가 아닌 체약국 간의 협정(agreement)으로서 1948년 1월 1일 발효되었다.[2] 1995년 1월 세계무역기구(World Trade Organization: WTO) 체제가 출범될 때까지 근 반세기 동안 세계 무역질서를 규율하는 국제규범으로서 중심 역할을 해 왔다. 우리나라는 1967년 4월 GATT에 정식 가입하였으며, 1995년 WTO 출범과 동시에 WTO 회원국의 지위를 취득하였다.

1 브레튼우즈 체제는 1944년 7월 미국의 브레튼우즈에서 열린 연합국 통화금융회의를 통한 브레튼우즈 협정에 의하여 발족한 국제경제체제이다. 달러를 기축통화로 한 고정환율과 금환본위제를 기본으로 환율 안정, 자유무역 확대와 경제성장을 추구하였으나 1973년 변동환율제로의 전환과 함께 이 체제는 붕괴되었다.

2 GATT는 국제기구가 아닌 협정(agreement)이기 때문에 그 가입국은 원칙적으로 회원국이 아니라 협정의 체약 당사국, 즉 체약국(contracting party)이라고 부른다. 발효 당시의 GATT 체약국은 모두 23개국으로 호주, 벨기에, 브라질, 버마, 캐나다, 실론(Ceylon), 칠레, 중화민국(the Republic of China), 쿠바, 체코, 프랑스, 인도, 레바논, 룩셈부르크, 네덜란드, 뉴질랜드, 노르웨이, 파키스탄, 남로데시아(Southern Rhodesia), 시리아, 남아프리카연방, 영연방과 북아일랜드, 미국 등이다.

2. GATT의 목표와 기본원칙

GATT는 관세를 비롯한 각종 무역장벽의 실질적인 감축과 차별대우의 철폐를 통하여 체약국들의 경제발전과 번영에 기여하는 것을 기본목표로 하고 있다(GATT 전문).[3] 좀 더 세부적으로는 생활수준의 향상, 완전 고용의 확보와 실질소득 및 유효수요의 증대, 세계자원의 완전 이용, 상품의 생산과 교환의 확대를 지향하고 있다. 그리고 이런 목표달성을 위해 관세와 기타 무역장벽의 실질적인 감축과 국제 상거래에서의 차별적 대우를 철폐하기 위한 호혜적이고 상호 이익이 되는 국제협정을 추진하고 있다. 한 마디로 GATT는 무역 자유화를 통해 체약국들의 경제적 번영을 추구하는 데 궁극적 목표를 두고 있다.

GATT는 무역 자유화를 추진함에 있어서 체약국(contracting party) 간 차별적 대우를 해서는 안 된다는 무차별(Non-discrimination)의 원칙과 상호주의(reciprocity) 원칙을 기본원칙으로 지향하고 있다.[4] 특히, 중요한 무차별의 원칙은 최혜국대우(most favored nations: MFN)와 내국민대우(national treatment) 원칙을 핵심 내용으로 하고 있다.

최혜국대우원칙이란 어느 한 체약국이 다른 체약국에게 저율관세 적용 등 유리한 대우를 해 주면, 이 같은 조치는 자동적으로 다른 모든 체약국에게도 동등하게 적용된다는 원칙이다. 다시 말하면, GATT의 체약국은 다른 체약국들로부터 무역관행상 어떠한 경우에도 불리한 대우나 차별적 대우를 받지 않는다는 것이다(GATT 제1조). 모든 체약국에게 가장 유리한(most favored) 대우를 보장함으로써 무차별의 원칙이 자동으로 달성되는 자유무역주의 원칙이다. 이에 대해 내국민대우원칙은 체약국의 상품이 다른 체약국의 영토 내에 수입되

3 "… Recognizing that their relations in the fields of trade and economic endeavor should be conducted with a view to raising standards of living, ensuring full employment and a large and steadily growing volume of real income and effective demand, developing the full use of the resources of the world and expanding the production and exchange of goods,

Being desirous of contributing to these objectives by entering into reciprocal and mutually advantageous arrangements directed to the substantial reduction of tariffs and other barriers to trade and to the elimination of discriminatory treatment in international commerce, … "

4 상호주의 원칙이란 체약국 일방이 관세인하 등 호혜적 조치를 취하면 교역 상대국인 다른 체약국도 이에 상응하는 조치를 취함으로써 체약국 상호간에 공평한 의무이행이 이루어져야 한다는 원칙이다.

면 조세와 각종 규제에서 수입상품을 국내 상품과 동등하게 취급하여야 하며 차별하여서는 안 된다는 원칙이다(GATT 제3조).

MFN 원칙은 외국의 상품이 국경을 통과하는 단계에서 관세 등 국경조치를 적용함에 있어서 체약국 모두에게 차별을 해서는 안 된다는 원칙이다. 이에 대해 내국민대우원칙은 일단 국경을 통과하여 국내에 수입된 상품에 대해 국내의 각종 조치를 적용함에 있어서 국내의 동종의 상품과 차별을 두어서는 안 된다는 원칙이다. MFN 원칙이 수입상품 간의 무차별 원칙이라면 내국민대우원칙은 수입상품과 국산품과의 무차별의 원칙이다. GATT 제1조와 제3조가 규정하고 있는 이 무차별의 원칙은 세계의 무역장벽을 제거하는 데 중요한 역할을 해 왔다.

3. GATT의 무역협상과 성과

무역 자유화의 확대를 지향하고 있는 GATT는 관세와 각종 무역장벽을 제거하기 위한 노력의 일환으로 수차례의 무역협상을 진행해 왔다. GATT 체제 내에서 진행된 무역협상은 교역 당사국 사이에서만 이루어지는 쌍무적 무역협상과 GATT 체약국 모두가 동시에 협상에 참여하여 공통의 무역규범을 도출해 내는 다자간 무역협상이 있다. 이 중에서도 특히 다자간 무역협상은 GATT가 다자주의(multilateralism) 원칙을 채택하고 있다는 점, 그리고 그 결과가 체약국 전체의 이익은 물론 세계교역에 큰 영향을 미친다는 데서 중요한 의미를 지닌다.

지금까지 GATT 내에서 이루어진 다자간 무역협상은 모두 여덟 차례 있었고 세계 무역장벽을 완화하는 데 상당한 성과를 거두었다. 〈표 1.1〉에는 GATT 체제 내에서 진행된 다자간 무역협상 현황이 정리되어 있다. 최초로 진행된 다자간 무역협상은 GATT가 정식으로 발효되기도 전인 1947년에 있었다. 이때에도 23개 협상 참가국들의 관세인하에 상당한 진전이 있었다. 그 후 1960~1961년 제5차 딜론라운드(Dillon Round)까지는 상품의 관세인하가 중심 의제였다. 관세장벽이 낮아지자 비관세장벽(non-trade barriers: NTBs)이 점차 중요해지면서 비

표 1.1 GATT의 다자간 무역협상

	라운드 명칭	개최기간	참가국 수	주요 의제 및 성과
제1차	제네바	1947	23	관세인하(35%)
제2차	아네시	1949	29	관세인하
제3차	토키	1950	32	관세인하
제4차	제네바	1956	33	관세인하
제5차	딜론라운드	1960~1961	39	관세인하(7%)
제6차	케네디라운드	1963~1967	74	관세인하(35%) 및 반덤핑관세
제7차	도쿄라운드	1973~1979	99	관세인하(33%) 및 비관세장벽
제8차	우루과이라운드	1986~1994	123	관세, 비관세, 농업, 섬유, 서비스, 지적재산권, 분쟁해결 등 전 분야, WTO 설립

주: 제4차까지는 정식 라운드 명칭이 있었던 것은 아니다. 여기서 제네바(Geneva, 스위스), 아네시(Annecy, 프랑스), 토키(Torquay, 영국)는 개최지 이름이고 제5차 딜론라운드는 당시 미국 국무부 부장관의 이름(C. Douglas Dillon)을 딴 것이다.

관세 분야까지 협상의제에서 다루기 시작한 것은 제6차 케네디라운드부터이다. 먼저 케네디라운드와 도쿄라운드에 대해 살펴보고 우루과이라운드에 대해서는 별도 항에서 자세히 고찰한다.[5]

1) 케네디라운드

(1) 배경

제2차 세계대전 후 미국의 마셜플랜(Marshall Plan)[6]에 힘입어 경제부흥의 기틀을 마련한 서유럽 국가들은 1958년 유럽경제공동체(EEC)를 결성하여 역외 국가들에 대한 공동관세 부과 등 차별적 대우를 하기 시작했다. 이 같은 조치는 미국을 유럽시장으로부터 소외시킴으로써 미국의 국제수지 악화 등 미국에 경제적 손실을 입히게 되었다.

5 GATT 체제가 끝나고 WTO 출범 후 최초의 다자간 무역협상인 도하개발어젠더(DDA) 협상에 대해서는 제11장에서 자세히 논의한다.

6 정식 명칭은 유럽부흥계획(European Recovery Program: ERP)이며 제2차 세계대전 이후 유럽의 황폐화된 동맹국들을 지원하기 위해 미국이 계획한 원조계획이다. 제창자인 미국의 국무장관 조지 마셜(George C. Marshall)의 이름을 따서 마셜플랜(Marshall Plan)이라고도 부른다.

케네디 행정부는 이에 대한 대응책 마련에 착수하고 그 방법을 GATT 체제 내에서 찾고자 하였다. 그리하여 케네디 대통령은 1962년 의회에서 통상확대법(Trade Expansion Act)을 통과시키고 관세교섭을 제창해, EEC 관세장벽의 철폐 및 세계무역 자유화와 경제협력 체제의 확립을 추진함으로써 케네디라운드(Kennedy Round)의 발판을 마련하게 되었다.

(2) 특징 및 성과

첫째, 케네디라운드 이전까지는 국가 간 품목별(item by item) 협상방식을 통해 관세인하 교섭이 이루어졌다. 그러나 케네디라운드에서는 미국의 제안에 의해 선형일괄인하 방식(linear tariff reduction method)을 최초로 도입하였다. 이 방식은 기준 시점에서의 관세율을 모든 국가, 모든 품목에 대하여 일괄하여 일정 비율을 삭감하는 방식이다. 둘째, 그 전까지 무역협상의 대상은 관세인하였으나, 케네디라운드에서는 관세 이외에 비관세장벽에 관한 문제가 논의되기 시작했다는 점이다. 그 결과 국제반덤핑관세법(International Antidumping Duties Code)이 제정되었다. 셋째, 이때까지 협상의 대상품목은 공산품 중심이었고 농산품은 예외 분야로 취급되어 왔다. 그러나 케네디라운드에서는 농산품에 대해서도 무역 자유화를 위한 논의가 시작되었다는 점이다.

협상결과 공산품의 관세를 5년간 35% 인하하는 데 합의하였다. 농산물 분야에서는 소맥가격 안정과 후진국에 대한 식량원조를 내용으로 하는 세계곡물협정이 체결되었으나 농산물 무역확대에 관한 성과는 보지 못하였다. 비관세장벽(NTBs) 부문에서는 앞서 언급한 반덤핑규약(Antidumping Code)이 채택되어 GATT 제6조 반덤핑 조항에 대한 세부 사항을 제정하였다.

2) 도쿄라운드

(1) 배경

1973년 오일쇼크 이후 세계경제가 불황기로 접어들면서 이로부터 탈출하려는 국제적인 노력이 시도되었다. 또 1960년대 중반 이후 시작된 미국의 무역수지 불균형의 누적과 1970년대의 달러 가치 불안, 브레튼우즈 체제의 붕괴에 따른 변동환율제로의 전환과 금본위제의 종식 등 세계 통화제도는 큰 변화를 겪으면서 침체된 세계경제에 더욱 불안을 가중시켰다. 그리고 1971년 미국이 모든 수입상품에 대하여 10%의 부가세(surtax)를 부과하는 등 신보호주의 경향이 나타나기도 했다.

한편, 유럽공동체(EC)에서는 회원국 수의 증가와 역내교역이 활발해지자 지역주의(regionalism)에 의한 차별적 무역관행이 확산되면서 GATT의 다자주의적 자유무역에 위협이 되기도 하였다. 이 같은 세계 경제상황 변화 속에서 1973년 9월 일본 도쿄에서 개최된 GATT 각료회의를 계기로 도쿄라운드(Tokyo Round)가 시작되었다.

(2) 특징 및 성과

도쿄라운드는 관세는 물론 비관세조치도 협상의제에 포함되는 광범위한 협상이었다. 그러나 관세인하 문제는 여전히 중요한 협상의제로 평균 33%의 관세를 감축하였다. 관세감축 방식에 있어서도 케네디라운드에서는 모든 나라의 상품에 대하여 획일적으로 감축하였으나, 도쿄라운드에서는 대신 조화인하 방식(harmonization cut formula)을 채택하였다. 이 방식은 관세율이 높은 국가는 큰 폭으로 인하하고, 낮은 국가는 인하폭을 낮게 하여 관세수준을 국가 간에 평준화시키고자 하는 것이다.

도쿄라운드에서는 관세 이 외에도 정부조달, 반덤핑, 보조금 및 상계관세, 관세평가, 기술장벽 및 표준화 등에 관한 협정이 채택되었다. 또 특정 분야로서 낙농품, 쇠고기, 민간항공기 분야의 복수국가 간 협약을 채택한 다자간 무역협상규약(Multilateral Trade Negotiations Code)을 체결하였다. 이 밖에도 긴급수입제한조치(safeguard)에 관한 협정의 제정을 시도하였으나 결실을 보지 못하였다.

4. 우루과이라운드와 WTO의 성립

1) 배경

(1) GATT 체제의 허약성과 신보호주의

도쿄라운드에 이르기까지 GATT는 관세인하 협상에 있어서 상당한 성과를 거두면서 무역확대에 크게 기여하였다. 그러나 두 번에 걸친 오일쇼크 이후 1980년대 들어 경기침체와 국제수지 불균형이 심화되자 이를 극복하기 위해 무역장벽을 강화하고 회색지대조치(grey area measures)[7] 남발 등 신보호주의(Neo-protectionism)의 경향이 대두하였다. 신보호주의의 등장은 기존의 GATT 체제의 기능과 신뢰성을 크게 약화시키는 결과를 초래하였다.

이렇게 GATT 체제가 도전을 받는 가운데 GATT 규범을 위반하는 사례가 늘어나면서 국가 간 통상분쟁도 심화되었다. 하지만 GATT 체제에서 분쟁해결을 위한 장치는 GATT 제22조 및 제23조 두 규정뿐, 효과적이고 강력한 분쟁해결 장치를 갖추지 못하여 강자의 논리가 지배하는 GATT 체제의 허약성을 드러내었다. 또한 GATT 제11조 2와 같이 농업 분야에 대해서는 예외를 허용하는 보호주의적 조항들 역시 한계로 작용하였다. 따라서 GATT 규범 위반과 통상분쟁을 효과적이고 강력하게 규율하고 GATT의 기능을 강화할 필요성이 제기되었다.

(2) 새로운 분야의 출현

뿐만 아니라 그 동안 GATT 내에서 다루어지지 않았던 새로운 분야, 즉 서비스나 지적재산권 등의 국제교역이 증가하고 무역관련 투자도 활발해지면서 이들 새로운 분야에서의 교역 문제와 통상마찰을 규율할 국제규범의 정립 필

7 회색지대조치란 GATT의 규율을 회피하기 위해 GATT 규정에 없는 조치를 원용하여 세이프가드와 동일한 목적을 달성하는 조치이다. 관세나 수량규제처럼 명확한 수입규제 수단이 아니라는 의미에서 회색이라는 명칭이 붙었다. 수출자율규제(VER), 시장질서유지협정(OMA) 등이 대표적인 예이다. 회색지대조치는 시장질서를 왜곡하며 자의적으로 운영될 가능성이 높아 세계무역기구(WTO)에서는 세이프가드협정에 의해 금지되고 있으며, 각 나라에서 시행 중인 회색지대조치를 1999년까지 철폐하도록 하였다.

요성이 대두되었다.

특히, 선진국의 서비스 분야는 GDP, 고용 등 국가경제에서 차지하는 중요성이 제조업을 훨씬 능가할 정도로 성장하였다. 서비스 산업에서 국제경쟁력을 갖춘 미국은 서비스시장의 개방과 무역 자유화를 통하여 만성적인 무역적자를 해소하고자 강력한 시장개방을 요구하였다.

(3) 농업 문제

농산물은 GATT(제11조 2) 내에서도 예외 취급을 받아 왔기 때문에 농업 분야에 대한 별도의 규율을 제정할 필요성이 제기되었다. 1970년대 식량부족 시기를 경험한 후 세계 주요국들은 농업 보호와 생산증대를 도모하였다. 1980년대 들어서 식량위기로부터 벗어나고자 하는 나라들의 수입장벽 강화와 각종 지지정책, 그리고 농산물 수출국들의 경쟁적인 수출보조정책 등 농업보호정책이 만연하였다. 이로 말미암아 세계시장에서의 농산물 공급과잉과 가격침체 등 극심한 시장왜곡 현상과 불공정 무역관행이 나타나게 되고, 이를 규율할 새로운 국제무역규범의 제정 필요성이 더욱 커졌다.

(4) 새로운 국제기구의 필요성

앞서 언급한 바와 같이 GATT는 법인격을 가진 국제기구가 아니라 단순 협정이다. 따라서 분쟁해결의 법적 구속력 등 GATT 체제의 한계를 노출시켜 왔다. GATT 기능을 강화하고 무역규범을 효과적이고 체계적으로 운용할 국제기구의 설립 필요성에 대한 인식 또한 확대되었다.

2) 협상 과정

이에 1986년 9월 남미 우루과이의 푼타 델 에스테(Punta del Este)에서 GATT 각료회의를 개최하여 이 문제를 논의하게 되었다. 여기에 모인 각국 대표들은 우루과이라운드(Uruguay Round) 개시를 위한 선언문을 채택하고 새로운 세계 무역질서를 규율할 다자간 무역협상을 시작하기로 결정하였다. 각료선언에 나타난 우루과이라운드의 목적은 다음과 같다. 첫째, 관세 및 비관세장벽을 철폐 또는 완화함으로써 국제무역의 자유화를 촉진한다. 둘째, GATT의 기능 및 규율을 강화한다. 셋째, 서비스 무역 확대 및 지적재산권 보호 등 급변하는 국제무역 환경에 대한 GATT 체제의 적응력을 제고시킨다. 넷째, 국제적 경제협력을 강화한다.

우루과이라운드 협상을 위해 GATT 내에 추진기구가 운용되었다. 최고 의사결정기구로서 무역협상위원회(Trade Negotiations Committee: TNC)를 설치하고 그 밑에 상품 분야별 협상을 총괄하는 상품협상그룹(Group of Negotiations on Goods: GNG)과 서비스 무역을 관장하는 서비스협상그룹(Group of Negotiations on Services: GNS)을 두었다. 상품협상그룹은 다시 14개 분야로 나누었고,[8] 서비스협상그룹에서는 12개의 과제가 논의되었다.[9]

우루과이라운드 협상은 당초의 기대와는 달리 순조롭게 진행되지는 못했다. 4년 내 협상타결을 목표로 출발하였지만 광범위한 협상의제, 새로운 분야의 규정 제정, GATT 규율 강화 등 난제들이 산적해 당초의 목표시한을 훨씬 지나면서도 타결의 실마리를 찾지 못하고 난항을 거듭하였다. 특히, 농산물 분야는 협상타결의 가장 큰 걸림돌로 작용하였다. GATT의 출범 이래 40년간 예외분야로 간주되었던 농산물 무역의 자유화를 위한 규범 정립이 쉽지 않았다. 또한 농업의 특수성과 농산물 수입국들의 강한 보호주의 현실 장벽은 우루과이라운드 협상의 진전을 지리멸렬하게 만드는 원인을 제공하였다.

그러다가 1991년 12월 당시 GATT 사무총장이었던 던켈(Arthur Dunkel)이 던켈초안(Draft Final Act)을 제출함으로써 협상타결의 전기를 마련하는 듯했다. 하지만 미국과 EU 간의 농업 분야에 대한 이견을 좁히지 못하여 협상은 다시 난항을 거듭하였다. 그 후 1992년 양국 간 채유종자에 관한 합의인 이른바 블레어하우스합의(Blair House Accord)가 타결됨에 따라 협상은 급진전되어 1993년 12월 15일 우루과이라운드는 사실상 끝이 났다. 그리고 이듬해 4월 모로코의 마라케

8 14개 분야는 관세, 비관세, 농산물, 섬유, 열대산품, 천연자원, 다자간 무역협상, 보조금 및 상계관세, 긴급수입제한조치, GATT 기능 강화, GATT 조문 개선, 분쟁해결절차, 지적소유권, 무역관련 투자이다.

9 여기에는 사업서비스, 통신, 건설, 유통, 교육, 금융, 호텔, 레스토랑, 보험, 개인서비스, 휴양문화, 무형자산 판매, 수송 등이 포함된다.

쉬(Marrakesh) 각료회의에서 우루과이라운드 최종의정서(Final Act Embodying the Results of the Uruguay Round of Multilateral Trade Negotiation)에 참가국들이 서명함으로써, 8년 가까운 긴 협상은 WTO의 성립과 함께 공식적으로 막을 내리게 되었다.

3) 특징 및 성과

(1) 의제의 포괄성

우루과이라운드에서는 1980년대 이후 급변하는 국제 무역환경을 반영하여 매우 포괄적인 의제를 다루었다. 관세와 비관세조치는 물론 서비스, 지적재산권, 무역관련 투자 등 새로운 분야의 규범을 제정하고 예외 분야로 간주되어 온 농산물 무역과 섬유협정을 새롭게 정립하였다. 특히, 농업 분야의 규범 정립은 그것이 비록 완결된 것은 아니라 할지라도 국제무역에 있어서 중요한 의미를 지닌다. 이 밖에도 분쟁해결, 무역정책 검토 등 GATT와는 비교되지 않는 매우 포괄적인 규범을 만들었다.

(2) 비관세장벽 완화

관세보다는 비관세장벽의 완화에 더 큰 노력을 경주하였다. 관세인하 문제는 도쿄라운드까지 주요 의제였으며, 농산물을 제외한 공산품의 관세는 이미 상당 수준까지 낮아졌다. 뿐만 아니라 1980년대 이후 신보호주의 경향으로 다양한 비관세장벽과 불공정 무역관행이 만연하였다. 따라서 우루과이라운드에서의 중점 관심은 비관세장벽 완화와 각종의 불공정 무역관행의 제거에 더 큰 비중을 두고 이 분야의 규범 정립에 큰 성과를 거두었다.

(3) 사법제도의 강화

우루과이라운드에서는 과거 GATT 체제에서의 많은 규정 위반과 이를 강제할 수 없었던 문제점을 거울삼아 보다 집행에 실효성이 있고 강화된 규정을 정립하고자 했다. 분쟁해결을 위한 별도의 협정을 제정하고 상설 분쟁해결기구를 설치하여 분쟁해결을 위한 사법적 절차와 제도를 강화하였다.

(4) WTO의 성립

우루과이라운드의 타결은 WTO라는 공식 국제기구를 탄생시켰다는 데서도 큰 의의를 찾을 수 있다. 과거 브레튼우즈 체제가 출발할 당시에는 무역 분야의 국제기구가 결여된 상태였다. 그 후 반세기 만에 세계무역기구(WTO)를 출범시킨 것은 경제개발(IBRD), 금융(IMF) 및 무역(WTO) 등 세계 경제체제의 3대 축의 완성이라는 의미를 부여할 수 있을 것이다.

제2절 WTO 체제의 등장

1. WTO의 의의 및 목적

우루과이라운드는 협상 참가국 대표들이 1994년 4월 모로코의 마라케쉬(Marrakesh)에서 최종의정서(Final Act)[10]에 서명함으로써 종료되었다. 이 최종의정서는 우루과이라운드 협상결과가 WTO 설립협정(Agreement Establishing the World Trade Organization)[11]으로 구체화되었으며, 이것이 최종의정서의 핵심부분이라는 점을 명시하고 있다.[12] 그러니까 최종의정서는 우루과이라운드를 마무리하고 WTO 설립협정을 발효시키기 위해 참가국들에게 필요한 기본절차를 규정한 문서인 셈이다. WTO 설립협정이 1995년 1월 1일 발효되면서 세계무역기구(WTO)가 공식적으로 출범하였다. 이로써 50년 가까이 세계 무역질서를 규율해 오던 GATT 체제는 막을 내리고 WTO 체제가 시작된 것이다.

WTO 설립협정은 서문에서 회원국들의 무역촉진과 경제적 노력을 경주함에 있어서 다음과 같은 방향으로 이루어져야 한다고 명시하고 있다. 지속가능

10 정식 명칭은 "우루과이라운드 다자간 무역협상 결과를 구현하는 최종의정서" (Final Act Embodying the Results of the Uruguay Round of Multilateral Trade Negotiations)이다.

11 최종의정서에서는 이를 간단히 "WTO 협정" (WTO Agreement)이라고 한다.

12 최종의정서는 WTO 설립협정이 최종의정서에 부속된(annexed) 문서임을 명시하고 있다.

한 발전 목표에 부합하는 세계 자원의 최적적인 이용, 환경보존, 생활수준의 향상, 완전 고용의 확보, 실질소득과 유효수요의 증대, 상품 및 서비스의 생산과 무역의 확대를 위해 노력해야 한다는 것이다. 또한 개도국 특히 최빈개도국들이 국제무역에서 그들의 경제개발에 충분한 만큼의 성장 몫을 확보할 수 있도록 적극적인 노력을 기울여야 한다는 점도 명시하였다.

또 관세와 기타 무역장벽을 실질적으로 감축하고 국제무역의 차별적 대우를 철폐하기 위한 호혜적이고도 상호 이익이 되는 협정을 모색함으로써 상기와 같은 목적에 기여해야 한다는 점도 명시하고 있다. WTO는 또 서문에서 GATT, 과거의 무역 자유화 노력의 결과, 그리고 우루과이라운드 협상결과들을 모두 포괄하는 통합되고 좀 더 실행가능하면서도 영속적인(viable and durable) 다자주의적 무역체제를 확립해야 한다고 다자주의(multilateralism) 원칙을 명시하고 있다.

WTO는 상품 분야만을 규율했던 GATT와는 달리 매우 포괄적인 무역규범으로서 명실 공히 복잡 다양해진 세계 무역질서를 규율하는 체제이다. 또한 법인격을 가진 국제기구로서의 실체를 갖추었을 뿐 아니라, 실효성 있는 국제 분쟁규범을 정립함으로써 과거보다 강력한 국제무역의 조정자로서의 역할을 할 수 있게 되었다.

WTO 회원국 수는 2015년 12월 현재 162개국으로 세계 대부분의 국가들이 가입되어 있다.[13] 1994년 말 GATT 체약국 수가 128개국이었던 점을 고려하면 WTO 설립 이후 30여 개국이 새로 가입한 셈이다.[14]

13 정식 회원국 외에 아프카니스탄 등 22개국이 옵저버(observer) 국가로 있다. 옵저버국들은 그 지위를 취득한 때로부터 5년 내에 가입협상을 시작해야 한다(바티칸시국은 제외).

14 WTO 사무국(secretariat)은 스위스 제네바에 소재하고 있으며, 640명 정도의 직원이 재직하고 있다. 연간 예산규모는 2014년 기준 1억 9,700만 CHF(2,386억 원)이다. 사무총장(director general)은 라미(Pascal Lamy: 2005~2013)의 뒤를 이어 2013년 9월 1일부터 4년 임기로 브라질의 아제베도(Robert Azevedo)가 WTO 6번째 사무총장직을 수행하고 있다.

2. WTO 협정의 기본원칙

1) 무차별의 원칙

GATT의 무차별의 원칙(principle of non-discrimination)은 WTO에도 그대로 승계되었다. 앞에서도 설명한 바와 같이 이 원칙은 회원국이 국제거래에 있어서 모든 교역 상대국을 동등하게 대우하여야 하며, 수입된 외국의 상품이나 서비스는 국내산과 동일하게 취급하여야 한다는 원칙이다. 전자를 최혜국대우(MFN) 원칙, 후자를 내국민대우원칙이라고 한다. 다만 GATT에서와는 달리 포괄 범위가 상품 외에도 서비스, 지적재산권 등으로 확대된 만큼 무차별의 원칙도 그 적용 범위가 서비스나 지적재산권 등으로 확대되었다는 점이다.

(1) 최혜국대우원칙

회원국이 다른 회원국의 특정 상품에 대하여 관세상 또는 기타의 혜택을 부여하면 그 밖의 모든 회원국의 동일 상품에 대하여도 동등한 혜택이 자동으로 주어져야 한다는 원칙이다. 결국 모든 회원국을 차별 없이 동등하게 대우해야 한다는 원칙이다. 이 원칙은 상품(GATT 제1조), 서비스(GATS 제2조), 지적재산권(TRIPs 제4조) 등 WTO에서 규율하고 있는 모든 대상에 적용되고 있다.

그러나 이 원칙을 적용하는 데는 예외가 있을 수 있다. 자유무역지대(free trade area)와 같은 경제통합의 경우 역내 국가에게는 역외 국가보다 더 유리한 차별적 대우를 할 수 있다(GATT 제24조). 1990년대 중반 이후 세계적으로 급속히 확산되고 있는 지역무역협정(RTA)은 역내 국가들에게 역외 국가들에 비해 차별적인 대우를 허용하고 있는 것이다.[15]

또한 불공정한 무역관행을 한 국가에 대하여는 차별적으로 무역장벽을 강화하는 것이 허용된다. 수출보조를 지급한다거나 덤핑수출을 하는 경우 회원국이라 해도 수입국은 차별적으로 추가 관세를 부과할 수 있는 것이다.

15 지역무역협정에 대해서는 제12장에서 자세히 설명한다.

(2) 내국민대우원칙

다른 회원국의 상품이나 서비스, 지적재산권 등이 일단 회원국의 영토 내에 들어오면 국내에서 생산된 것과 동등하게 취급되어야 한다는 원칙이다(GATT 제3조, GATS 제17조, TRIPs 제3조). 국내에 들어온 후에는 조세상, 행정상 모든 면에서 국내의 동종 상품과 동일한 대우를 해 주어야 한다는 것이다. 예를 들어, 회원국으로부터 수입된 쇠고기의 시판을 국산과 차별하여 별도의 코너나 별도의 유통채널을 이용하도록 강제하는 행위는 내국민대우원칙에 위배되는 것이다.

이 원칙은 다른 회원국의 상품이나 서비스 등이 국내에 수입된 후에 국내의 것과 비교하여 차별대우를 받지 않는다는 것이므로, 국내시장에 들어오기 전에 수입관세가 부과되는 것은 이 원칙에 위배되는 것이 아니다. 최혜국대우원칙이 국경을 통과하는 단계에서 적용되는 무차별의 원칙이라면, 내국민대우원칙은 국경을 통과해 국내에 들어온 후에 적용되는 무차별의 원칙이다.

2) 자유무역의 원칙

시장을 왜곡하는 모든 관세 및 비관세조치 등 무역장벽을 협상을 통하여 점진적으로 제거함으로써 최대한 자유무역을 실현하는 데 기여한다는 것이 자유무역(freer trade)의 원칙이다. 각종 무역장벽의 제거 내지 완화는 GATT의 탄생 이후 8차에 걸친 다자간 무역협상을 통하여 이루어졌다. WTO 체제가 출범해서도 새로운 다자간 무역협상이 진행 중이다.[16] WTO는 점진적인 방식에 의하여 무역 자유화를 실현하고자 하며 개도국에 대하여는 보다 더 긴 유예기간이 주어진다.

16 2001년 시작된 도하개발어젠다(Doha Development Agenda: DDA) 무역협상이 진행 중이다.

3) 예측가능성의 원칙

무역장벽의 감축약속을 양허(binding)하고 투명하게 하여 외국의 기업, 투자자, 정부 등에게 예측가능성(predictability)을 확보시키고자 하는 원칙이다. 시장개방에 관한 약속(commitments)을 기속(羈束), 즉 양허시킴으로써 가능해진다. 회원국은 양허한 사항을 임의로 변경할 수 없으며 반드시 교역 상대국과의 협상을 통해서만 변경할 수 있다. 이렇게 함으로써 무역환경을 보다 안정적이고 예측가능하게 하여 결국 세계 무역확대에 기여할 수 있는 것이다. 우루과이라운드 협상으로 양허된 품목 수가 대폭 증가하였다. 특히, 농업부문의 경우에는 전 품목을 양허시킴으로써 시장왜곡이 심한 이 부문에서의 예측가능성을 크게 향상시켰다.

예측가능성은 양허를 통한 방법 외에도 수입쿼터 등 비관세조치의 사용을 억제하거나, 회원국의 무역규범을 보다 명확하고 투명하게 함으로써 가능해진다. WTO는 회원국의 무역정책과 관행을 공개하고 WTO에 통고할 의무를 부과하고 있으며, 이를 무역정책검토제도(TPRM)를 통하여 정기적인 감시활동을 하고 있다.

4) 공정경쟁의 원칙

수출보조나 덤핑 등 세계시장 점유율을 의도적으로 확보하기 위한 불공정한(unfair) 무역관행을 억제함으로써 공정한 시장경쟁원리가 지배되도록 하는 것이 공정경쟁(fair competition)의 원칙이다. 무차별 원칙에 관한 규칙이나 덤핑 및 보조금에 관한 규칙 등은 무역의 공정한 조건을 확보하기 위한 규범들이다.

5) 저개발국우대의 원칙

WTO는 개도국 및 저개발국의 경제개발을 촉진시키는 데 기여하는 것을 주요 기능 중의 하나로 삼고 있다. 회원국의 대부분이 개도국임을 감안할 때 이들에 대한 특별한 배려는 세계 무역 자유화를 통한 발전이라는 목표를 달성하는 데 중요하다. 저개발국(less developed countries)에 대하여 국제의무의 이행기간을 연장해 주는 한편, 개도국에 대한 특별 원조와 무역양허(trade concessions)를 인정하는 GATT 규정을 승계하고 있다. 무역 자유화를 위한 프로그램이 저개발국에 대한 부작용을 일으킬 가능성을 인정하여 이들이 발전할 수 있는 기회를 부여하고 있는 것이다. 나아가 이 국가들이 국제사회에 상응하는 기여를 할 수 있도록 조정기간의 연장이나 유예 등 은혜기간(grace period)을 부여하고 있다.

GATT는 주로 선진국 중심의 성격이 강하였다. 그러나 개도국 회원국 수가 증가하고 이들의 국제사회에서의 역할이 커짐에 따라 WTO에서는 이런 경향이 상당히 퇴색되었다. 여기에는 개도국의 국제사회에서의 경제적 비중도 큰 몫을 하고 있다. 개도국의 성장 없이는 선진국의 발전에도 한계가 있다는 점이다. 따라서 개도국에게는 조정을 위한 과도기간을 부여하는 등 우대조치가 각 분야에서 강화될 수밖에 없었다. 특히, 최빈개도국(least developed countries)에게는 선진국들이 이들의 수출상품에 대하여 시장접근약속을 가속화하도록 하고 기술적 지원을 강화하도록 요구하고 있다. WTO 협정 서문에서도 개도국에 대한 우대원칙을 명시적으로 규정하고 있다.[17]

3. WTO의 기능 및 조직

WTO의 주요 기능은 다음과 같다. 첫째, WTO 무역협정의 이행을 관리하고 무역협상을 위한 포럼을 제공한다. 둘째, 국가 간 통상분쟁이 발생할 경우 분쟁해결 기능을 수행한다. 셋째, 회원국의 무역정책을 이행약속에 따라 제대로 이행하고 있는지 여부를 감시한다. 넷째, 개발도상국을 위한 기술지원(technical assistance)이나 훈련 프로그램을 제공한다. 다섯째, IMF나 IBRD 등 다른 국제기구들과의 협력관계를 유지한다.

17 개도국 우대 문제에 대해서는 제8장에서 자세히 논의한다.

그림 1.1 WTO의 조직

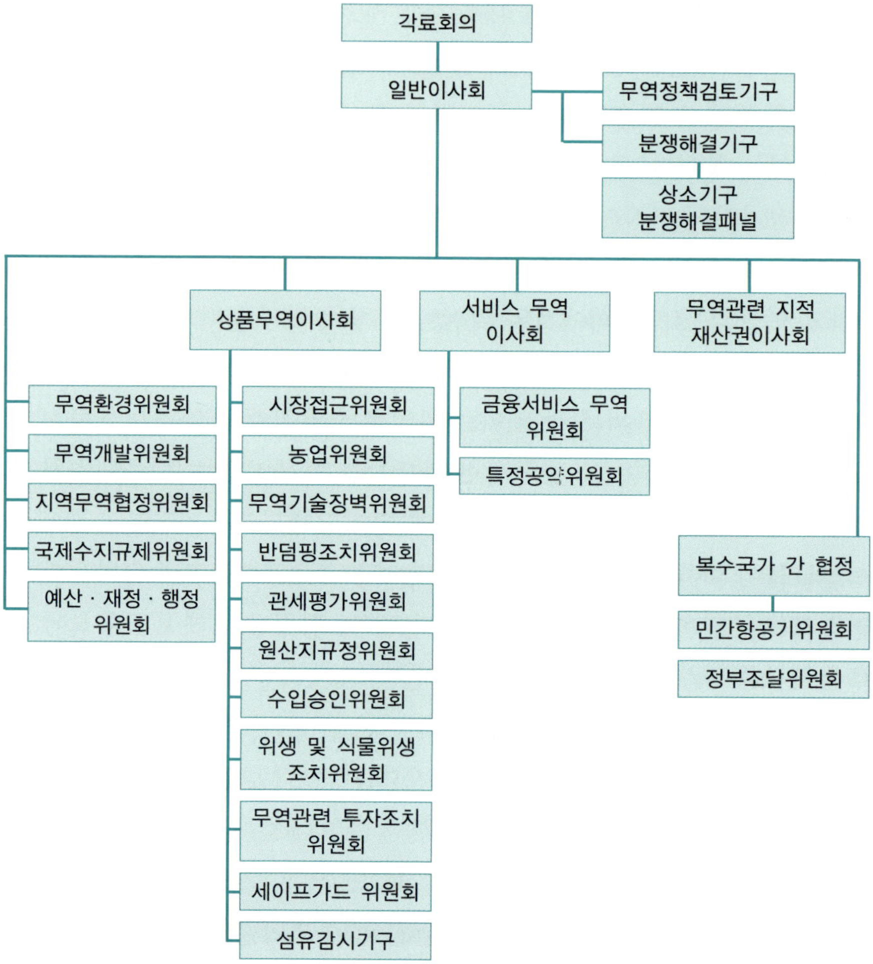

이와 같은 주요 기능을 수행하기 위해 WTO는 다음과 같은 조직을 갖추고 있다. 먼저 최고 의사결정기구로서 2년에 한 번씩 개최되는 각료회의(Ministerial Conference)가 있다. 그리고 그 아래 일반이사회(General Council)가 있고 각 분야별로 상품무역이사회, 서비스 무역이사회, 그리고 무역관련 지적재산권이사회를 두고 있다. 이 외에도 분쟁해결기구(Dispute Settlement Body), 무역정책검토기구(Trade Policy Review Body)를 두고 있다. 〈그림 1.1〉은 WTO의 조직을 보여주고 있다.

4. WTO 협정의 구성

WTO 설립협정(Agreement Establishing the World Trade Organization)은 줄여서 WTO 협정(WTO Agreement)이라고 부른다. 그 구성은 크게 서문과 본문, 그리고 4개의 부속서(Annex)로 되어 있는데, 부속서는 다시 17개의 다자간 무역협정(Multilateral Trade Agreement: MTA)과 4개의 복수국가 간 무역협정(Plurilateral Trade Agreement: PTA)으로 구성되어 있다.

서문 및 본문

WTO 협정의 서문은 목표와 기본방향, 그리고 실천방안으로서 관세와 무역장벽의 감축 등에 대한 원론적 기술을 하고 있다.

본문은 16개 조로 구성되어 있다. WTO의 설립근거(제1조), WTO의 범위(제2조), 기능(제3조), 구조(제4조), 타 국제기구와의 관계(제5조), 사무국(제6조), 예산 및 분담금(제7조), 지위(제8조), 의사결정(제9조), 개정(제10조), 원회원국(제11조), 가입(제12조), 특정 회원국 간의 적용배제(제13조), 수락, 발효 및 기탁(제14조), 탈퇴(제15조), 기타 조항(제16조) 등에 관해 규정하고 있다.

다자간 무역협정

4개의 부속서 중 부속서 1에서 3까지는 다자간 무역협정(MTA)에 관한 규정이다. 부속서 1은 다시 3개로 나누어 상품무역에 관한 다자간협정(Multilateral Agreements on Trade in Goods), 서비스 무역에 관한 일반협정(GATS), 그리고 무역관련 지적재산권협정(TRIPs)을 규정하고 있다.

상품무역에 관한 다자간협정(부속서 1.A)에는 GATT 1994와 농업협정을 포

표 1.2 WTO 설립협정의 구성

구성	비고
서　　문	설립 목적
본　　문	16개 조
부속서 1	
부속서 1.A 상품무역에 관한 다자간협정	
GATT 1994	
농업협정(Agreement on Agriculture)	
위생 및 식물위생협정(SPS)	
섬유 및 의류협정	
기술장벽협정	
무역관련 투자조치협정	
반덤핑협정(GATT 1994 第6조 이행에 관한 협정)	
관세평가협정(GATT 1994 第7조 이행에 관한 협정)	
선적전검사협정	
원산지규정협정	
수입허가절차협정	
보조금 및 상계관세협정	
긴급수입제한조치협정	
부속서 1.B 서비스 무역에 관한 일반협정(GATS)	
부속서 1.C 무역관련 지적재산권협정(TRIPs)	
부속서 2 분쟁해결규칙 및 절차에 관한 양해(DSU)	
부속서 3 무역정책검토제도(TPRM)	
부속서 4 복수국간 무역협정(PTA)	
민간항공기무역협정	
정부조달협정	
국제낙농협정	
국제쇠고기협정	

함하여 총 13개의 협정이 들어 있다. 위생 및 식물위생협정, 섬유협정, 기술장벽협정, 무역관련 투자조치협정, 반덤핑협정, 관세평가협정, 선적전검사협정, 원산지규정협정, 수입허가절차협정, 보조금 및 상계관세협정, 긴급수입제한조치협정 등이다.

부속서 2에는 분쟁해결규칙 및 절차에 관한 양해(DSU)를, 그리고 부속서 3에는 무역정책검토제도(TPRM)를 규정하고 있다. 이들은 모두 WTO 회원국들에게 공통적으로 적용되는 다자간 무역협정이다.

복수국간 무역협정

WTO 협정의 마지막 부속서 4는 복수국간 무역협정(PTA)에 관한 부분이다. 복수국간 무역협정은 다자간 무역협정(MTA)과 달리 이 협정에 가입한 WTO 회원국에 대해서만 적용되고 법적 구속력을 갖는다. 복수국간 무역협정에는 민간항공기무역협정, 정부조달협정, 국제낙농협정, 국제쇠고기협정 등 4개의 협정이 있는데, 이 중 국제낙농협정은 1997년 말 종료되었다. 우리나라는 정부조달협정에만 가입되어 있다.

5. GATT와 WTO의 관계

WTO의 창설로 GATT 체제가 막을 내리긴 했지만 그 기본원칙은 WTO의 각 협정에 그대로 승계되었다. 또 GATT의 내용은 수정 · 발전, 추가된 형태로 WTO 협정의 일부로 흡수 · 통합되어 'GATT 1994'란 이름으로 남아 있다.[18] GATT 1994는 WTO 협정 부속서 1.A의 상품무역에 관한 다자간협정에 들어 있는 13개의 협정 중 하나이다. 다시 말하면, WTO 출범 이후 GATT 체제는 사라졌지만 협정(agreement)으로서의 GATT와 그 기본원칙은 그대로 남아 있다.

GATT 1994와 다른 상품무역에 관한 다자간협정 간에 내용이 충돌할 경우에는 WTO 협정 부속서 1.A에 대한 일반적 주석의 규정에 의거 신법 우선의 원칙에 따라 다른 협정이 GATT 1994에 대하여 우선적 효력을 갖는다.[19]

GATT와 WTO는 다음과 같은 차이가 있다.

첫째, GATT는 임시적(ad hoc) 또는 잠정적(provisional) 성격의 국제협정이다. GATT는 체약국의 의회 비준을 받지도 않았을 뿐 아니라 정식 기구(organization) 창설에 관한 규정을 포함하고 있지도 않다. 사무국(secretariat)이란 조직을 갖고

18 이에 대하여 창설 당시 본래의 GATT로서 수정 · 보완된 것은 'GATT 1947'이라 부른다.

19 *General interpretative note to Annex 1.A*: In the event of conflict between a provision of the General Agreement on Tariffs and Trade 1994 and a provision of another agreement in Annex 1A to the Agreement Establishing the World Trade Organization(WTO Agreement), the provision of the other agreement shall prevail to the extent of the conflict.

표 1.3 GATT와 WTO의 비교

	GATT	WTO
성격	국제협정	법인격을 가진 국제기구
당사국 명칭	계약당사국(체약국)	회원국
포괄 범위	상품무역	상품 외에 서비스, 지적재산권 등 매우 광범위
주요 기능	주로 관세인하	관세 및 비관세장벽 감축, 보조금 감축, 정책협조 등
분쟁해결	실효성 미약, 권고적 기능, 상설 분쟁해결기구 없음	강력하고 신속한 해결, 상설 분쟁해결기구 및 상소기구 설치

있긴 하였으나 법인격을 갖춘 조직은 아니다. 이에 반해 WTO는 법인격을 갖춘 실체로서 항구적인(permanent) 국제기구이다.

둘째, 규율 범위에 있어서 GATT는 상품무역에 한정하고 있지만 WTO는 〈표 1.2〉에서 보듯이 이 밖에 서비스, 지적재산권, 무역관련 투자 등 규율 범위가 매우 포괄적이다. GATT 성립 이래 근 반세기가 지나면서 세계의 경제 및 무역환경은 크게 변하였다. 상품교역 외에도 수송, 보험, 금융, 여행 등 각종 서비스의 거래가 국가 간에 활발히 이루어지고, 발명이나 디자인 등 지적재산권의 거래에 관한 국가 간의 질서를 확립해야 할 필요성이 증대됨에 따라 이들 분야를 규율할 새로운 무역규범이 WTO 협정에 포함되었다.

셋째, 분쟁해결(dispute settlement) 방식도 과거보다 훨씬 강력해졌다. GATT에서와는 달리 WTO에서는 분쟁해결을 위한 별도의 협정(DSU)이 제정되었음은 물론, 상설 분쟁해결기구(DSB)와 상설 상소기구를 설치해 놓았다. 뿐만 아니라 권고나 결정에 관한 패널보고서나 상소보고서는 이에 대하여 전 회원국이 반대하지 않는 한 자동 채택되도록 함으로써, 전체 체약국이 찬성해야만 패널보고서가 채택되었던 GATT의 방식과는 현저한 차이를 보이고 있다. 또 WTO가 법적 실체를 갖춤에 따라 그 결정은 회원국들에게 구속력을 갖게 된다.

넷째, 당사국의 명칭도 GATT의 경우에는 협정의 당사자를 강조하기 위하여 계약당사국 또는 체약국(contracting parties)이라고 부르는데, WTO에서는 정식 국제기구에 가입된 나라를 나타내는 명칭인 회원국(members)을 사용한다.

Chapter 2

국제무역의 기초이론

Chapter 2

국제무역의 기초이론

제1절 무역의 이익과 비교우위

1. 교환행위로서의 무역

인간은 화폐가 통용되기 훨씬 오래 전부터 교환행위를 해 왔다. 최초의 현생인류인 호모 사피엔스(homo sapiens)도 이미 13만 년 전부터 멀리 떨어져 있는 사람끼리 서로 필요한 것을 얻기 위해 교환행위를 했다고 전한다.[1] 개별적으로는 생산능력이나 갖고 있는 자원에 한계가 있기 때문에 서로 교환을 통해 자신의 부족한 점을 보완하면서 이익을 증대시켜 왔던 것이다. 자급자족에 의한 생활보다 교환에 의한 삶이 서로의 이익에 도움이 된다는 사실을 일찍부터 터득했던 것이다. 물론 초기의 교환행위는 물물교환 형태였다.

국가 간에 일어나는 무역도 다르지 않다. 서로의 이익을 위해 상품이나 서비스를 국가 간에 교환하는 행위가 바로 무역이다. 무역은 곧 국가 간의 교환행위인 것이다. 교환행위가 개인 간에 이루어지든 아니면 국가 간에 이루어지

1 이용기(2012a).

든 분명한 것은 교환에 참여하는 모두에게 이익을 준다는 사실이다. 어느 일방만 이익을 보고 다른 쪽은 손해를 보는 교환행위는 그것이 자유의사에 의해 이루어지는 한 성립할 수 없는 것이다. 따라서 교환이란 행위는 그 자체에 상호 간 모두에게 이익이 된다는 당연한 사실을 본질적 속성으로 내포하고 있는 셈이다. 서로에게 이익이 되지 않는다면 어느 누구도 또는 어느 국가도 자율적 의사에 따라 교환행위에 참여하지 않을 것이기 때문이다. 이것은 곧 국가 간에 왜 무역이 이루어지는가에 대한 명백하고 확실한 답이 된다.

무역을 교환이란 관점으로 파악할 때 무역은 결국 자급자족에 대한 대립 개념으로 이해할 수 있다. 교환을 통하여 각국의 소비영역을 확대하는 행위인 것이다. 소비영역이 양적 또는 질적으로 확대되고 혹은 다양성(종류) 면에서 확대됨으로써 국민의 후생증가를 가져온다. 폐쇄경제 하에서 자급자족으로는 불가능했던 국민의 소비영역을 무역은 가능하게 해 주는 것이다.

2. 기회비용과 비교우위

그렇다면 어떤 경우에 교환이 서로에게 이익을 주는가에 대한 의문이 생긴다. 어떤 조건 하에서 교환이 이루어져 무역의 이익(gains from trade)이 생기는가의 문제이다. 모두가 모든 면에서 동일한 조건을 갖고 있다면 구태여 거래비용을 들여가면서 교환을 하지는 않을 것이다. 갖고 있는 자원에 차이가 나든, 생산성이나 기술의 차이가 나든, 아니면 선호체계가 서로 다르든 무언가 다른 요소가 있기 때문에 교환을 일으키게 될 것이다. 이런 원천적 차이가 국가 간 무역을 통한 이익을 가져오게 하는 전제조건이 되는 것이다.

상품에 대한 개인의 선호체계는 동일하다고 전제할 때 교환이 상호에게 이익이 될 수 있는 경우는 세 가지를 생각해 볼 수 있다. 첫째, 한쪽은 갖고(생산하고) 있지 않은 것을 다른 쪽은 갖고(생산하고) 있을 경우이다. 이때 서로 자기가 갖고 있지 않은 것을 상대방과 교환을 통해 얻을 수 있다면 모두에게 만족을 증가시켜 줄 것은 분명하다.

둘째, 양쪽 모두 생산할 수는 있으나 각자 상대방에 비해 더 잘(효율적으로) 생산할 수 있는 상품이 사전에 정해져 있는 경우이다. 예를 들어 보자. 한국은 미국보다 컴퓨터를 더 적은 비용을 들여 생산할 수 있고, 반대로 미국은 밀을 한국보다 더 적은 비용으로 생산할 수 있다고 하자. 이때에도 교환의 이익은 분명해 보인다. 왜냐하면 각자 더 효율적으로 생산할 수 있는 부문에 자원을 집중적으로 투입하여 생산을 늘려 자기에게 필요한 양 이상은 상대국과 교환을 통해 얻으면 각자 자급자족할 때와 비교하여 주어진 자원으로 더 많은 양의 컴퓨터와 밀을 소비할 수 있기 때문이다. 이때 각자 더 효율적으로 생산할 수 있는 부문에 자원을 집중 투자하는 것을 특화(specialization)라고 한다. 한국과 미국이 각자 생산성이 높은 부문에 특화하면 동일한 양의 자원(생산요소)을 투입하고도 한국과 미국을 합한 컴퓨터와 밀 전체 생산량은 그 전에 비해 증가하게 되는데, 이 증가한 부분을 서로 교환을 통해 나누면 양국 모두에게 이익이 되는 것이다. 결국 생산에 투입된 총자원량에는 변함이 없는데, 각자 가장 잘하는 분야에 특화함으로써, 즉 생산요소를 집중 투입함으로써(자원의 효율적 배분) 전체의 생산량이 늘어날 수 있는 것이다. 특화, 즉 자원의 합리적 · 효율적 배분을 통해 생산량이 더 늘어난 것이다. 이때 각국이 더 잘 하여 생산성이 높은 분야, 즉 한국은 컴퓨터 산업 그리고 미국은 밀 산업에 절대우위(absolute advantage)가 있다고 말한다. 달리 말하면, 한국은 밀 산업에 그리고 미국은 컴퓨터 산업에 절대열위(absolute disadvantage)가 있는 셈이다.

셋째, 한쪽이 모든 분야에서 더 잘 하고 다른 쪽은 모든 분야에서 더 못하는 경우에도 교환의 이익은 발생하는가? 앞의 예를 연장하면, 컴퓨터와 밀 산업 모두에서 한국이 미국보다 열위에 있다고 가정해 보자. 동일한 양의 컴퓨터와 밀을 생산하는데 한국의 생산비가 미국보다 훨씬 많이 들어간다고 가정해 보자는 얘기다. 두 산업 모두에서 미국은 절대우위에 있고, 한국은 절대열위에 있는 상황이다. 이런 경우에는 교환이 이루어지지 않을 것처럼 보인다. 교환이 이루어지는 상황이 되면 미국은 두 상품 모두를 수출하고 한국은 두 산업 모두에서 생산이 일어나지 않게 된다는 생각이 들기 때문이다.

그러나 중요한 것은 상대적(comparative) 우 · 열위 문제이다. 한국이 비록 두 부문에서 절대열위에 있다 해도 상대적으로 더 우위에 있는 부문이 있을 수 있다. 마찬가지로 미국이 모든 분야에서 절대우위에 있다 해도, 상대적으로 더 우위에 있고 상대적으로 더 열위에 있는 부문이 있다. 〈표 2.1〉은 한국이 미국에 비해 컴퓨터와 밀 두 부문 모두에서 절대열위에 있는 예를 보여주고 있다. 이런 상황에서는 교환을 통해 두 나라가 모두 이익을 볼 것 같지 않다.

하지만 이를 상대적 관점에서 평가해 보면 상황은 달라진다. 기회비용(opportunity cost)의 관점에서 평가한다는 의미이다. 밀로 표시한 컴퓨터 한 단위의 기회비용이 표의 마지막 열(A/B)에 나타나 있다. 한국은 컴퓨터 1대 생산을 위해 밀 1/2단위(톤)를 포기해야 한다. 그러나 미국은 컴퓨터 1대 생산을 위해 밀 2단위를 포기해야 한다. 반대로 생각하면 한국은 밀 한 단위 생산하기 위해서는 컴퓨터 2대를 포기해야 하지만, 미국은 1/2단위만 포기하면 된다. 기회비용 관점에서 보면 한국은 컴퓨터를 상대적으로 더 싸게 생산하는 셈이고, 미국은 밀을 상대적으로 더 싸게 생산하는 셈이다. 상대가격의 차이가 존재하고 있다는 의미이다. 한국은 상대적으로 컴퓨터가 더 싸고, 미국은 상대적으로 밀이 더 싸다. 이때 한국은 컴퓨터 산업에, 미국은 밀 산업에 비교우위(comparative advantage)가 있다고 말한다. 한국은 컴퓨터를 국내에서 팔면 밀 1/2단위밖에 얻지 못하지만 미국에 수출하면 최대 2단위까지 얻을 수 있다. 한국은 또 밀을 국내에서 생산하면 컴퓨터 2단위를 포기해야 하지만 미국으로부터 수입하면 그 이하로 싸게 얻을 수 있는 것이다. 미국의 경우에도 마찬가지다. 국내에서 컴퓨터 1대를 얻기 위해서는 밀을 두 단위 포기해야 하지만 한국으로부터 수입하면 이보다 낮은 가격으로 얻을 수 있다. 그리고 밀을 한 단위 수출하면 미국 내에서와는 달리 한국에서는 컴퓨터를 최대 두 단위까지 얻을 수 있다.

이상에서 살펴본 예로부터 한 가지 중요한 결론을 얻을 수 있다. 즉, 무역의 이익이 발생할 수 있는 기본적 조건은 국가 간 상대가격(relative price) 차이의 존재라는 사실이다.[2] 그러면 무역 전 국가 간 상대가격의 차이는 왜 발생하는

2 절대가격의 차이가 아무리 많이 나도 상대가격이 같다면 무역으로 인한 이익은 발생하지 않을 것이다. 결국 국가 간의 무역은 재화의 상대가격의 차이로 발생하며, 각국은 상대가격이 싼 재화를 수출하고 비싼 재화를 수입함으로써 무역 전에 비해 사회적으로 이익이 증가한다.

표 2.1 상품 한 단위의 생산비용

(단위: 달러)

	컴퓨터(A)	밀(B)	A/B
한국	1,000	2,000	1/2
미국	800	400	2

것인가? 전통적 무역이론인 리카도모형과 헥셔-오린모형을 통해 무역이익의 발생조건과 그 원리에 대해 살펴보고자 한다.

제2절 리카도모형

국제무역의 발생 원인을 국가 간 생산기술의 차이에서 찾아 최초로 무역이론을 정립한 사람은 영국의 고전학파 경제학자 리카도(David Ricardo)이다. 그는 가치 창출의 근원을 인간의 노동이라고 생각하고, 상품의 가치는 상품생산에 투입된 노동의 양에 의해 결정된다는 노동가치설(labor theory of value)을 주장하였다. 이를 토대로 국가 간의 무역은 노동생산성의 차이, 즉 생산기술의 차이에 의해 발생하게 된다는 무역이론을 전개하였다.[3] 이 절에서는 리카도모형(Ricardian model)에 대하여 자세히 고찰해 보자.

1. 무역 전 균형

리카도모형 논의를 위해 다음과 같이 가정하자. 미국(A)과 중국(B) 두 나라

3 Ricardo, David(1817).

표 2.2 단위노동필요량

	총노동량	컴퓨터(X)	밀(Y)	X/Y
미국(A)	100	1	2	1/2
중국(B)	300	6	3	2

가 각자 두 개의 상품, 컴퓨터(X)와 밀(Y)을 생산하고 있다. 노동만이 유일한 생산요소이며 동질적(homogeneous)이다. 경제 내의 노동의 총량은 고정되어 있으며, 한 국가 내에서 노동의 산업 간 이동은 자유로우나 국가 간 이동은 불가능하다. 또 양 산업 모두 동일한 규모수익 불변(constant returns to scale)의 생산기술을 갖고 있다. 즉, 생산함수의 생산요소에 대한 1차 동차함수(homogeneous function)를 가정한다.[4] 상품의 교환에 따른 수송비용은 고려하지 않으며, 모든 시장은 완전 경쟁시장이다.

이제 〈표 2.2〉와 같이 두 나라에 부존되어 있는 총노동량과 각 산업의 단위노동필요량(unit labor requirement)의 예를 들어보자. 단위노동필요량이란 상품 한 단위를 생산하는 데 필요한 노동의 양을 의미한다. 미국은 총노동 100단위, 중국은 300단위를 보유하고 있다. 미국은 컴퓨터 한 단위(대)를 생산하는데 1단위의 노동이 필요하고 밀은 한 단위(톤) 생산하는데 노동 2단위가 필요하다. 반면, 중국은 컴퓨터와 밀 한 단위 생산에 각각 6단위와 3단위의 노동이 필요하다. 미국은 중국에 비해 두 산업 모두 절대우위에 있고 반대로 중국은 두 산업 모두 절대열위에 놓여 있음을 알 수 있다. 두 산업 모두 미국의 노동생산성이 높다.

1) 생산가능곡선

〈표 2.2〉의 자료로부터 우리는 두 나라의 생산가능곡선(production possibility curve)을 그릴 수 있다. 생산가능곡선이란 경제 내에 주어진 자원을 모두 고용할

4 생산요소가 노동 하나뿐인 상태에서 생산기술이 규모수익 불변이기 때문에 생산함수는 원점을 통과하는 직선 형태이고, 따라서 노동의 한계생산은 평균생산과 일치하며 일정하다.

그림 2.1 미국의 생산가능곡선과 무역 전 국내균형

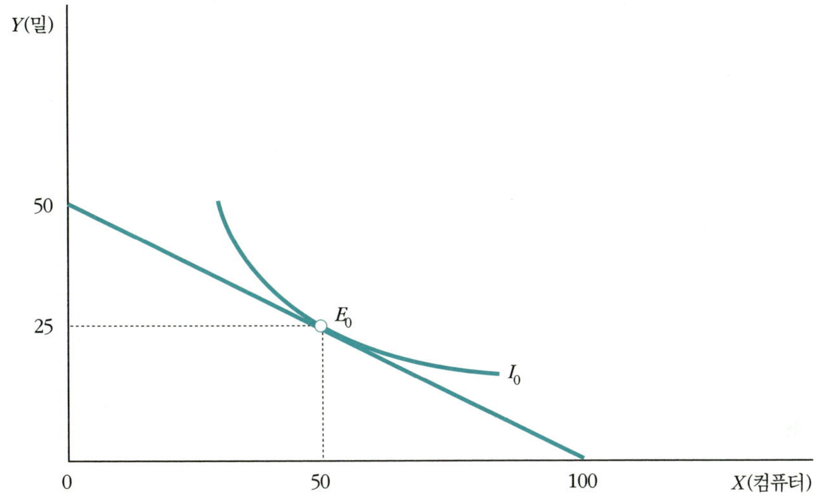

때 최대로 생산할 수 있는 두 상품묶음의 조합을 나타낸 곡선이다. 미국이 총 노동량 100단위를 모두 컴퓨터 생산에 투입하면 100단위의 컴퓨터를 생산할 수 있고, 이를 밀 생산에 모두 투입하면 50단위를 생산할 수 있다. 그림에서 보듯이 이때 생산가능곡선은 직선이 된다.[5] 생산가능곡선의 기울기는 X재 한 단위를 더 생산하기 위하여 포기해야 할 Y재의 단위를 나타내는 것으로 한계변환율(marginal rate of transformation)이라고 한다.

이 생산가능곡선상에 있는 모든 점들은 국내 보유자원으로 생산이 가능하다. 무역이 이루어지기 전 폐쇄경제(autarchy)에서는 이 생산가능곡선이 동시에 소비가능곡선이다. 자급자족 경제이기 때문에 생산량 이상을 소비할 수 없기 때문이다. 실제 어디에서 국내균형이 이루어질 지는 이 생산가능곡선상에서 사회후생을 극대화시켜 주는 곳이 어디인지 알아야 한다. 따라서 이를 알기 위

5 수식으로 표시하면 $1 \cdot X + 2 \cdot Y = 100$으로 직선 형태의 생산가능곡선이 된다.

그림 2.2 중국의 생산가능곡선과 무역 전 국내균형

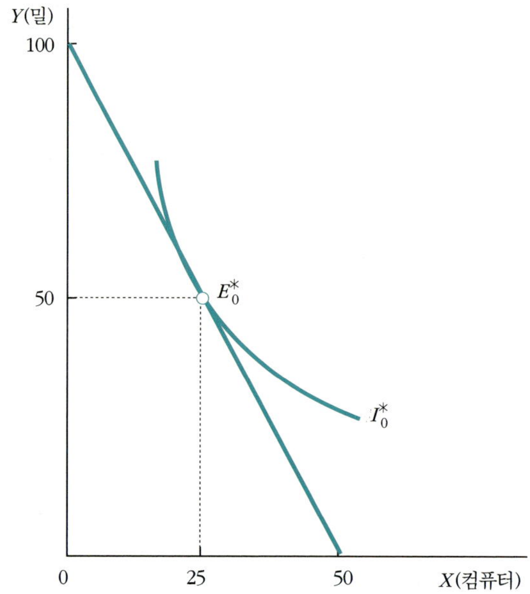

해서는 수요 측면에서 사회후생함수(social welfare function)로부터 도출되는 사회무차별곡선(social indifference curve)이 필요하다. 결국 생산가능곡선과 이 사회무차별곡선이 접하는 곳에서 무역 전 국내균형이 생기는 것이다.[6] 이 점이 생산점이자 동시에 소비점이고, 이때 사회후생수준은 극대화된다.

따라서 무역 전 미국의 국내균형은 두 곡선이 접하는 E_0점에서 이루어진다. 이 점에서는 한계변환율, 두 상품의 가격비, 그리고 한계대체율(marginal rate of substitution)이 모두 같아지고 사회무차별곡선 I_0가 나타내 주는 수준에서 사회후생이 극대가 된다. 이 점은 생산점이자 곧 소비점으로서 미국의 국민은

6 사회무차별곡선을 위해 모든 소비자들이 동일한 동조적(homothetic) 선호체계를 갖고 있다고 가정한다.

$p(P_X/P_Y)=1/2$의 상대가격 하에서 50단위의 컴퓨터와 25단위의 밀을 생산하여 소비하게 되는 것이다.

중국도 동일한 방법으로 생산가능곡선을 그릴 수 있으며, 무역 전 폐쇄경제 하에서의 국내균형을 찾아낼 수 있다. 여기서도 마찬가지로 무역 전 사회후생수준을 극대화시켜 주는 E_0^*에서 이 나라의 한계대체율, 상대가격, 그리고 한계변환율이 모두 일치하게 된다. 이때 중국의 사회후생은 사회무차별곡선 I_0^*가 나타내 주는 수준에서 극대화되고 있다.

2) 상대가격과 기회비용의 차이

〈표 2.2〉 마지막 열에는 밀로 표시한 컴퓨터 한 단위의 기회비용이 표시되어 있다. 미국은 컴퓨터 한 단위 생산을 하기 위해서는 밀을 1/2단위 포기해야 한다. 이는 컴퓨터 한 대의 기회비용은 밀 1/2단위라는 의미이다. 역으로 밀 한 단위 생산을 위해서는 컴퓨터를 두 단위 포기해야 가능하다. 따라서 밀 1톤의 기회비용은 컴퓨터 2대인 셈이다. 컴퓨터의 기회비용의 역수이다. 이같이 기회비용 개념으로 파악이 가능한 것은 자원이 한정되어 있기 때문이다. 마찬가지 논리로 생각하면, 중국의 경우 컴퓨터 1대의 기회비용은 밀 2톤이고 밀 1톤의 기회비용은 컴퓨터 1/2대라는 것을 알 수 있다. 기회비용의 관점에서 파악하면 미국은 상대적으로 컴퓨터가 더 싸고 중국은 밀이 더 싸다. 이 기회비용은 곧 밀에 대한 컴퓨터의 상대가격이다. 그러니까 미국에서는 컴퓨터의 상대가격이 중국에 비해 싸고 중국에서는 밀의 상대가격이 싸다는 의미가 된다. 이와 같은 기회비용의 차이, 곧 상대가격의 차이가 존재하기 때문에 교환을 하면 서로 이익을 얻을 수 있는 것이다.

미국은 컴퓨터의 기회비용, 즉 상대가격이 싸기 때문에 컴퓨터 산업에 비교우위가 있고, 반대로 중국은 밀 산업에 비교우위가 있는 것이다. 따라서 각자 비교우위산업에 특화하여 생산을 늘려 수출을 하고, 비교열위산업의 상품을 대신 수입하게 되는 무역패턴(trade pattern)이 이루어지는 것이다.

2. 무역의 이익

무역이 개시되면 각국에서는 상대가격의 변화와 함께 비교우위산업에 특화가 일어나게 된다. 직선의 생산가능곡선을 특징으로 하는 리카도모형에서는 생산요소가 한 쪽 산업에 모두 투입되는 완전 특화(complete specialization)가 일어난다. 미국은 모든 자원(노동)이 컴퓨터 생산으로 투입되고, 반대로 중국의 경우에는 모든 노동이 밀 생산에 투입되는 것이다. 이와 같은 특화의 결과 미국은 100단위의 컴퓨터를 생산하고, 중국 역시 100단위의 밀을 생산하게 된다. 〈그림 2.3〉에서 생산점이 미국은 *A*로 이동하고, 중국은 *B*로 이동한다. 국제 균형가격, 즉 교환비율은 미국과 중국의 국내 상대가격인 1/2과 2의 중간 어디에선가 결정될 것이다. 다시 말하면, 무역개시와 함께 미국과 중국 각각의 비교우위 재화인 컴퓨터와 밀의 상대가격이 상승한다. 균형상대가격이 1에서 결정되었다고 가정해 보자. 그러면 새로운 가격선은 그림에서 파란선으로 이동한다. 이는 컴퓨터 1대가 밀 1톤과 교환된다는 의미이다. 미국의 경우 컴퓨터의 상대가격이 1/2보다 커졌으므로 모든 생산요소들은 이윤극대화 원리에 의해 컴퓨터 생산으로 이동하여 완전 특화가 일어나게 된다.[7] 또한 미국의 국민은 무역을 통해 이 선상의 어느 점의 소비도 가능해진다는 의미이다.

이때 생산은 점 *A*에서 일어나지만 소비가 가능한 구역은 당초의 생산(소비)가능곡선 밖 파란선으로까지 확대된다. 소비가능집합이 커졌으므로 그만큼 이익이 생긴 것이다. 이 확대된 소비가능집합 중 어디에서 실제 소비가 일어날 것인지는 수요 측면의 사회무차별곡선에 의해 결정된다. 새로운 균형 소비점은 폐쇄경제 하에서는 소비가 불가능한 점이었다. 만일 무역개시 후 미국의 균형이 점 E_1에서 생겼다고 하자. 이곳에서 기울기 1로 나타내 주는 가격선과 사회무차별곡선이 접하여 후생수준이 극대가 된다. 이때 컴퓨터 소비는 60단위, 밀의 소비는 40단위이다. 특화로 인해 컴퓨터 생산이 100단위로 늘어난 대신 밀 생산은 중단되었으므로 컴퓨터는 40단위의 초과공급이 생기는 반면,

7 완전 경쟁 하에서 가격(한계수입)이 한계비용보다 크면 생산은 무한이 늘어난다.

그림 2.3 무역의 이익

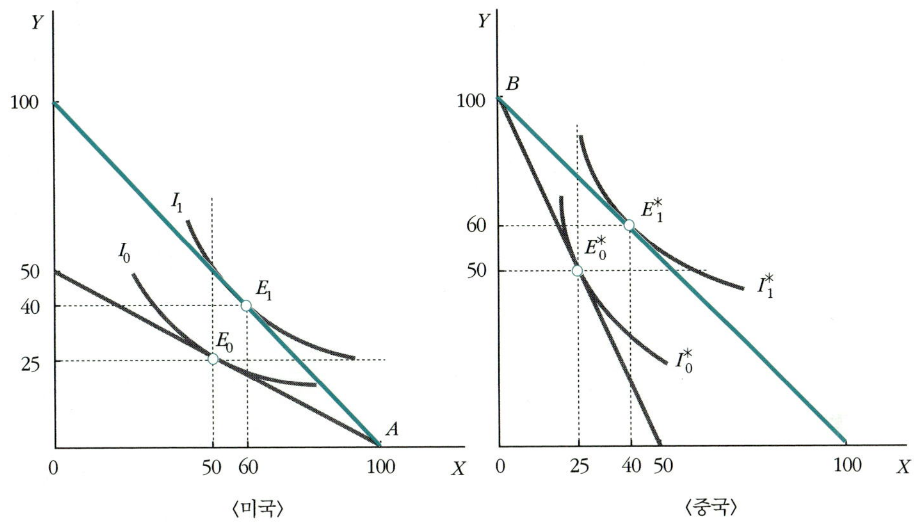

밀은 40단위만큼 초과수요가 생긴 셈이다. 따라서 미국은 컴퓨터 40단위를 수출하고 대신 중국으로부터 40단위의 밀을 수입하는 무역이 일어난다. 무역 전과 비교하여 컴퓨터는 10단위, 밀은 15단위 더 소비가 가능해졌다. 이 같은 이익은 사회무차별곡선을 I_1으로 이동시킨다. 사회무차별곡선이 무역 전보다 우상향 방향으로 이동했으므로 무역으로 인해 후생수준이 명백히 향상된 것이다. 무역 전에는 생산한 만큼만 소비를 할 수 있었으나, 무역은 소비와 생산을 분리하여 생산 이상으로 소비가 가능해졌다. 이것이 무역의 이익이다. 중국의 경우에도 동일한 방식으로 생각할 수 있다. 〈표 2.3〉은 무역의 이익을 수치로 요약하여 보여준다.

비교우위에 따른 특화의 결과 미국과 중국을 합한 전체의 생산량은 컴퓨터와 밀이 각각 25단위가 증가했다(〈표 2.4〉 참조). 투입된 노동의 총량, 즉 생산비용(자원)에는 변화가 없음에도 불구하고 세계의 총생산량이 이만큼 증가한 것이다. 자유무역을 통한 자원의 효율적 배분이 준 특화의 결과이다. 이 증가

표 2.3 무역의 이익

		무역 전	무역 후		무역이익 (소비증가)
		생산(소비)	생산	소비	
미국	컴퓨터	50	100	60	10
	밀	25	0	40	15
중국	컴퓨터	25	0	40	15
	밀	50	100	60	10

표 2.4 특화에 의한 생산의 증가

	무역 전			무역 후			생산증가 (B−A)
	미국	중국	계(A)	미국	중국	계(A)	
컴퓨터	50	25	75	100	0	100	25
밀	25	50	75	0	100	100	25

한 생산량을 교환비율인 국제 상대가격에 따라 두 나라가 나눠 갖게 되는 것이다. 우리의 예에서는 미국이 컴퓨터 10단위, 밀 15단위를 더 소비할 수 있게 되었고 중국은 컴퓨터 15단위, 밀 10단위를 더 소비할 수 있게 되었다. 그 결과 각국의 사회후생수준은 그림에서 보는 바와 같이 각각 I_1과 I_1^*로 이동하였다. 이것이 무역의 이익이다. 늘어난 생산량을 어느 나라가 더 가져가는가, 즉 무역으로 인해 누가 더 많은 이익을 보는가는 두 상품 간의 교환비율에 달렸다. 무역 전 국내 교환비율에서 멀어질수록 더 많은 이익을 본다. 예를 들면, 교환비율이 3/2으로 결정되었다면 무역으로 인해 미국이 중국보다 더 큰 이익을 보게 될 것이다. 미국이 수출하는 컴퓨터의 국제 상대가격은 그만큼 더 비싸진 반면 수입하는 밀의 상대가격은 더 싸졌기 때문이다. 반대로 교환비율이 1/2에 가까워질수록 중국의 이익은 커지고 미국의 이익은 더 줄어드는 결과가 될 것이다.

지금까지 고찰한 내용으로부터 알 수 있듯이 무역(패턴)을 결정하는 요인은 절대우위가 아닌 비교우위라는 점이다. 비록 어느 한 나라가 두 재화 생산에 있어서 모두 절대적 우위를 지니고 있다 할지라도 두 재화를 모두 일방적으로 수출할 수는 없는 것이다. 두 재화 모두 절대열위에 있는 나라도 비교우위가 있는 재화를 수출하여 상호간에 무역의 이익을 얻을 수 있다. 이것이 리카도의 비교생산비설로 설명되는 비교우위론(theory of comparative advantage)의 핵심이다. 각국이 국내에서 상대적으로 싼 (기회비용이 낮은) 재화 생산에 특화하여 이를 더 높은 가격에 수출을 하고, 상대적으로 비싼 재화는 외국으로부터 좀 더 낮은 가격에 수입함으로써 이익을 보게 되는 것이다.

요약하면, 리카도모형에서는 각국의 노동생산성의 차이, 즉 생산기술의 차이가 재화의 생산비의 차이(기회비용의 차이)를 일으키고 이는 다시 국가 간 상품의 상대가격의 차이로 나타나게 된다. 각국은 상대가격이 싼, 즉 비교우위가 있는 산업에 경제 내의 모든 생산요소를 투입(완전 특화)하여 생산하고, 이 재화를 수출하는 대신 비교열위에 있는 산업의 재화를 수입하는 무역패턴이 나타나게 된다. 비교우위산업은 결국 기회비용이 낮고, 생산비와 가격이 상대적으로 싸고, 노동생산성이 상대적으로 큰 산업이다. 이 같은 무역의 결과 무역에 참여한 모든 나라의 후생수준은 증가하게 된다. 비록 어느 나라가 모든 산업에 있어서 절대열위에 있다 해도 비교우위산업에 특화하여 무역을 하면 무역의 이익을 얻을 수 있다는 것이다. 이 점은 리카도 이전 애덤 스미스(Adam Smith)가 주장한 절대우위론(theory of absolute advantage)으로는 설명될 수 없는 획기적인 것이다.[8]

8 단위노동투입량이 아래와 같을 경우 미국은 컴퓨터 생산비가 낮은 반면, 중국은 밀 생산비가 절대적으로 낮다. 이때 스미스 이론에 의하면, 미국과 중국은 각각 절대우위를 갖고 있는 컴퓨터와 밀을 특화하여 수출하고 대신 각각 절대열위에 있는 밀과 컴퓨터를 수입하게 된다. 이것이 애덤 스미스가 주장한 분업의 이익에 기초한 절대우위론이다. 그러나 각국이 절대우위 품목을 각각 달리 갖고 있는 이런 경우 무역의 이익과 무역패턴은 자명한 이치이며, 기회비용의 차에 의한 비교우위론으로 당연히 설명될 수 있음은 물론이다.

	컴퓨터(X)	밀(Y)	X/Y
미국	2	4	1/2
중국	6	3	2

리카도모형의 한계

리카도의 비교우위론은 살펴본 바와 같이 애덤 스미스의 절대우위론이 설명할 수 없는 한계를 극복했다는 점에서 무역이론에서 큰 공헌을 했다. 그러나 그 이론적 우수성에도 불구하고 몇 가지 문제점을 안고 있다.

첫째, 가정의 단순성이다. 직선의 생산함수와 직선의 생산가능곡선을 가정함으로써 결과적으로 무역이 일어나면 균형상대가격이 어느 한 나라의 무역 전 국내 상대가격에서 결정되지 않는 한 어느 나라든 한 산업의 생산에만 완전 특화가 발생하게 된다는 점이다. 선형의 생산가능곡선 전제시 나오는 논리적 귀결이지만 이 완전 특화는 비현실적이라는 비판을 면할 수 없다.

둘째, 생산요소로서 오직 노동 하나만을 분석 틀에 고려하고 있다는 점이다. 하나의 동질적 생산요소만을 모형 내에 사용하고 있기 때문에 무역의 발생으로 소득재분배에 미치는 효과는 없다는 결론에 도달하게 된다. 리카도모형은 총체적 이익(효율성)이 증대한다는 것만 설명할 뿐 국가 내의 분야별 또는 구성원 개개인의 부분적 이익(공평성, 분배) 문제를 설명하지 못한다는 점이다. 아마도 이 생산요소 간의 소득재분배 효과를 설명할 수 없다는 점이 리카도모형의 가장 큰 단점일 것이다.

셋째, 이런 이유로 재화의 상대가격을 결정하는 요소가 오직 기술 측면, 즉 공급 측면에서의 생산비(노동생산성)에만 있고 소비자의 선호체계가 나타내주는 공급 측면은 상대가격의 결정에 아무런 영향을 미치지 못한다는 점이다.

이 같은 비판에도 불구하고 리카도모형은 무역이 절대우위가 아닌 비교(상대적)우위에 의해 결정된다는 점을 명쾌하게 이론적으로 논증함으로써 무역이론의 획기적인 전기를 마련해 놓았다는 데서 높이 평가할 수 있을 것이다.

제3절 헥셔-오린모형

1. 기본가정

리카도모형에서는 비교우위의 발생요인을 노동생산성의 차이, 즉 생산기술의 차이에서 찾고 있다. 그러나 현실 세계의 무역은 국가 간 생산기술상의 차이 외에도 다른 많은 요인들에 의해 발생한다. 스웨덴의 경제학자 헥셔(Eli Heckscher)와 노벨 경제학상 수상자인 그의 제자 오린(Bertil Ohlin)은 국가 간의 요소부존도(factor endowment)의 상대적인 차이에서 비교우위의 근원을 찾고 무역이론을 전개하였다. 우선 헥셔-오린모형(Heckscher-Ohlin Model)[9]이 전제로 하고 있는 기본가정을 살펴보면 다음과 같다.

첫째, 2개의 국가(미국, 중국)가 노동(L)과 자본(K) 2개의 생산요소를 사용하여 2개의 재화 컴퓨터(X)와 밀(Y)을 생산하고 있다.[10] 미국(U)은 상대적으로 자본이 풍부한 국가이고, 중국(C)은 상대적으로 노동이 풍부한 국가라고 가정하자. 노동에 대한 자본의 비율(K/L)로 표시되는 요소부존도를 이용하여 이 가정의 의미를 나타내 보면 다음과 같다. 그림으로도 이 상대적 요소부존도의 차이를 표시할 수 있다.

$$\left(\frac{K}{L}\right)_U > \left(\frac{K}{L}\right)_C \tag{2.1}$$

둘째, X재는 자본집약적 재화이고 Y재는 노동집약적 재화이다. 즉, X재는 상대적으로 자본을 더 많이 투입하여 생산되는 재화이고, Y재는 상대적으로 노동을 더 많이 투입하여 생산되는 재화이다. 이와 관련하여 요소집약도 역전

9 헥셔-오린모형(Heckscher-Ohlin Model)은 새뮤엘슨에 의해 많은 연구와 발전이 이루어져 헥셔-오린-새뮤엘슨모형(Heckscher-Ohlin-Samuelson Model)이라고 부르기도 한다.

10 이런 이유로 헥셔-오린모형은 종종 2×2×2 모형이라고도 부른다.

(factor intensity reversal)은 발생하지 않는다고 가정한다. 다시 말하면, 요소가격비가 변하거나 산출량이 변하는 등 상황의 변화가 있다 하더라도 X재가 자본집약적 재화이고, Y재가 노동집약적 재화라는 성질에는 변함이 없다라고 가정한다.

셋째, X와 Y 두 산업은 모두 규모수익 불변(constant returns to scale)의 생산기술을 띠며, 두 국가 모두 동일한 생산기술을 갖는다고 가정한다.

넷째, 한 국가 내에서 생산요소의 산업 간 이동은 완전히 자유로우나 국가 간의 이동은 불가능하다.

다섯째, 양국 국민의 선호체계는 동일하며 동조성(同調性, homotheticity)을 띤다.

여섯째, 재화시장과 생산요소시장 모두 완전 경쟁시장이며, 수송비 등 부대비용은 고려하지 않는다.

2. 요소집약도와 요소부존도

1) 요소집약도

〈그림 2.4〉는 X, Y 두 산업(기업)의 균형과 요소집약도를 보여주고 있다. 이윤극대화를 추구하는 두 기업의 단위 생산량의 등량곡선(isoquant)이 각각 그려져 있다. 노동과 자본 두 요소시장 모두 완전 경쟁 하에 있기 때문에 두 기업이 직면하는 요소가격의 비는 같고, 따라서 동일한 등비용곡선의 기울기를 갖는다. 각 산업의 균형은 등비용곡선(isocost line)의 기울기와 등량곡선의 기울기, 즉 한계기술대체율(marginal rate of technical substitution)이 일치하는 점에서 생긴다.[11] 규모수익 불변 가정, 즉 생산함수를 1차 동차함수로 가정했으므로 원점

11 노동과 자본의 가격을 각각 w, r이라 하고, 또 이들 생산요소의 한계생산을 각각 MP_L과 MP_K라 하면 균형점에서는 $\frac{w}{r} = \frac{MP_L}{MP_K}$의 조건이 성립한다.

그림 2.4 요소집약도

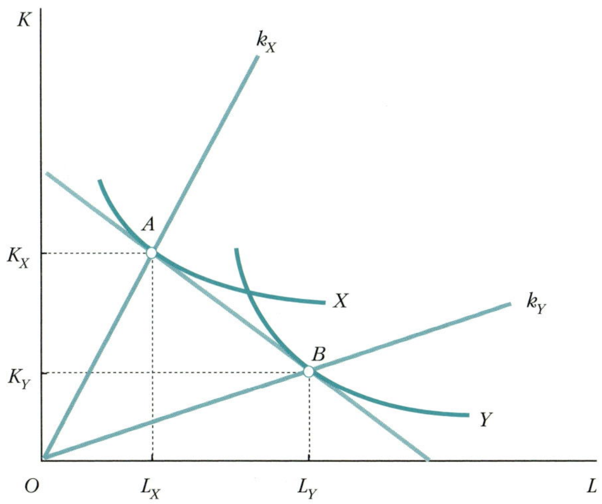

에서 나온 방사선과 등량곡선이 만나는 곳에서의 등량곡선의 기울기는 산출량의 변화와 관계없이 항상 일정한 값을 유지하게 된다. 이는 각 산업의 요소집약도는 산출량의 변화에 의해서는 달라지지 않고 오직 요소가격비에 의해서만 변한다는 것을 의미한다.

각 산업의 비용극소화 균형점 A와 B에서의 투입요소의 비율 k_X, k_Y의 관계는 다음과 같이 표시된다.

$$k_X\left(=\frac{K_X}{L_X}\right) > k_Y\left(=\frac{K_Y}{L_Y}\right) \tag{2.2}$$

위 관계식이 의미하는 것은 한 단위의 컴퓨터와 밀을 생산하는 데 있어서 컴퓨터는 상대적으로 노동보다는 자본을 더 많이 사용하고, 반대로 밀 생산에서는 상대적으로 노동이 더 많이 투입된다는 의미이다. 따라서 우리는 컴퓨터는 자본집약적 재화이고 밀은 노동집약적 재화라고 말할 수 있다. 이 노동에 대한 자본의 투입비율을 요소집약도(factor intensity)라고 한다. 요소집약도 역전 현상이 발생하지 않는다는 가정은 이 부등호 관계가 변하지 않는다는 것을 의미한다. 즉, 어떤 경우에도 반대로 밀이 자본집약적이고 컴퓨터가 노동집약적으로 변하지는 않는다는 가정이다. 생산함수의 1차 동차성을 가정하고 있으므로 요소집약도 k_X와 k_Y는 생산량의 변화, 즉 등량곡선의 이동과는 무관하게 일정하다.[12] 다만 요소가격비인 임금-이자율 비율의 변화에 의해서는 변할 수 있지만, 요소집약도의 역전현상을 배제하고 있으므로 $k_X > k_Y$ 관계가 항상 유지된다는 의미이다.

2) 요소부존도

헥셔-오린모형에서는 요소부존도의 차이가 무역을 결정하는 중요한 요소이다. 나라마다 주어진 생산요소의 부존상태는 다르다. 어느 나라는 인구가 많아 노동력이 풍부한가 하면, 어떤 나라는 자본이나 토지가 풍부한 나라도 있다. 미국, 중국, 러시아, 캐나다, 호주 등 농업이 발달한 나라들은 대부분 광활한 농경지를 보유하고 있다. 중국이나 인도 등은 노동력을 풍부하게 보유하고 있다. 서방 선진국들은 자본과 기술력이 우수한 반면, 이도저도 없는 나라들도 있을 수 있다. 생산요소를 얼마나 보유하고 있는가가 국가 간의 상대가격의 차이와 비교우위를 결정하여 무역을 가능하게 한다는 것이다.

그런데 여기서 중요한 것은 생산요소의 절대적 차이가 아니라 상대적 차이이다. 〈표 2.5〉에서 예시 1의 경우 미국은 중국과 비교해 자본을 두 배 보유하고 있지만, 중국은 반대로 미국보다 노동을 두 배 보유하고 있다. 노동에 대한 자본의 비율이 미국은 2이고 중국은 1/2이다. 미국은 상대적으로 자본이 풍부한 나라이고, 중국은 상대적으로 노동이 풍부한 나라이다. 요소부존량의 절대적 크기는 문제되지 않는다. 식 (2.1)의 역수를 취하면 부등호가 바뀌게 되는데

12 동차함수의 경우에는 생산요소를 모두 동일 배수로 변화시키면 등량곡선의 기울기, 즉 한계기술대체율은 변하지 않는데, 이 같은 성질은 동차함수와 동차함수를 단조증가변환(positive monotonic transformation)한 동조함수(homothetic function)의 경우에도 같다(증명은 생략).

표 2.5 요소부존도의 차이 예시

		노동	자본	자본/노동
예시 1	미국	1,000	2,000	2
	중국	2,000	1,000	1/2
예시 2	미국	1,000	2,000	2
	태국	800	400	1/2

이것은 중국은 노동이 풍부한 나라라는 의미이다.

$$\left(\frac{L}{K}\right)_U < \left(\frac{L}{K}\right)_C \tag{2.1a}$$

두 번째 예를 보자. 미국은 예시 1과 같지만, 태국(T)은 노동 800단위, 자본 400단위를 보유하고 있다. 노동과 자본 모두 미국이 절대적으로 더 많은 양을 보유하고 있다. 그러나 이를 상대적인 관점에서 노동에 대한 자본의 비율로 파악하면 태국의 경우 이 값은 1/2이 된다. 따라서 자본에 대한 노동의 비율은 2이다. 태국은 절대적 규모에서는 미국보다 모두 열위에 있지만 상대적으로는 미국에 비해 노동이 풍부한 나라이다. 마찬가지로 상대적으로 보면 미국은 태국에 비해 자본이 풍부한 나라이다. 헥셔-오린모형에서 요소부존도의 차이는 바로 이 상대적 차이를 의미한다. 미국과 태국(T)의 요소부존도를 부등호로 표시하면 다음과 같다.

$$\left(\frac{K}{L}\right)_U > \left(\frac{K}{L}\right)_T \qquad \left(\frac{L}{K}\right)_U < \left(\frac{L}{K}\right)_T \tag{2.1b}$$

3. 헥셔-오린정리

지금까지 논의한 내용을 바탕으로 두 국가의 생산가능곡선을 그리면 〈그림 2.5〉와 같이 나타낼 수 있다. 리카도모형에서와 달리 원점에 대해 오목한

그림 2.5 생산가능곡선과 무역 전 국내균형

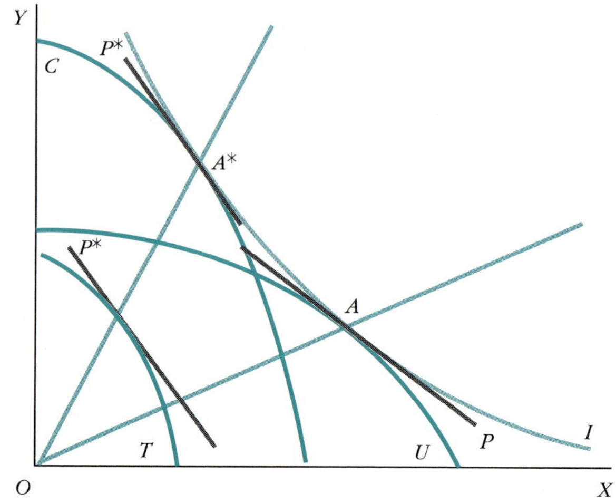

(concave) 형태의 전형적인 생산가능곡선 모양을 띠고 있다. 이는 *X*재 생산을 늘려감에 따라 포기해야 할 *Y*재의 양이 점차 증가한다는, 즉 *X*재 생산의 기회비용이 증가한다는 의미이다. 직선 형태의 생산가능곡선을 보인 리카도모형에서는 불변의 기회비용이 가정되어 있다.

*U*는 미국의 생산가능곡선이고 *C*는 중국의 생산가능곡선이다. 앞서 논의한 바와 같이 상대적으로 미국은 자본이 풍부한 국가이고 중국은 노동이 풍부한 국가이다. 또 컴퓨터는 자본집약적 재화인 반면, 밀은 노동집약적 재화이다. 따라서 두 나라의 생산가능곡선을 동일 평면 위에 그리면 자본이 상대적으로 풍부한 미국은 *X*재(컴퓨터) 쪽으로, 노동이 풍부한 중국은 *Y*재(밀) 방향으로 늘어지는 생산가능곡선을 얻을 수 있다. 〈그림 2.5〉는 미국은 자본이 상대적으로 풍부한 국가이기 때문에 자본집약재인 *X*재를 상대적으로 더 많이 생산할 수 있고, 중국은 노동이 상대적으로 더 풍부하기 때문에 노동집약재인 *Y*재를 더 많이 생산할 수 있다는 것을 보여주고 있다.

여기서 생산요소 부존량의 절대적 크기는 문제되지 않는다. 만일 한 나라의 요소부존량이 절대적으로 작다면 생산가능곡선이 작게 나타나 다른 나라의 생산가능곡선 내에 포함될 수 있다. 하지만 이때에도 국가 간 상대가격의 차이가 생기게 되는 원리는 변함이 없다. 〈표 2.5〉의 예시 2와 같은 태국의 생산가능곡선(T)을 그려 넣으면 중국의 그것과 닮은꼴이 되면서 미국의 생산가능곡선 안쪽에 완전히 포함되는 모양이 될 것이다. 절대적 크기에서 노동과 자본 모두 미국보다 작지만 노동에 대한 자본의 비율은 중국과 동일하게 1/2이기 때문이다.

이제 여기에 두 나라의 사회무차별곡선을 그려 넣을 차례이다. 두 나라 국민의 선호체계는 동일하다고 가정하고 있으므로 두 나라 공히 같은 모양의 사회무차별곡선을 그릴 수 있다. 무역 전 폐쇄경제(autarky)에서의 균형은 생산가능곡선과 사회무차별곡선이 접하는 곳(A, A^*)에서 생긴다. 이때 그 접선의 기울기는 각국의 무역 전 상대가격을 나타내 주며 $p<p^*$이다. 이 같은 상대가격의 차이는 무역으로 상호간 이익을 얻을 수 있는 필요조건이다. 미국은 컴퓨터의 상대가격이 중국에 비해 싸고, 중국은 상대적으로 밀의 가격이 싸다는 것을 알 수 있다. 미국은 컴퓨터 산업에 비교우위가 있는 반면, 중국은 밀 산업에 비교우위가 있다는 의미이다.

$$\left(\frac{P_X}{P_Y}\right)_U < \left(\frac{P_X}{P_Y}\right)_C \tag{2.3}$$

이와 같은 상대가격의 차이는 무역으로 상호 이익을 얻을 수 있다는 것을 의미한다. 미국은 상대적으로 싼 컴퓨터 산업에 특화하여 이를 중국으로 수출하고, 반대로 중국은 밀 산업에 특화하여 이를 미국으로 수출함으로써 양국 모두 무역 전에 비해 이익을 얻을 수 있다. 이 상대가격의 차이는 어디에서 생긴 것인가? 바로 요소부존도의 차이에서 온 것이다. 미국은 상대적으로 컴퓨터가 싼데, 이는 컴퓨터 생산에 집약적으로 투입되는 자본을 상대적으로 더 많이 보유하고 있기 때문이다. 반대로 중국에서 밀이 상대적으로 더 싼 것은 밀 생산에 집약적으로 투입되는 노동이 중국에 상대적으로 많이 부존되어 있기 때문이다.

헥셔-오린모형을 한국과 미국의 예에 적용해 보자. 한국은 미국과 비교할 때 자본과 토지(농경지) 모두 절대적으로 부족하다. 그러나 상대적 관점에서 보면 한국은 미국에 비해 자본보다는 토지를 상대적으로 더 적게 보유하고 있다. 컴퓨터와 밀을 생산한다고 할 때 한국은 두 산업 모두에서 절대열위에 있을 수 있다. 하지만 이 경우에도 한국은 자본을 상대적으로 더 많이 보유하고 있기 때문에 자본집약산업인 컴퓨터 산업에 비교우위를 갖게 되는 것이다. 따라서 상호 무역을 통해 한국은 컴퓨터 산업에 특화하여 이것을 미국으로 수출하는 대신 미국은 밀 산업에 특화하여 밀을 한국으로 수출함으로써 상호간에 이익을 얻을 수 있는 것이다.

살펴본 바와 같이 각국의 비교우위산업을 결정하는 요인은 요소부존도의 차이에서 비롯된다. 미국이 자본집약재인 X재에 비교우위를 지니게 되는 것은 이 나라가 중국에 비하여 상대적으로 자본이 풍부한 국가이기 때문이다. 마찬가지로 중국이 노동집약재인 Y재에 비교우위를 지니게 되는 것은 중국은 미국에 비해 상대적으로 노동이 풍부한 나라이기 때문이다. 결국 요소부존도의 차이에 관한 가정 $\left(\frac{K}{L}\right)_U > \left(\frac{K}{L}\right)_C$에서 비교우위가 결정되고 이에 의해 무역패턴이 결정되는 것이다.

헥셔-오린정리(Heckscher-Ohlin theorem)를 다음과 같이 요약해 볼 수 있다. "각 나라에 부존되어 있는 생산요소의 상대적 부존도의 차이가 비교우위를 결정하는데, 각국은 상대적으로 풍부하게 보유하고 있는 생산요소를 집약적으로 사용하여 생산하는 재화에 비교우위를 갖게 된다."[13]

13 1973년 노벨 경제학상을 수상한 레온티에프(Wassily Leontief)는 1953년 발표한 그의 실증연구에서 미국은 수입(대체)재보다 수출재가 덜 자본집약적이라는 사실을 밝힌 바 있다. 미국은 다른 나라에 비해 상대적으로 자본이 풍부하다고 일반적으로 인식되어 왔던 점과는 상반된 결과이다. 그래서 이를 레온티에프역설(Leontief paradox)이라고 한다.

4. 무역의 이익

〈그림 2.6〉은 미국과 중국 두 나라가 무역을 개시한 후 얻는 무역의 이익(미국)을 보여준다. 무역이 이루어지기 전 미국의 국내균형은 상대가격선이 생산가능곡선과 접하는 *A*점에서 일어나고 있다. 이 점은 생산점이자 곧 소비점이다. 이때 가격비는 p이고 후생수준은 사회무차별곡선 I_0가 나타내는 수준이다.

무역이 개시되면 국제 균형상대가격은 무역 전 두 나라의 국내 상대가격비 p와 p^*의 사이에서 결정된다. 미국의 비교우위산업인 *X*재 상대가격이 상승하면서 가격선의 기울기는 더 가파르게 변하게 된다. *X*재의 상대가격 상승과 함께 생산점은 생산가능곡선을 따라 우측으로, 즉 *X*재 생산이 증가하는 대신 *Y*재 생산은 감소하는 방향으로 이동할 것이다. 국제 균형가격이 최종적으로 p_w에서 결정되었다고 해 보자. 그러면 생산점은 *B*로 이동하고 이 점을 통과하는 가격선 p_w가 새로운 예산선 역할을 하게 될 것이다. 무역은 이 예산선 역할을 하는 p_w선 어디에서도 소비가 가능하게 해 주는데, 결국 사회무차별곡선 I_1과

그림 2.6 무역의 이익(미국)

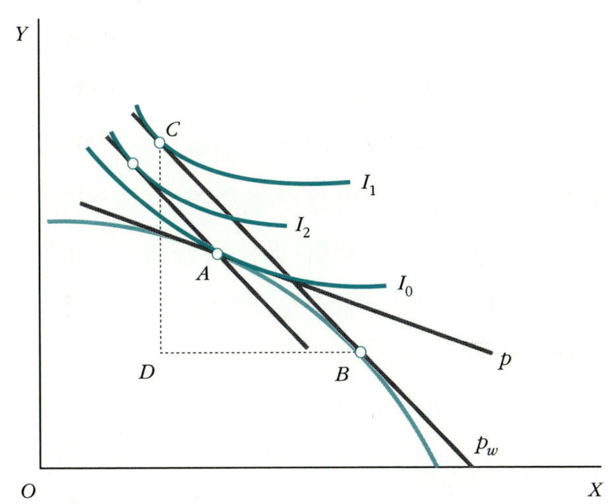

접하여 사회후생수준을 극대화하는 C점에서 소비가 이루어진다. 미국은 상대적으로 풍부한 생산요소를 집약적으로 사용하는 X재에 특화하여 생산이 증가하고 비교열위산업인 Y재의 생산은 줄어든다. 이때 나타나는 특화는 원점에 대하여 오목한(concave) 통상의 생산가능곡선을 전제로 하고 있기 때문에 리카도모형과는 달리 완전 특화가 아닌 불완전 특화(incomplete specialization)이다. 비교열위산업의 재화 생산도 줄어들긴 하지만 여전히 생산이 되는 부분특화인 셈이다.

리카도모형에서도 논의한 바와 같이 무역은 생산과 소비를 분리해 준다. 폐쇄경제 하에서는 생산가능곡선 이상으로 벗어나 소비를 할 수 없다. 생산점이 곧 소비점이다. 그러나 무역은 생산가능곡선 이상의 영역으로까지 소비를 가능하게 해 준다. 이는 소비점이 생산점으로부터 분리된다는 의미이다. 무역 전에는 불가능했던 영역의 소비까지 가능해진다는 점에서 보면 이 자체가 무역의 이익이다.

무역이 시작된 후 생산은 B점에서 일어나지만 소비는 C점에서 이루어지므로 X재는 BD만큼 초과공급이 생기고, Y재는 CD만큼의 초과수요가 생긴다. 이 초과공급과 초과수요는 세계시장에서 수출과 수입을 통해 청산된다. BD만큼의 X재는 수출하고 대신 CD만큼의 Y재는 중국으로부터 수입으로 충당된다. 이 교환비율이 p_w의 기울기인 국제 균형상대가격이다. 무역을 한 결과 폐쇄경제에서는 불가능했던 C점에서의 소비가 가능해졌고, 이때의 후생수준은 사회무차별곡선 I_1이 나타내 주는 수준이 된다. 무역 전의 무차별곡선보다 우상향으로 이동했으므로 이는 명백한 후생증가이며, 이것이 무역의 이익이다. 상대적으로 비싸진 비교우위 상품의 생산이 늘어나고 비교열위 상품은 수입을 통해 더 싸게 소비할 수 있기 때문에 가능해진 것이다.

무역의 이익은 두 가지 효과로 구분할 수 있다. 생산점이 A에서 B로 이동하는 특화에 기인하는 생산효과와, 상대가격이 p에서 p_w로 변함에 따라 비싸진 X재의 소비가 줄고 더 싸진 Y재의 소비가 늘어남에 따라 발생하는 소비효과 또는 교환효과로 구분할 수 있다. 생산효과는 비교우위산업으로 자원이 더 많이 투입되는 자원의 효율적 재배분으로부터 오는 효과이고, 소비효과는 비교열위산업의 상품을 더 싸게 소비할 수 있으므로 인해 발생하는 효과이다. 이제 무역 전의 생산점인 *A*점을 통과하면서 p_w에 평행한 선을 그어 이 선과 접하는 사회무차별곡선을 찾아내어 이를 I_2라 하자. 그러면 I_0에서 I_2로의 이동으로 생긴 후생증가는 생산은 변함이 없는 상태에서 재화의 가격비, 즉 교환비율만 변하여 생긴 효과이므로 소비효과 또는 교환효과이다. 비교열위 상품의 가격이 상대적으로 더 싸져 생긴 효과이다. 나머지 I_2에서 I_1으로 이동한 후생증가는 재화의 교환비율은 p_w로 변함이 없는 상태에서 생산점만 *A*에서 *B*로 이동하여 발생한 효과이므로 이는 자원이 효율적으로 재배분됨으로 인해, 즉 비교우위 산업으로 생산특화가 일어남으로 인해 발생한 생산효과이다. 결국 무역의 이익은 이렇게 생산효과와 소비효과 두 효과의 결합으로 생긴 결과이다.

*Y*재 산업에 비교우위를 갖고 있는 중국의 무역이익도 지금까지 살펴본 미국의 경우와 동일한 방법으로 분석할 수 있다.

동태적 무역이익

지금까지 논의한 무역의 이익은 단기적으로 나타나는 정태적(static) 효과이다. 기존의 부존자원을 효율적으로 재배분함으로써 얻는 생산특화의 이익과 상대가격, 즉 교환비율의 변화에 따라 소비효율이 증가함으로 인한 이익이 단기적으로 무역이 주는 이익이다.

그러나 장기적 관점에서 보면 무역은 이 밖에도 많은 이익을 가져다준다. 무엇보다 무역은 장기적으로는 성장을 촉진하는 효과를 일으킨다. 무역으로 소득이 늘어나면 저축과 투자의 증가와 함께 자본축적이 일어나면서 경제성장효과로 이어진다. 뿐만 아니라 무역 자유화는 외국인 투자를 촉진함으로써 성장을 위한 자본축적을 더욱 가능하게 한다. 또한 국내에서는 생산이 어려웠던 공장설비나 각종 기계장치 등의 자본재, 그리고 반가공품이나 원재료 등을 수입을 통해 얻을 수도 있다. 무역으로 인해 이런 국내외 투자와 자본축적이 가능해짐으로써 장기적으로 경제성장의 이익을 얻을 수 있는 것이다. 노동력, 특히 성장에 필요한 고급 노동력의 증가도 자유무역을 통해 가능해질 수 있다.

무역은 이 같은 생산요소의 증가를 가져와 폐쇄경제 하의 부존자원의 규모를 확대시킬 수 있는 것이다.[14]

또한 무역은 시장의 확대를 가져와 규모의 경제(economies of scale) 이익을 얻을 수 있다. 특히, 시장규모가 작은 개도국의 경우에는 해외시장을 통해 규모의 경제를 활용해 성장해 나갈 수 있다.

새로운 기술개발과 기술도입도 무역으로 인한 중요한 이익이다. 자유무역은 국제경쟁이 촉진된다는 의미이다. 경쟁에서 이기기 위해서는 끊임없이 기술혁신을 해 나가야 하며 외국의 새로운 기술도 지속적으로 도입해야 한다. 무역 자유화는 기술의 도입과 전파를 통해 세계의 기술격차를 좁혀 놓는 역할을 한다. 이는 바로 개별 국가의 경제성장으로 이어지는 것이다. 또한 경쟁을 통한 생산성 향상 노력과 함께 국내의 구조조정도 촉진된다. 자원을 장기적으로 좀 더 효율적으로 재배분하는 구조조정이 일어나면서 경제는 더욱 효율화된 구조로 변하게 되는 것이다.

무역을 통해 시장확대에 따른 규모의 경제 이익, 경쟁촉진에 따른 기술혁신, 자본축적, 구조조정에 따른 효율적 생산구조로의 변화 등이 복합적으로 장기에 걸쳐 일어나면서 경제는 성장경로를 걷게 된다. 주어진 물적 자원(노동, 자본)의 증가와 기술혁신으로 생산가능곡선이 확장되면서 동태적 경제성장을 가져오는 효과인 것이다. 이것이 무역의 장기 · 동태적 이익이다.

5. 무역의 이익과 소득분배 문제

무역이 이익을 갖다 준다면 이는 국가 전체의 이익이 증가한다는 의미일 뿐 사회 구성원 모두의 이익이 증가하는 것은 아니다. 무역은 전체의 이익을

14 자본과 노동만 늘어나는 것이 아니라 무역으로 인해 외국자본의 도입, 규모의 경제 확산이 일어나면 장기적으로 간척 사업 등을 통해 토지자원도 늘어난다. 결국 무역은 장기적으로 기술은 물론 물적 생산요소의 확대를 가져오는 것이다. 그리하여 무역 전의 생산가능곡선을 확대시키면서 성장의 길을 걸을 수 있는 것이다.

주지만 반드시 이익을 보는 부문과 손해를 보는 부문을 갈라 놓게 되어 있다. 비교우위산업과 이와 연관된 분야는 이익이지만, 반대로 비교열위산업 분야는 손해를 보게 마련이다. 이들을 종합한 경제 전체의 이익이 무역의 이익으로 나타나고 있을 뿐이다. 따라서 무역 자유화는 반드시 소득재분배의 문제를 야기한다.

무역은 비교열위산업으로부터 비교우위산업으로 소득의 재분배를 일으킨다. 스톨퍼-새뮤엘슨정리(Stolper-Samuelson theorem)에 따르면 무역으로 인해 비교우위가 있는 재화 생산에 집약적으로 사용되는 생산요소의 가격은 상승하고, 비교열위산업의 생산에 집약적으로 사용되는 생산요소의 가격은 하락한다. 상대적으로 풍부한 요소의 소득은 증가하는 반면, 상대적으로 부족한 생산요소의 소득은 감소하는 소득재분배가 일어나는 것이다. 이와 같은 현상은 무역으로 인한 생산특화가 불완전 특화이고 따라서 두 상품이 두 국가에서 동시에 생산이 되는 한 두 산업 모두에서 일어난다. 하지만 상대적으로 부족한 생산요소의 손실이 상대적으로 풍부한 생산요소의 이익보다는 작아 무역으로 인한 전체의 이익은 증가하게 된다.

자유무역의 긍정적 효과는 살펴본 바와 같이 단기 · 정태적으로 나타나는 효과와 장기 · 동태적으로 경제를 성장시켜 빵의 크기를 키워주는 효과이다. 반면 부정적 측면은 분배의 문제이다. 비교열위산업이 사회의 저소득계층이 종사하거나 국가의 중요한 기간산업일 경우에는 문제가 커진다. 무역으로 빵의 전체 크기는 커지지만, 반면 부익부 빈익빈의 역진적 소득재분배 문제를 야기한다. 특히, 한국의 농업과 같이 취약한 산업의 저소득계층의 경우 무역으로 인해 더욱 소득이 줄고 산업생산 감소와 산업기반이 흔들리는 문제를 필연적으로 안고 있다. 그러나 농업은 경제적 비교우위의 논리에 의해 위축되어서는 안 되는 국가의 기반산업이다. 그렇기 때문에 사회적 소득분배 문제와 농업의 다원적 · 공익적 기능의 문제가 더욱 중요해질 수밖에 없는 것이다.

Chapter 3

WTO 농업협정

Chapter 3
WTO 농업협정

제1절 WTO 농업협정의 성립배경

WTO 체제가 출범하면서 농산물 무역을 규율하기 위한 독립 국제규범으로서 농업협정(Agreement on Agriculture)이 새로 제정되었다. 앞서 살펴본 바와 같이 농업협정은 WTO 협정의 부속서 1 '상품무역에 관한 다자간 무역협정'에 속한 13개 협정 중의 하나이다. 농업협정이 독립된 국제규범으로서 새로 제정된 데에는 크게 세 가지 배경을 들 수 있다. 첫째는 GATT 체제상의 문제이고, 둘째는 세계 농업보호정책의 강화로 인한 농산물시장의 심각한 왜곡현상이며, 그리고 신보호주의와 지역주의의 등장이 그것이다.

1. GATT 체제의 허약성과 농업부문의 예외

GATT는 농산물을 포함한 모든 상품 분야에 적용되는 무역협정이다. 하지만 농산물 무역에 있어서는 많은 특별취급과 예외 조치를 받아 왔다. 뿐만 아니라 농업 분야에서는 끊임없는 통상분쟁과[1] 복잡한 문제점들이 노정되어 왔다. 마케팅보드 같은 국영무역기업에 관한 제17조의 통고조치가 수없이 이어졌고, 세이프가드(제19조)와 협의 및 분쟁해결 조항(제22조, 제23조)이 농업 분야에서 활발히 원용되었다. 또 많은 국가들의 농업정책에 제25조 5에 의거한 웨이버(waiver)가 부여되었고,[2] 이에 따라 가입협상(제33조)에 있어서는 농업 관련 법의 조부조항(grandfather clause)[3] 평가에도 어려움을 겪었다.[4]

특히, GATT 체제의 취약성을 잘 드러내고 있는 조항은 제11조이다. GATT 제11조 1항에서는 모든 상품의 수출입에 대한 수량제한을 금지하면서도 동 제2항에서는 이에 대한 상당한 예외 조치를 허용하였다. 제2항 (a)는 농산물의 예외적인 수출금지 또는 제한을 허용하고 있고, 제2항 (c)에서는 농산물의 수입을 제한할 수 있도록 하였다.[5]

제2항 (a)는 식품이나 기타 수출국에게 긴요한 상품의 심각한 부족 사태(critical shortage)를 해결하기 위해 일시적으로 수출을 금지 또는 제한할 수 있도록 허용하고 있다. 또한 같은 항 (c)에서는 정부가 다음과 같은 목적으로 조치를 취하는 데 필요한 농산물 또는 수산물의 수입제한을 허용하고 있다. ① 생산

---

1 1980년대 말까지 GATT 내에 있었던 국제 통상분쟁 중 42.9%가 농업 분야이고, 이 중 44%는 제11조 (2)항의 농업에 대한 예외 조항과 관련된 것이었다(R. Wolfe, 1998, p. 53).

2 웨이버(waiver)는 의무면제라고 번역되는데, GATT 체약국단이 가입국에게 특정의 GATT 규정 준수 의무를 일정한 표결절차를 거쳐 면제시켜 주는 것을 말한다. 이와 같은 면책조항은 회원국들의 특수한 사정을 이유로 많은 예외 조치를 인정해 주는 결과를 초래함으로써 GATT 체제를 약화시키는 원인이 되었다. 그럼에도 불구하고 이 조항으로 인해 각국의 특수사정을 포용함으로써 GATT의 원활한 발족과 유지에 기여한 긍정적인 측면도 있다. GATT 제25조 5에 의거한 웨이버는 여러 가지 형태가 있다. 이 중 농산물 수입쿼터를 허용한 웨이버의 대표적인 예는 미국 농업조정법에 의한 수입제한에 대한 웨이버와 일본의 잔존수입제한에 대한 웨이버였다.

3 조부조항(grandfather clause)이란 국가가 GATT 가입시 기존의 국내법령을 가입과 동시에 GATT 규정에 합치시킬 수 없는 경우 GATT에 우선하여 적용하는 조항이다. 당초 체약국의 경우에는 잠정적용의정서(Protocol of Provisional Application)에 의해, 사후 가입국의 경우에는 가입의정서(Protocol of Accession)에 의해 국내법령에 합치하는 범위 내에서 수출입 제한에 관한 GATT 제2부를 수락하게 하고 있다. 한국이 이 조항에 따라 농산물에 대한 수입규제조치를 취할 수 있는 특별법은 양곡관리법, 잠업법, 수산업법 등이었다. 이 조항은 여러 나라에서 수입규제수단으로 이용되었다.

4 R. Wolfe, 전게서, pp. 56~57.

5 GATT 제11조 제1항(General Elimination of Quantitative Restrictions)은 다음과 같이 규정하고 있다. No prohibitions or restrictions other than duties, taxes or other charges, whether made effective through quotas, import or export licences or other measures, shall be instituted or maintained by any contracting party on the importation of any product of the territory of any other contracting party or on the exportation or sale for export of any product destined for the territory of any other contracting party.

또는 판매가 허용된 (수입상품과) 동종의 국내상품의 수량을 제한하기 위한 목적 또는 동종 상품의 실질적인 국내생산이 없는 경우에는 수입상품에 의해 직접 대체가 가능한 국내상품을 제한하기 위한 목적, ② 국내 소비자에게 무상이나 시장가격보다 낮은 가격으로 제공함으로써 동종의 국내상품의 일시적 공급과잉을 제거하기 위한 목적이나, 또는 동종 상품의 실질적인 국내생산이 없는 경우에는 수입상품으로 직접 대체가 가능한 국내상품의 일시적 공급과잉을 제거하기 위한 목적, ③ 생산의 대부분을 수입에 의존하는 동물 생산품의 수량을 제한하기 위한 목적이다.[6]

이 같은 GATT 조항은 실효성 없는 분쟁해결구조와 함께 국내 농업을 보호하고자 하는 나라들에게 좋은 구실을 제공하였다. 농산물 수입국들은 다양한 비관세조치를 동원하여 국내 농업을 보호할 수 있었고, 수출국들 또한 수출제한조치나 수출증대를 위한 보호정책을 마음껏 발휘하였다. 이런 과정에서 농산물을 둘러싼 통상분쟁 역시 많이 발생할 수밖에 없었다. 통상분쟁에 대해서도 체계적이고 효과적인 분쟁해결 장치를 갖고 있지 못했다. GATT 제22조(협의) 및 23조(무효화 또는 침해)가 전부인 상황에서 패널보고서 또한 회원국 모두의 찬성이 있지 않은 한 그 효력을 발생할 수 없었다. 자연히 강대국의 논리에 의해 휘말릴 수밖에 없는 구조를 띠고 있었다.

뿐만 아니라 GATT가 발효되면서 일정한 범위에서 적용을 유보한 경우가 있었다. 미국의 수입제한에 대한 웨이버나 일본의 잔존수입제한조치에 대한 웨이버 등이 그것이다. 여기에 해당하는 품목에 대해서는 GATT 체제 내에서 합법적으로 수입이 제한될 수 있었다. 특히, 무역 자유화를 앞장 서 주장하는 미국에 대한 웨이버의 허용은 국제규범으로서의 GATT의 합법성에 커다란 손상을 입히는 결과가 되고 말았다.

GATT 체제의 허약성에 기인하는 이 같은 일련의 상황들로 인해, 세계 농산물 무역질서의 확립과 농업 개혁에 대한 인식의 확산과 함께 농업 분야의 새로운 무역규범 정립의 필요성이 대두되었다.

6 이 제11조 2(c)는 가격지지정책을 규정한 미국의 농업조정법(Agricultural Adjustment Act: AAA) 제22조를 GATT에 조화시키기 위해 만들어진 조항이었다.

2. 세계의 농업 보호 심화

1980년대 들어서 보호주의 정책이 강화되면서 세계 농산물시장은 공급과잉의 시대로 접어들었다. 1970년대는 세계시장에 식량이 부족하던 시기였다. 이 시기의 식량 위기감과 미래 식량수급에 대한 비관적인 전망은 각국으로 하여금 국내생산의 증대와 농업보호정책을 촉진시키는 계기가 되었다. 그 결과 1980년대 들어서는 인도, 중국 등 세계 주요 식량 소비국들이 식량자급을 달성하게 되고, 유럽공동체(EC)도 식량 수입국에서 수출국으로 입장이 바뀌는 전기가 되었다.

이제 세계는 농산물 부족이 아니라 과잉생산과 재고처분에 골몰해야 할 처지에 놓이게 된 것이다. 농산물 수출국들은 경쟁적으로 수출보조를 지급하고, 덤핑수출을 통하여 세계의 농산물 가격을 침체시켰다. 세계 시장가격이 하락할수록 수출보조는 더욱 늘어날 수밖에 없었고, 국내적으로는 재정적자가 계속 쌓여 갔다. 수입국들도 생산증대를 위해 수입장벽을 강화하면서 세계시장의 공급과잉과 가격하락은 더욱 심화되었다. 특히, 농산물 수출국들의 수출보조정책은 세계 농산물시장의 심각한 왜곡현상을 일으키는 주요 원인이 되었다. 이런 수출경쟁 속에 EC는 심각한 재정적자 문제에 봉착하게 되자 공동농업정책(CAP)을 중심으로 한 농업 개혁이 필요하다는 목소리가 높아졌다. 이 같은 세계 농산물시장의 심각한 왜곡현상은 농업도 더 이상 세계 무역규범으로부터 자유로울 수 없으며, 농산물 무역을 규율할 실효성 있는 국제규범 탄생의 필요성에 대한 공감대가 형성되기 시작하였다. 농업과 농산물 무역을 GATT 체제로 편입시켜, 이 분야 GATT 규정을 더 강력하고 실효성 있게 만들어야 한다는 것이었다.

요약하면, 1980년대 세계 농산물시장은 “국내지지 및 수출보조정책 강화 → 국내생산 및 재고 증가 → 세계시장 공급과잉 → 가격침체 → 수출보조 증가 및 재정적자 확대 …”라는 악순환의 함정에 빠진 것이다. 이런 시장왜곡의 악순환 고리를 끊어내지 않고는 세계 농산물시장의 교역질서를 확립할 수 없다는 인식이 팽배해졌던 것이다. 그러나 이 농산물시장의 왜곡현상은 단편적

그림 3.1 1980년대 전후 OECD의 PSE 변화 추이

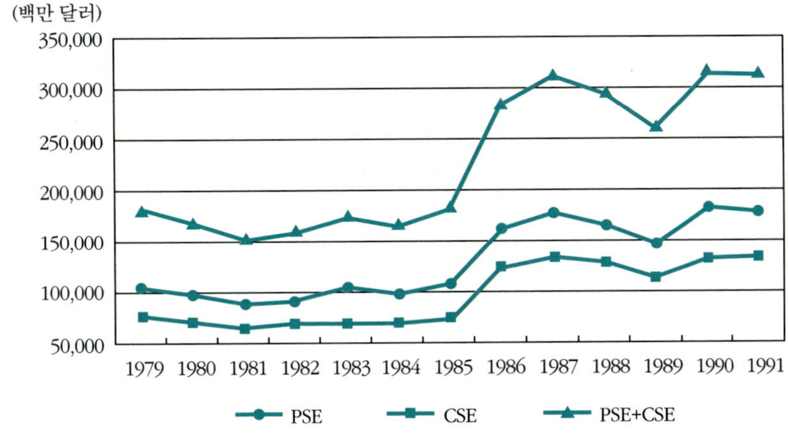

자료: R. Wolfe(1988), p. 72.

인 조치로 해결되기에는 이미 골이 너무 깊어져 있었고 구조적인 문제를 안고 있었다. 근본적인 해결을 위해서는 수출보조와 수입장벽의 감축 내지 철폐를 포함하는 농산물 무역체계의 재정립과 개혁조치가 필요하였다.

1980년대 들어 세계 농업 보호가 얼마나 심했는지는 〈그림 3.1〉에 잘 나타나 있다. 1980년대 중반을 기점으로 OECD의 PSE가 급격히 증가하는 것을 알 수 있다.[7] 이 시기를 전후해서 OECD 국가들이 농업을 지지하기 위한 정책을 크게 강화했다는 것을 의미한다.

7 PSE(producer support estimate)란 OECD가 회원국들의 농업정책을 평가하기 위해 개발한 농업 보호 수준 측정지표 중 하나로 생산자지지추정치로 번역된다. 농업을 지지해 주기 위한 정책의 시행으로 소비자 및 담세자(재정)로부터 농업 생산자로 연간 이전된 농가 판매가격으로 평가한 총금액이다. 대상이 되는 정책에는 시장가격 지지조치는 물론 각종 직접지불(시장왜곡 및 비왜곡)까지 포함된다.

3. 신보호주의와 지역주의 경향

농업 분야에 대한 각국의 보호정책은 1980년대의 신보호주의 경향과 지역주의(regionalism)의 영향도 크게 작용하였다. 이때는 보호무역의 수단과 대상도 매우 다양해졌다. 예를 들면, 수출자율규제(Voluntary Export Restraints: VERs)나 시장질서유지협정(Orderly Marketing Agreement: OMA) 같은 회색지대조치(grey area measures)를 이용하여 GATT 규정을 교묘히 피해 가면서 사실상으로는 보호무역 정책을 시행하였다. 이 밖에도 환경보호라는 이름으로 무역을 제한하거나, 덤핑 같은 불공정 무역관행이 성행하였으며 지역별 경제블록을 형성하여 역외무역을 차별하는 경향을 보이기도 하였다.

심화되는 보호무역 관행은 자연히 국가 간의 통상마찰을 증대시켰고, 특히 농산물 무역과 관련한 분쟁이 많았던 것은 이 분야의 보호주의 경향이 심했기 때문이다. 이런 당시의 시대적 상황에서 세계 농산물 무역을 규율할 새로운 국제규범의 제정에 대한 필요성이 강하게 대두되었던 것이다.

제2절 농산물 무역을 규율하는 WTO 규범

WTO 체제가 출범하면서 독립된 국제규범으로서 농업협정(Agreement on Agriculture)이 제정되었다. 농업협정은 세계 농업 개혁과 농산물 무역질서를 규율하는 핵심적 국제규범이다. 그러나 농산물 무역을 규율하는 국제규범이 농업협정만은 아니다. 농업협정 제3조의 1은 회원국의 양허표(Schedule)가 GATT 1994의 중심 부분을 구성한다고 규정함으로써 이것도 농업 분야에 적용되는 하나의 법원(法源)이 된다는 점을 명시하고 있다. 또 이 협정 제21조의 1에서는 GATT 1994를 포함한 WTO 설립협정 부속서 1의 다자간 무역협정도 이 협정에 저촉되지 않는 범위 내에서 농산물 무역에 적용된다는 점을 명시하고 있다.

이와 같이 세계 농산물 무역을 규율하는 국제규범으로는 농업협정을 중심으로 많은 실체법이 있을 뿐 아니라, 각종의 산업구제조치에 관한 협정이나 분쟁해결에 관한 협정 등도 농산물 무역에 적용되는 중요한 절차법적 국제규범들이다.

1. 농업협정 및 던켈초안

1) 농업협정 본문 및 부속서

농업협정은 WTO 협정 부속서 1.A 상품무역에 관한 다자간협정(Multilateral Agreement on Trade in Goods) 내에 포함된 13개의 개별 협정 중의 하나로 농산물 무역에 관한 기본법이다. 농업협정은 서문과 본문 13부(part) 21개 조, 그리고 5개의 부속서로 구성되어 있다. 세계 농업 개혁을 위한 장기 목표와 이를 달성하기 위해 필요한 구체적인 내용들을 담고 있다.

농산물 무역에 관한 실제 적용에 있어서 농업협정이 다른 무역규범과 상호 저촉될 때는 농업협정이 우선한다. 농업협정 제21조 1은 GATT 1994를 포함하여 WTO 다자간 무역협정 부속서 1.A의 규정들은 이 협정에 저촉되지 않는 범위 내에서 적용된다고 규정함으로써 이를 뒷받침하고 있다. 농업협정의 조문별 주요 내용은 다음과 같다.[8]

서문		
제1부	제1조	용어의 정의
	제2조	적용품목의 범위
제2부	제3조	양허 및 약속의 통합
제3부	제4조	시장접근(Market Access)

8 WTO 농업협정 원문은 이 책 부록에 첨부하였다.

제5조 특별긴급수입제한조치(Special Safeguard)

제4부 제6조 국내지지약속(Domestic Support Commitments)

제7조 국내지지에 관한 일반원칙

제5부 제8조 수출경쟁약속(Export Competition Commitments)

제9조 수출보조약속(Export Subsidy Commitments)

제10조 수출보조약속의 우회방지

제11조 혼합상품

제6부 제12조 수출금지 및 제한에 관한 규율

제7부 제13조 적절한 자제(Due Restraint)

제8부 제14조 위생 및 식물위생조치(SPS Measures)

제9부 제15조 개도국에 대한 특별대우

제10부 제16조 최빈개도국 및 식량순수입개도국

제11부 제17조 농업위원회

제18조 약속이행의 검토

제19조 협의 및 분쟁해결

제12부 제20조 개혁과정의 계속

제13부 제21조 최종 규정

부속서 1 적용품목의 범위

부속서 2 국내지지: 감축약속 면제에 관한 기초사항

부속서 3 국내지지: AMS의 계산

부속서 4 국내지지: EMS의 계산

부속서 5 제4조 2에 관한 특별대우

부속서 5의 부속서: 관세상당치 산정 지침

2) 양허표

회원국이 관세양허(tariff concession) 및 감축약속, 그리고 국내지지와 수출보조의 감축약속 등을 구체적으로 정하여 WTO에 제출한 표가 양허표이다(GATT

제2조). 양허표를 제출한 나라는 이 양허표에 명시된 대로 관세와 국내지지 및 수출보조를 감축시켜 나갈 국제적 의무를 지며 회원국 모두에게 MFN 원칙에 따라 관세를 적용해야 한다.

농업협정 제3조의 1은 이 양허표 제4부의 국내지지 및 수출보조에 관한 약속은 GATT 1994의 중요 부분(integral part)이 된다는 점을 명시함으로써 양허표를 GATT 내로 통합시키고 있다. 또 이 협정 제21조(final provisions)에서는 GATT 1994도 이 협정에 저촉되지 않는 한 적용된다고 규정하고 있다. 따라서 회원국이 WTO에 제출한 양허표는 농산물 무역을 규율하는 중요한 법원이 되고 있는 것이다.

이 밖에 농업협정 제6조 3 등 다른 관련 조항에서도 양허표가 농산물 무역에 적용되는 중요 법원임을 규정하고 있다.

3) 던켈초안

던켈초안(Draft Final Act/ Text on Agriculture)은 농업협정의 모체가 되었던 초안이다. 여기에는 세부적인 관세 감축률, 현행 및 최소시장접근 보장방법 등 농업협정에서 구체적으로 명시하고 있지 않은 내용이 포함되어 있는데, 이 규정들이 농업협정을 보완해 주는 역할을 하고 있다.

특히, 양허약속 수준과 방법 등에 관해 구체적으로 규정하고 있는 Part B(Agreement on Modalities for the Establishment of Specific Binding Commitments under the Reform Program)는 농업협정을 보완하는 규정으로서 중요한 역할을 하고 있고, 또 Part D(Declaration on Measures Concerning the Possible Negative Effects of the Reform Program on Net Food-Importing Developing Countries)는 농업협정 제16조에서 정하는 최빈개도국과 식량순수입 개도국에 대한 선진국의 구체적인 조치내용들을 정하고 있다.

2. 상품무역에 관한 다자간협정

농업협정 제21조는 GATT 1994와 함께 WTO 설립협정 부속서 1.A의 다른 상품무역에 관한 다자간협정(Multilateral Agreements on Trade in Goods)들이 농업협정에 저촉되지 않는 범위에서 농산물 무역에 적용된다는 점을 규정하고 있다. 이들 협정이 농업협정과 충돌하는 경우에는 이 협정 제21조에 의해 농업협정이 우선하여 적용된다.

1) GATT 1994

GATT 1994는 ① GATT 성립 당시의 문서로서 그 후 정정(rectified), 개정(amended), 또는 수정된(modified) 문서로서의 GATT 1947, ② WTO 발효 이전 GATT 체제에서 발효된 문서(관세양허와 관련한 의정서와 증명서 등), ③ 6개의 양해(Understanding)[9] 및 ④ 마라케쉬 의정서(Marrakesh Protocol to GATT 1994)로 구성되어 있다. 이 GATT 1994는 그것이 농업협정에 저촉되지 않는 한 농산물 무역에 적용된다.

2) 위생 및 식물위생조치의 적용에 관한 협정

동 · 식물위생에 관해서는 별도로 위생 및 식물위생조치의 적용에 관한 협정(Agreement on the Application of Sanitary and Phytosanitary Measures), 즉 SPS 협정이 제정되어 있다. 농업협정 제14조는 특별히 이 협정이 농산물 무역 문제에 적용된다는 점을 명시하고 있다. 이 위생 및 식물위생조치의 적용에 관한 협정은 앞으로 관세와 전통적인 비관세조치의 중요성이 점차 약화됨에 따라 농산물 무역질서를 규율할 중요한 규범이 될 것이다.

9 6개의 양해(Understanding)는 다음과 같다. 1) GATT 1994 제2조 제1항(b) 해석에 관한 양해, 2) GATT 1994 제17조 해석에 관한 양해, 3) GATT 1994 국제수지조항에 관한 양해, 4) GATT 1994 제24조 해석에 관한 양해, 5) GATT 1994 의무면제(waivers of obligations)에 관한 양해, 6) GATT 1994 제28조 해석에 관한 양해 등이다.

3) 반덤핑협정

대표적인 불공정 무역관행의 하나인 덤핑은 공정한 무역질서를 확립하기 위해 국제사회에서 강력한 규제의 대상이 되고 있다. WTO 체제 이전 덤핑을 방지하기 위한 노력은 GATT 제6조의 규정으로 나타나 있었다. 하지만 이 조항만으로는 복잡한 덤핑행위를 효과적으로 규율하기 어렵다. WTO에서는 별도의 반덤핑협정(Agreement on Implementation of Article 6 of the GATT 1994)을 제정하여 효과적인 덤핑방지를 위한 조치를 마련해 놓고 있는데, 이 협정도 농산물 무역에 적용되는 무역규범이다.

4) 보조금 및 상계조치에 관한 협정

국내보조 및 수출보조와 이에 대한 상계조치에 관한 사항을 정하고 있는 보조금 및 상계조치에 관한 협정(Agreement on Subsidies and Countervailing Measures)은 농산물 무역에 대해서도 그대로 적용된다. 그러나 농업협정은 농업 개혁의 성공적인 추진을 위해 일정 기간 동안 이 일반 보조금협정의 적용을 배제시킴으로써 농업협정에 따른 감축 이행기간 동안에는 분쟁의 소지를 없애고자 하였다. 제1조 f 및 제13조(Due Restraint)가 그것이다. 이런 이유에서 농업협정 제13조를 이른바 평화조항(peace clause)이라고 한다.

5) 긴급수입제한조치에 관한 협정

긴급수입제한조치(safeguards)란 외국상품의 수입증가로 인하여 국내의 동종 또는 경쟁산업에 심각한 피해를 입히거나 입힐 우려가 있는 경우에 수입국이 이에 대해 적절한 수입제한조치를 취하는 제도이다. 이에 대한 WTO 협정이 긴급수입제한조치에 관한 협정(Agreement on Safeguards)이며 농산물도 이 협정의 적용대상이 된다.

다만 우루과이라운드 협상결과 관세화가 된 농산물에 대해서는 과도기적으로 더 큰 피해의 가능성이 있기 때문에, 특별히 농업협정 제5조 특별긴급수입제한조치(special safeguards)를 두어 이 조항의 적용을 받도록 하고 있다.

6) 관세평가협정

적정한 관세를 부과하기 위해서는 수입상품에 대한 가격을 올바로 파악하는 일이 선행되어야 한다. 관세평가(tariff valuation)는 과세가격, 즉 과세표준을 결정하는 절차와 방법을 말한다. 관세평가에 대해서는 GATT 제7조에서 규정하고 있는데, WTO에서는 독립된 협정으로 관세평가협정(Agreement on Implementation of Article 7 of the GATT 1994)을 제정하여 그 내용을 구체화시키고 있다. 농산물도 이 협정의 적용을 받는다.

7) 무역기술장벽에 관한 협정

무역기술장벽(technical barriers to trade)은 포장, 레이블링(labelling) 등 상품규격의 표준화 및 기술규정(technical regulations)으로 말미암아 무역에 장애가 되는 현상을 말한다. 이와 같은 기술장벽은 국가안보, 인간과 동 · 식물의 위생 및 건강, 그리고 환경보호 등을 위해 나라마다 서로 다른 기준을 정하여 적용하고 있다.

무역기술장벽에 관한 협정(Agreement on Technical Barriers to Trade)은 이와 같은 기술규정이나 표준화가 합리적으로 시행되어 위장된 무역장벽이 되지 않도록 하기 위한 것이다. 이 협정도 농산물에 적용되는 것은 물론이지만 위생 및 식물위생조치에 관한 협정(SPS 협정)이 적용되는 범위에서는 그 적용이 배제된다.

8) 기타 적용 규범

이 밖에도 농산물 무역에 적용될 수 있는 무역행정과 관련한 국제규범으로는 선적 전 검사협정(Agreement on Preshipment Inspection), 원산지규정협정(Agreement on

Rules of Origin), 수입허가절차협정(Agreement on Import Licensing Procedures) 등이 있다.

3. 분쟁해결 규칙 및 절차에 관한 양해

농업협정 제19조는 GATT 1994의 제22조(협의) 및 제23조(침해 또는 무효화)가 동 협정의 협의 및 분쟁해결 절차에도 적용된다는 점을 명시하고 있다. 이 두 조항은 WTO 협정 부속서 2의 분쟁해결 규칙 및 절차에 관한 양해(Understanding on Rules and Procedures Governing the Settlement of Disputes: DSU)로 구체화되어 있으므로 농산물과 관련한 통상분쟁은 이 양해가 정하는 바에 따라 분쟁해결 절차를 밟게 된다.

이상에서 살펴본 바와 같이 농산물 무역에 적용되는 WTO 규범은 다양하다. 그러나 가장 중심이 되는 규범은 농업협정과 양허표이다. 이것이 농산물 무역에 관한 실체적 내용을 규정하고 있는 실체법적 규범이다. 특히, SPS 협정은 국민의 건강과 위생, 식품안전의 중요성이 증대되면서 위생규범의 국제적 조화를 통한 농산물 무역질서의 확립에 중요한 역할을 하고 있다. 이 책에서는 농산물 무역체계의 실체적 사항을 규정하고 있는 농업협정의 내용에 논의의 초점을 맞추고 있다.

제3절 농업협정의 목표와 기본골격

1. 목표

농업협정은 그 서문에서 회원국들이 푼타 델 에스테(Punta del Este) 각료선언에서 협상목표로 정한 바에 따라 세계 농산물 무역개혁 작업의 기초를 세우기로 합의하였음을 밝히고, 개혁의 장기 목표가 '공정하고 시장지향적인'(fair and market-oriented) 농산물 무역질서의 확립에 있음을 명시하고 있다.

이 각료선언은 "수입제한과 시장왜곡을 시정 · 방지함으로써 세계 농산물 무역에 규율과 예측가능성을 확립할 급박한 필요성이 있음에 합의한다"고 밝히고 있다. 1980년대 세계 농산물시장의 공급과잉에 따른 시장왜곡이 우루과이라운드 협상의 직접적 계기가 되었음을 말해 주고 있는 것이다. 각료선언은 또 규율과 예측가능성을 확립함으로써 "세계 농산물시장의 불확실성(uncertainty), 불균형(imbalance), 그리고 불안정성(instability)을 완화시킬 수 있다"고 하였다. 나아가 "협상목표는 농산물 무역의 자유화를 확대하고, 수입품의 시장접근과 수출경쟁에 영향을 미치는 모든 조치들이 강화되고 보다 효과적인 국제규범의 적용을 받도록" 하는 데 두고 있다. 또 이 목표는 "수입장벽 감축을 통한 시장접근을 개선시키고 직 · 간접적인 보조금 사용에 관한 규율 강화를 통한 수출경쟁 환경을 개선시킴으로써 가능해진다"는 점을 명시하고 있다.[10]

이 같은 각료선언을 바탕으로 농업협정은 장기 목표를 농산물 무역에 있어서의 공정성(fairness)과 시장지향성(market orientation)의 확립에 두고 있다는 것이다.[11]

1) 공정성

공정성 또는 공정무역(fair trade)에 대한 정의를 내리기는 쉽지 않지만, 수출

10 The CONTRACTING PARTIES agree that there is an urgent need to bring more discipline and predictability to world agricultural trade by correcting and preventing restrictions and distortions including those related to structural surpluses so as to reduce the uncertainty, imbalances and instability in world agricultural markets. Negotiations shall aim to achieve greater liberalization of trade in agriculture and bring all measures affecting import access and export competition under strengthened and more operationally effective GATT rules and disciplines, taking into account the general principles governing the negotiations, by: i) improving market access through, *inter alia*, the reduction of import barriers; ii) improving the competitive environment by increasing discipline on the use of all direct and indirect subsidies and other measures affecting directly or indirectly agricultural trade, including the phased reduction of their negative effects and dealing with their causes ⋯.

11 "⋯ their long-term objective as agreed at the Mid-Term Review of the Uruguay Round is to establish a fair and market-oriented agricultural trading system ⋯".

입 제도나 관행에서 경쟁조건이 교역국 상호간에 형평의 원칙에 부합될 때 공정무역이라고 말할 수 있다. 공정한 경쟁(fair competition)을 보장해야 하며, 그러기 위해 상호주의(reciprocity) 원칙에 의한 경쟁조건의 평준화(leveling the playing field)가 이루어져야 한다. 무역관행에서 최혜국대우원칙이나 내국민대우원칙, 그리고 상호주의 원칙이 지배됨으로써 불공정한 무역거래가 있어서는 안 된다. 덤핑수출이나 수출보조의 지급 같은 불공정 무역관행이 금지되어야 함은 물론, 시장개방 분야에 있어서도 상대국 시장에 대한 시장접근기회가 자유롭고 균등하게 보장되어야 한다. 수출자율규제나 시장질서유지협정 같은 회색지대조치에 의한 수입규제도 불공정한 무역관행이다. 농산물 무역에 있어서도 이 같은 공정한 무역질서의 확립이 장기 목표임을 농업협정 서문에서 밝히고 있는 것이다.

무역관행에서 공정성의 확보는 강화되고 보다 효과적인 무역규범을 확립함으로써 가능해진다. 과거 GATT 체제에서는 불공정 무역관행에 효과적으로 대응할 수 있는 국제규범이 제대로 정립되어 있지 않았다. 그러나 WTO 체제에서는 GATT 규율 강화 분야에서 관련 규정을 재정비하고 기능을 대폭 강화함으로써 공정성 확보에 상당한 진전이 이루어진 것으로 평가된다.

2) 시장지향성

농업협정에 나타난 또 하나의 장기 목표는 시장지향성이다. 시장지향적(market oriented)인 농산물 무역질서를 확립하자는 것이다. 여기에서 말하는 시장지향성은 정부가 국내정책이든 무역정책이든 인위적으로 경쟁시장에 간섭하여 시장을 왜곡시키고 효율적 자원배분과 무역을 왜곡해서는 안 된다는 의미이다.

시장지향성을 구체화하기 위해 농업협정은 각국의 정책 변화를 유도하고 있다. 무역정책에 있어서의 시장지향성은 물론, 국내정책에 있어서도 시장지향적 농업 개혁을 요구하고 있는 것이다. 생산자인 농민을 산업으로서의 농업과 분리하고 있다. 산업으로서의 농업에는 시장원리가 지배되도록 하고, 생산자인 농민에 대한 지원은 시장을 왜곡하지 않는 방법으로 소득재분배 차원에서 정책을 추진하도록 하는 것이다. 따라서 농업정책은 시장을 왜곡하는 가격지지정책을 지양하고 시장지향적인 직접지불 또는 정부서비스 중심으로 전환하도록 요구하고 있다. 정책의 중점도 농업 생산자 중심에서 농업 및 농촌개발 중심으로 이동하고 있다. 과거 시장간섭과 산업정책을 통하여 동시에 생산자에 대한 소득지지까지 해 주던 것과는 다르다.

그렇다고 시장지향적 경제질서가 언제나 바람직한 결과를 가져다 주지는 않는다. 외부효과(external effect)가 존재하거나 공공재(public goods)의 경우에는 시장의 실패(market failure)가 나타나 시장원리는 오히려 효율성을 떨어뜨린다. 이 때에는 정부의 적절한 시장간섭이 필요하다. 농업협정 서문 말미에는 환경 문제나 식량안보 같은 외부성이나 공공재적 성격의 비교역적 관심사항(non-trade concerns)을 농업 개혁을 추진하는 데 있어서 고려하도록 명시하고 있다.[12]

2. 실천방안: 감축약속과 규율 강화

농업협정은 이 장기 목표를 지지(support)와 보호(protection)에 관한 감축약속과 보다 강화되고 실효성 있는 GATT 규칙 및 규율(rules and disciplines)의 확립을 통하여 추진하도록 명시하고 있다. 여기서 지지는 국내 농산물을 대상으로 한 지원조치로 가격지지나 수출보조 등을 포함하는 의미이고, 보호는 국내 농업 보호를 위해 수입 농산물에 대해 취해지는 관세나 비관세조치 같은 국경보호 조치를 의미한다. 장기 목표 달성을 위해 지지와 보호를 합의된 기간 동안 점진적 · 실질적으로 감축하여 세계 농산물시장에서 무역제한조치나 시장왜곡을 시정하고자 하는 것이다.

이 지지와 보호의 감축은 크게 세 분야로 나뉘어 이행된다. 시장접근(market access) 분야, 국내지지(domestic support) 분야, 그리고 수출경쟁(export competition)

12 이에 관해서는 제7장에서 자세히 논의한다.

분야에서 구체적인 감축 양허약속(specific binding commitment)을 실현하도록 했다. 그리고 동 · 식물위생(SPS) 문제에 대한 국제적 합의에 도달할 것을 명시하였다.

3. 개도국에 대한 시장접근 우대

시장접근 분야의 약속을 이행하는 데 있어서 선진국은 개도국의 경제상황을 충분히 고려하도록 요구하고 있다. 개도국이 특별히 긴요한 농산물을 수출할 경우 선진국은 시장접근기회와 조건을 더욱 개선할 것을 요구하고 있다. 특히, 개도국이 열대 농산물을 선진국에 수출할 경우에는 선진국은 완전 자유화를 보장하도록 했다.

그 밖에 개도국들이 불법 마약작물의 생산전환을 목적으로 수출하는 경우에도 선진국은 동일한 시장접근기회의 개선을 하도록 요구하고 있다.[13]

4. 공평한 이행과 예외적 고려사항

서문에서는 또 위와 같은 농업 개혁 약속은 모든 회원국들에게 공평한(equitable) 방법으로 이행되어야 하되, 이 공평성의 원칙에 예외가 될 수 있는 몇 가지 고려사항을 명시하고 있다. ① 식량안보와 환경보호의 필요성 같은 비교역적 관심사항(non-trade concerns)을 존중하고, ② 개도국에 대한 특별하고 차별적인(special and differential) 대우를 존중하며, ③ 개혁조치의 이행이 최빈개도국과 식량순수입개도국에 부정적 영향을 미칠 수 있음을 고려한다는 것이 그것이다.

이상에서 살펴본 농업협정 서문의 내용은 이 협정 본문 21개 조항과 5개의 부속서, 그리고 던켈초안에 자세히 구체화되어 있다. 서문을 중심으로 나타나 있는 농업협정의 기본구조를 정리해 보면 〈표 3.1〉과 같다.

13 이에 관해서는 제8장에서 자세히 논의한다.

표 3.1 WTO 농업협정의 기본골격

장기 목표	공정하고 시장지향적(fair & market-oriented) 농산물 무역질서 확립
핵심과제	지지(support) 및 보호(protection) 조치의 감축 · 양허 1) 시장접근 분야(market access) 2) 국내지지 분야(domestic support) 3) 수출경쟁(보조) 분야(export competition) • 고려사항: 비교역적 관심사항(non-trade concerns) 개도국 우대 최빈개도국 · 식량순수입개도국에 대한 부정적 영향
기타	위생 및 식물위생조치협정(SPS 협정) 합의 GATT 규율 강화

표에서 보듯이 최상위 개념으로 "공정하고 시장지향적 농산물 무역질서의 확립"을 장기 목표로 설정하고 이를 실현하기 위한 과제로 지지 및 보호조치의 감축, 위생 및 식물위생조치에 대한 합의, 그리고 GATT 규율의 강화를 규정하고 있다. 이 중 가장 핵심적인 부분은 지지와 보호조치의 감축이다. 지지와 보호조치의 감축은 시장접근 분야, 국내지지 분야, 그리고 수출경쟁 분야로 나뉘어 추진한다. 분야별 구체적인 감축방법(modality)은 농업협정 본문과 던켈초안에 규정되어 있다.

제4절 적용대상 품목

WTO 농업협정이 적용되는 품목의 범위는 매우 광범위하다. 이 협정 제2조는 그 근거규정으로 농업협정이 적용되는 구체적인 범위를 부속서 1에서 정하고 있는 모든 품목으로 규정하고 있다. 그리고 이들 적용대상이 되는 품목을 '농산물'(agricultural products)로 칭하고 있다.

표 3.2 WTO 농업협정 적용대상 품목

HS	주요 품목
제1류	말, 소, 돼지, 양, 가금류 등 산 동물
제2류	쇠고기, 돼지고기, 닭고기, 양고기 등 육과 식용설육
제4류	밀크, 버터, 치즈 등 낙농품, 조란, 꿀
제5류	인모, 돼지털, 새털, 동물의 장, 뼈, 사향 등 동물성 생산품
제6류	식물의 뿌리, 나무, 화훼류, 식물의 잎
제7류	식용의 채소, 뿌리 및 괴경
제8류	식용의 과실 및 견과류
제9류	커피, 차류, 후추, 계피, 생강
제10류	밀, 호밀, 보리, 귀리, 옥수수, 수수, 쌀 등 곡물
제11류	곡분, 감자 및 채두류의 분, 맥아, 전분
제12류	대두, 유채, 참깨, 인삼류, 사탕무, 사탕수수, 곡물의 짚과 껍질
제13류	락과 천연 껌, 수지, 식물성 액즙과 엑스
제14류	편조물용 및 충전용의 식물성 재료
제15류	라드 등 동물성 지방, 대두유 등 식물성 지방, 마가린, 알코올
제16류	소시지 등 육과 어류의 조제품
제17류	당류와 설탕과자
제18류	코코아와 그 조제식료품
제19류	곡물, 분, 전분 또는 밀크의 조제품
제20류	채소, 과실, 견과류의 조제품
제21류	커피와 차의 엑스 등 각종 조제식료품
제22류	음료, 알코올 및 식초
제23류	식품공업에서 생기는 잔재물 및 웨이스트와 조제사료
제24류	담배와 제조한 담배 대용물
2905.43-44	만니톨, 소르비톨
3301	정유(오렌지유, 레몬유, 바닐라유, 자스민유 등)
35.01-05	카세인, 알부민, 젤라틴, 덱스트린
3809.10	전분질을 기재로 한 것
3823.60	솔비톨
41.01-03	소와 마속, 면양 등의 원피
4301	생모피
50.01-03	누에고치, 생사, 견웨이스트
51.01-03	양모, 섬수모, 조수모
52.01-03	면, 면웨이스트
53.01-02	아마, 대마

부속서 1에서 정하고 있는 적용대상 농산물의 범위에는 HS 상품분류상[14] 제3류(chapter)에 해당하는 어류(fish)와 어류제품을 제외하고, 제1류에서 제24류에 해당하는 모든 품목과 부속서 1의 2에서 별도로 정하고 있는 품목이 포함된다. 여기에는 열대산품(tropical products)도 포함되지만 고무(rubber), 황마(jute), 사이잘삼(sisal) 등은 포함되지 않는다. 〈표 3.2〉에는 농업협정의 적용대상이 되는 농산물을 정리해 놓았다.

14 1952년 설립된 관세협력이사회(Customs Cooperation Council: CCC)는 각국의 관세행정제도의 통일과 이를 통한 무역증대를 도모하는 역할을 하고 있다. 관세협력이사회는 1994년 세계관세기구(World Customs Organization: WCO)로 개칭되어 관세제도, 관세평가, 품목분류 등에 관한 업무를 관장하고 있다. 특히, 세계시장에서 교역되고 있는 상품들을 일정한 기준에 따라 분류하고, 상품그룹별로 세계 공통의 번호를 부여함으로써 상품교역의 원활화와 통상분쟁의 예방을 도모하고 있다. 이렇게 세계 각국의 관세율표를 공통의 분류방식으로 체계화한 것이 BTN(Brussel Tariffs Nomenclature)이다. 이 BTN은 1976년부터 명칭을 바꾸어 CCCN(Customs Cooperation Council Nomenclature)으로 사용되어 오다가 국가 및 산업부문별로 분류되어 있던 상품분류체계를 국제적으로 통일하기 위하여 국제통일상품분류체계로서 HS(Harmonized Commodity Description and Coding System)를 1983년 CCC에서 채택하여 현재에 이르고 있다. 우리나라도 1988년부터 관세율표에 HS제도를 도입하여 HSK(Harmonized System of Korea)라는 명칭으로 사용해 오고 있다. 이는 HS 협약 및 관세율표를 기초로 세분류하여 우리나라의 관세 및 무역 등에 맞게 작성한 수출입 품목분류표이다. HS는 대분류, 중분류, 소분류로 나누어 10단위까지 세분되어 있다.

Chapter 4

시장접근과 국경보호정책

Chapter 4

시장접근과 국경보호정책

제1절 시장접근에 관한 WTO 규정

한 나라의 상품이나 서비스가 무역을 통해 다른 나라의 국내시장으로 들어가는 것을 시장접근(market access)이라고 한다. 따라서 국가 간의 무역증대는 시장접근기회를 확대함으로써 가능해진다. WTO 농업협정은 농산물의 시장접근기회 확대를 위해 비관세조치의 관세화, 관세양허 및 감축, 현행 및 최소시장접근의 보장 등의 조치를 요구하고 있다. 그리고 이 같은 농산물 시장개방 확대 과정에서 생길 수 있는 부작용을 줄이기 위해 관세화 조치의 예외 인정과 특별긴급수입제한조치 도입을 허용하고 있다.

1. 시장접근기회의 확대

1) 포괄적 관세화

GATT는 수출입 규제를 위한 수단으로서 관세나 세금(tax), 그리고 과징금

(charges) 이 외에 모든 형태의 수량제한(quantitative restrictions: QRs)조치를 원칙적으로 사용하지 못하도록 명시하고 있다(제11조의 1). 하지만 농수산물에 대해서는 일정한 경우 수입제한을 위한 수량제한조치를 예외적으로 허용하고 있다(제11조 2.C). 이 예외 조항을 근거로 체약국들은 필요에 따라 지난 수십 년 동안 수입쿼터 등 다양한 수량제한조치를 취해 왔다. 그러나 WTO 농업협정에서는 이와 같은 비관세 수량제한조치들을 모두 통상의 관세로 전환하도록 요구하고 있다.

농업협정 제4조 2항은 기존의 수량제한 목적의 비관세조치(non-tariff measures)를 모두 통상적인 관세로 전환하도록 요구하고 있다. 이것을 포괄적 관세화(comprehensive tariffication)라고 부른다. 이때 관세화되는 품목에 대해서는 당시의 보호수준에 상응하는 암묵적(implicit) 관세를 산정하여 해당 수입 농산물에 적용하게 되는데, 이것이 관세상당치(tariff equivalent: TE)이다.

관세상당치는 1986~1988년을 기준으로 국내외 가격차에 의해 산출한다. 예를 들어, 어느 농산물에 대한 수입쿼터제의 실시로 1986~1988년의 평균 국내가격과 국제가격이 각각 3,000원/kg, 1,000원/kg이었다고 하자. 국내가격이 국제가격의 3배가 되는 보호수준이 유지될 수 있었던 것은 수입쿼터제 때문이다. 이 비관세장벽을 철폐하고, 대신 동일한 보호수준의 관세로 전환할 때 필요한 관세는 200%(종가세) 또는 2,000원/kg(종량세)이다. 이 200% 또는 2,000원/kg가 바로 관세상당치(TE)이다.[1]

관세화의 대상이 되는 비관세조치의 유형에 대해서는 농업협정 제4조 2항의 각주에서 구체적으로 예시해 놓았다. 수입수량제한조치(quantitative import restrictions), 가변수입부과금(variable import levies), 최저수입가격제(minimum import prices), 수입승인제(import licensing), 국영무역기업(state-trading enterprises)을 통한 비관세조치, 수출자율규제(voluntary export restraints: VER), 기타 이와 유사한 국경조치로서 통상적인 관세(ordinary customs duties)가 아닌 모든 조치들이 관세화의 대상이다.

1 종가세 방식의 경우 관세상당치의 계산은 TE = (국내가 − 국제가)/ 국제가이고, 종량세 방식의 경우에는 TE = 국내가 − 국제가이다.

또한 관세화 대상에는 그 조치가 GATT 1947 규정에 대한 국가 특정적 의무면제(country-specific derogations)에 의해 유지되는 것인지 여부와 관계없이 모두 해당된다. 즉, 특정 국가가 GATT 규정의 합법적인 절차에 따라 웨이버(waiver)를 받아 수입제한조치를 취하고 있다 할지라도 모두 관세화의 대상이 된다는 것이다. 다만 국제수지(Balance of Payment)규정에 따라 유지되고 있는 조치나[2] GATT 1994, 기타 WTO 협정 부속서 1.A에 있는 다른 다자간 무역협정의 일반적, 비농업 특정적 규정에 따라 유지되고 있는 조치들은 관세화의 대상에서 제외된다. 다시 말하면, 관세화 조치의 대상이 되는 비관세조치는 농업협정의 적용을 받는 품목에 적용되고 있는 비관세조치에 한정된다. 또 농업협정의 적용을 받는 품목에 관한 것이라 할지라도 그것이 국제수지규정에 의해 유지되고 있는 비관세조치라면 관세화 대상에서 제외된다는 의미이다.

2) 관세양허

기존의 관세 중 양허(讓許, concession)되지 않은 관세를 포함하여 관세화 조치로 새로 탄생한 관세(상당치)를 모두 양허함으로써 예측가능성과 관세감축의 실효성을 확보하고자 하였다. 관세양허(tariff concession)란 합의된 관세수준 이상으로 관세를 인상하지 않겠다고 WTO를 통해 국제사회에 하는 공적 약속(commitment)이다. 구체적인 약속의 내용, 즉 양허내용은 해당 국가의 양허표(schedule), 또는 국별 이행계획서(country schedule)에 표시된다. 일단 양허된 관세는 국제사회에 기속(羈束, binding)되기 때문에 피해국에 대한 보상과 정해진 절차에 따라 상대국과 협의를 거치지 않고서는 인상될 수 없다(GATT 제2조 및 제28조).

이와 같이 농업협정에서는 원칙적으로 모든 품목의 관세를 양허시킴으로써 자국 농업 보호를 위해 자의적인 판단으로 관세를 인상할 수 없도록 하였

2 GATT 제12조는 일정한 요건 하에 국제수지(Balance of Payment: BOP) 보호를 위한 수입제한을 허용하고 있다. 또 'GATT 1994의 국제수지규정에 관한 양해'에서 수입제한조치의 유형과 필요한 절차 등을 정하고 있다.

다. 관세양허를 통해 농산물 무역의 예측가능성과 안정성, 나아가 관세감축의 실효성을 확보한 것이다. 따라서 농업협정의 적용을 받는 품목으로서 양허되지 않은 경우는 이 협정 부속서 5를 원용한 관세화 예외 품목뿐이다.[3]

3) 관세 및 관세상당치의 감축(던켈초안 B.1)

다음으로 관세와 관세상당치를 점진적으로 감축시켜 나가도록 했다. 첫째, 기존에 관세에 의해서만 보호되고 있던 품목의 경우에는 이 관세를 점진적으로 감축한다. 이 중에서 양허된 품목은 양허세율을 기준으로 감축하고, 양허되지 않은 품목은 1986년 9월 1일의 실행세율을 기준으로 감축하여 양허한다. 둘째, 비관세조치에 의해 보호되고 있던 품목으로 농업협정에 의해 관세화된 품목의 경우에는 관세상당치를 기준으로 감축한다.

이때 감축의 폭은 선진국은 6년(1995~2000) 동안 36%, 개도국은 10년(1995~2004) 동안 선진국의 2/3 수준인 24%를 감축하여야 한다. 예를 들어, 관세 또는 관세상당치가 200%(또는 2,000원/kg)라고 하자. 이때 선진국의 경우라면 6년 동안 36%를 감축해야 하므로 6년 후인 2000년에는 관세율이 128%(1,280원/kg)가 된다는 의미이다.[4] 그리고 이 관세수준은 양허약속에 따라 자의로 인상할 수 없는 것이다.

여기에서 말하는 감축률은 품목별 가중치를 고려하지 않고 전 품목을 단순평균한 값이다. 따라서 회원국은 자국의 국내사정에 따라 보호의 필요성이 높은 중요 품목의 관세는 소폭 감축하고, 그렇지 않은 품목은 상대적으로 많이 감축할 수 있는 조정이 가능하다. 그러나 품목별로 최저 감축수준을 정해 놓고 있는데, 선진국은 15%이고 개도국은 10%이다. 따라서 아무리 보호의 필요성이 큰 품목이라도 감축률은 최소 이 이상이 되어야 한다.

3 이 경우에도 연간 일정 수준 이상의 양을 반드시 수입하도록 의무화하고 있기 때문에 관세양허는 아니더라도 시장접근약속의 구속을 받고 있는 셈이다.

4 종가세의 경우 200% × (1 − 0.36) = 128%, 종량세의 경우 2,000원/kg × (1 − 0.36) = 1,280원/kg이다.

4) 현행시장접근 및 최소시장접근(던켈초안 B.1)

관세감축을 유도하면서 다른 한편으로는 현재 유지되고 있는 수입량이 관세화 과정에서 줄어드는 것을 방지하기 위해 현행시장접근(current market access: CMA) 원칙을 정하고 있다. 기준연도(1986~1988)의 수입량이 전체 소비량의 3% 이상인 품목은 최소한 그 수준의 수입량은 계속 유지되도록 하였다. 즉, 현재 수입되고 있는 수준 이하로 수입량이 떨어지지 않도록 현 수준에서 동결(standstill)시켜 시장접근 물량이 과거의 낮은 수준으로 후퇴하지 않는 장치를 강구해 놓았다.

또한 기준연도의 수입량이 없거나 소비량의 3% 미만으로 적은 경우에는 수입량은 최소한 소비량의 3%를 유지해야 하며, 이행 최종연도에는 이를 5%까지 증가시켜야 한다는 최소시장접근(minimum market access: MMA) 원칙을 규정하고 있다.

현행시장접근과 최소시장접근에 의해 수입되는 물량에 대해서는 통상의 세율보다 낮은 세율이 적용되는데, 최소한 이 수준 이상은 쉽게 시장접근을 보장하기 위한 것이다. 이와 같이 쿼터량 내의 수입에 대해서는 저율의 쿼터 내 관세(in-quota tariff)를 적용하고, 그 이상을 초과하는 수입량에 대해서는 정상적인 세율의 쿼터 외 관세(over-quota tariff)를 부과하는 2중적 관세율제도를 관세할당제(tariff rate quota: TRQ)라고 한다.

2. 특별긴급수입제한조치와 관세화의 예외

살펴본 바와 같이 농업협정은 시장접근기회를 확대하기 위해 다양한 수단을 강구하고 있지만, 동시에 시장개방 과정에서 나타날 수 있는 부작용을 최소화하기 위한 보완장치도 마련하였다.

하나는 농업협정 제5조에서 정하고 있는 특별긴급수입제한조치(special safeguard: SSG)이다. 관세화 조치에 의해 비관세조치를 관세로 전환한 품목의 수

표 4.1 농산물 시장접근에 관한 WTO 규정의 내용

	주요 내용	비고
관세화	비관세조치의 포괄적 관세화 · 예외: 부속서 제5조	농업협정 제4조 2
관세양허	모든 관세 및 관세상당치 양허	
관세감축	감축수준 · 선진국: 36%(최소 15%) · 개도국: 24%(최소 10%) 이행기간 · 선진국: 6년(1995~2000) · 개도국: 10년(1995~2004) 기준연도: 1986~1988 감축수준 결정방식: 전 품목 단순평균	던켈초안
현행 및 최소시장 접근	현행시장접근: 소비량의 3% 이상 최소시장접근: 소비량의 3% 미만 · 이행기간 중 3~5%까지 수입확대	던켈초안
특별긴급수입제한조치(SSG)	관세화 품목의 수입 급증으로 산업피해 우려시 추가 관세 부과	농업협정 제5조

입량이 갑자기 증가하여 국내 농업에 피해가 우려될 때에는 추가로 관세를 더 부과할 수 있는 제도이다. 또 하나는 관세화 조치 자체에 대한 예외이다. 관세화로 인한 국내 농업의 피해 등 부작용을 최소화하기 위해 농업협정은 이에 대한 예외를 부속서 5에서 규정하고 있다. 이 예외 조항에서 정한 요건을 충족하면 비관세조치를 그대로 유지할 수 있다. 다만 이때에는 일정 수준의 최소시장접근 물량을 수입해야 하는 의무를 부담하게 된다. 이 조항을 원용한 국가는 한국(쌀), 일본(쌀), 필리핀(쌀), 이스라엘(일부 낙농제품) 등이다.[5]

이상에서 설명한 농산물 시장접근에 관한 WTO 관련 규정의 내용이 〈표 4.1〉에 요약되어 있다.

5 일본은 유예조치를 받은 자국의 쌀을 일찌기 1999년 4월부터 관세화로 전환하였다. 한국은 쌀을 20년 동안 유예한 끝에 2015년 1월 1일부터 관세화하기로 결정하였다(관세상당치 513%).

제2절 관세조치

1. 관세화의 의의

살펴본 바와 같이 WTO 농업협정에서는 수량제한 목적의 비관세조치들을 모두 통상의 관세로 전환하도록 요구하고 있다. 이 관세화가 어떤 의미를 갖는지 〈그림 4.1〉을 통하여 살펴보자. 패널 (a)는 국내시장의 수급상황을, 패널 (b)는 이 나라가 세계시장에서 직면하는 초과수요(*ED*)와 초과공급(*ES*)을 나타내고 있다. 자국의 수입정책이 세계시장가격에 전혀 영향을 미치지 못하는 소국(small country) 가정 하에 이 나라가 세계시장에서 직면하는 초과공급선은 완전 수평으로 그려져 있다. 이때 자유무역이 이루어지면 세계시장가격 P_0에서 Q_0만큼 생산이 되고 $Q_0Q_3(=OQ_4)$만큼을 수입하게 될 것이다.

그림 4.1 관세화의 의의

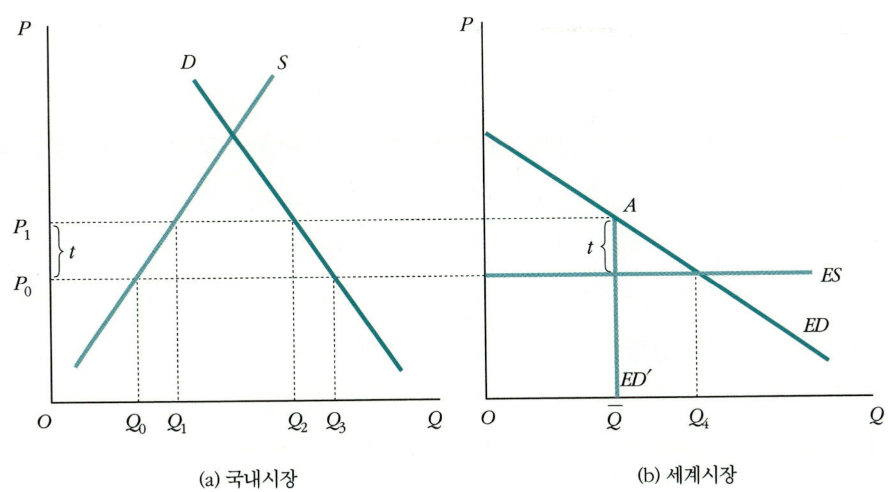

이제 국내 농업 보호를 목적으로 수입쿼터제를 도입하여 수입량을 $Q_1Q_2(=O\bar{Q})$로 제한한다고 해 보자. 그러면 초과수요곡선은 A점에서 꺾여 정해진 쿼터량 $\bar{Q}(=Q_1Q_2)$에서 수직으로 내려온 선 ED'이 된다. 이같이 수입량을 제한해도 이 나라는 세계시장 점유율이 미미한 소국이기 때문에 세계시장가격에는 영향을 미치지 못한다. ED'이 ES와 교차하는 새로운 균형 하에서도 국제시장가격은 변함이 없다. 다만 수입량이 Q_1Q_2로 감소했기 때문에 국내가격만 국제가격 P_0와 괴리되어 P_1으로 상승한다. 국내가격 P_1은 세계시장가격이 어떻게 변하든 관계없이 쿼터량과 국내 수급구조에 변함이 없는 한 현 수준에서 그대로 머물러 있게 된다. 이 점이 비관세조치로서 수입쿼터의 특징이다. 다시 말하면, 수입쿼터는 국내시장을 국제시장의 영향으로부터 완전히 차단하는 효과가 있다.

관세화는 현행의 비관세조치, 즉 여기의 예에서는 수입쿼터제를 폐지하고 대신 이와 동일한 보호효과를 나타낼 수 있도록 관세를 부과하는 것이다. 국내가격이 P_1 수준에 유지되는 데 필요한 관세, 즉 관세상당치는 종량세의 경우에는 $t=P_1-P_0$이고, 종가세 방식에 의할 경우에는 $\tau=(P_1-P_0)/P_0$가 된다. 수입량을 인위적으로 $\bar{Q}(=Q_1Q_2)$로 제한하는 수입쿼터를 폐지하는 대신 이 관세상당치를 부과하여 국내가격이 여전히 P_1에 유지되도록 하는 조치가 관세화이다. 관세화 이후에도 국내가격 P_1이 유지된다는 측면에서 보면 일단 국내산업 보호효과는 동일한 것이다.

살펴본 바와 같이 수입쿼터에 의해 국내시장이 보호되는 경우에는 국내외 시장이 엄격히 분리되기 때문에 세계시장의 상황 변화로부터 국내시장은 전혀 영향을 받지 않는다. 그러나 동일한 국내가격이라 할지라도 이것이 관세에 의해 지지되고 있을 때에는 사정은 달라진다. 이때에는 국제가격 P_0의 움직임에 따라 국내가격이 직접 영향을 받게 된다. 예컨대, 관세가 불변인 상태에서도 세계시장의 수급상황이 변하여 국제가격이 하락하면 국내가격도 같이 하락하고 수입량은 늘어나게 된다. 관세화의 주된 목적은 이와 같이 국제시장과 국내시장을 직접 연계시킴으로써 전체 시장이 하나의 경쟁시장체제로 통합될 수 있는 기초를 마련하자는 것이다. 관세에 의해 국내외 가격이 서로 밀접히 연동되는 관계를 유지하면 국내가격은 국제가격의 변화에 따라 같이 변하게 된다. 이 점이 관세화를 추진하게 된 가장 중요한 이유라고 할 수 있다. 일단 관세화가 이루어져 수입관세 t가 부과되면 처음에는 쿼터제와 동일한 보호효과가 나타날 것이다. 그렇지만 감축의무의 이행에 따라 이 t가 점진적으로 인하함에 따라 국내가격도 따라서 하락하고 수입상품의 시장접근기회는 점차 확대되는 것이다.

WTO 농업협정은 이렇게 산정된 관세상당치를 양허하고 연차적으로 감축해 나가도록 규정하고 있다. 관세를 점진적으로 감축해 나가면 다른 조건에 변화가 없는 한 국내가격은 P_1에서 점차 하락하게 되고 수입국에서는 생산감소와 소비 및 수입량 증가가 나타나게 된다. 세계의 교역량도 점차 증가하고 결국 시장균형은 최초의 자유무역 균형점을 향하여 점차 움직여 나갈 것이다.[6]

관세화의 장점

WTO 농업협정이 정하는 관세화의 의의를 살펴보았지만, 관세화가 갖고 있는 장점과 배경을 다시 정리해 볼 필요가 있다.

첫째, 시장지향성의 제고이다. 농업협정의 장기 목표인 시장지향적 농산물 무역질서를 확립하기 위해서는 국내시장과 세계시장이 함께 연동되어 움직일 수 있어야 한다. 그러기 위해서는 두 시장을 인위적으로 격리시키고 있는 장벽을 제거시킬 수밖에 없다. 국내외 시장이 관세에 의하여 연결되면 세계시장의 움직임은 관세라는 통로를 거쳐 국내시장에 그대로 반영된다. 그러나 수입쿼터 같은 수입수량제한에 의한 국경보호조치는 국내시장을 국제시장으로부터 완전히 차단시킴으로써 이 같은 시장지향성을 확보할 수 없다.

둘째, 투명성(transparency)과 예측가능성(predictability)의 확보이다. 관세는 비관세조치와 달리 투명성과 예측가능성을 좀 더 잘 확보할 수 있다. 비관세조치는 표면적으로 잘 드러나지 않기 때문에 개별 국가에 따라 차별적으로 적용할

6 만일 수입국이 대국이라면 초과공급곡선은 우상향하는 기울기를 갖게 되므로 관세부과로 인해 하락했던 세계시장가격은 관세감축에 따라 다시 상승하게 될 것이다.

수 있는 여지가 많다. 하지만, 관세는 국제사회에 객관적으로 명확히 표출되기 때문에 투명성과 예측가능성이 확보될 수 있다.

셋째, 기타 양허의 편리성 등을 들 수 있다. 관세는 비관세조치에 비해 양허하기에 편리하여 국제교역의 예측가능성을 제고시킬 수 있다. 나아가 무역협상도 더 용이해지고 감축이행 여부에 대한 감시도 더 효과적으로 수행할 수 있는 장점이 있다.

2. 관세의 분류

1) 과세표준(방식)에 의한 분류

과세표준(방식)을 기준으로 관세를 분류하면 종가관세(從價關稅, *ad valorem* tariff)와 종량관세(從量關稅, specific tariff), 복합관세(compound tariff), 선택관세로 분류할 수 있다. 종가관세는 수입상품의 가격에 대해 일정한 비율로 관세를 표시하는 방식이다. 따라서 종가관세는 국제가격의 변화에 따라 부과되는 관세금액도 달라진다. 종량관세는 수입상품의 수량에 대해 일정한 금액을 부과하는 관세이다. 국제가격의 변화와 관계없이 고정된 관세가 부과된다. 복합관세는 종가관세와 종량관세를 혼합하여 부과하는 관세이며,[7] 선택관세는 종가관세와 종량관세를 선택적으로 부과할 수 있는 관세이다.

2) 관세결정 주체(방법)에 따른 분류

관세는 또 국가가 국내법에 따라 자주적으로 결정하는가 아니면 국제조약에 의해 결정하는가에 따라 국정관세와 협정관세로 구분한다. 국정관세는 국

7 예를 들어, 수입 쇠고기에 대하여 관세율 10%와 종량관세 100달러/톤을 복합관세 방식으로 부과한다고 해 보자. 이때 수입가격이 1,000달러/톤이라면 수입 쇠고기 1톤당 총관세액은 200달러(종가 100+종량 100)가 된다. 만일 가격이 2,000달러/톤으로 상승하면 관세금액은 300달러(종가 200+종량 100)가 된다.

가의 자주적 결정에 의한 관세로 여기에는 기본관세, 잠정관세, 특혜관세가 있다.[8] 협정관세는 외국과의 협정이나 조약에 의해 부과하는 관세이다. 협정관세는 국정관세에 우선하여 적용된다.

3) 차별 여부에 의한 분류: 차별관세

통상의 관세와는 달리 일정한 사유와 목적에 따라 관세를 차별적으로 적용하는 관세를 운용할 수 있는데, 이를 차별관세라고 한다. 차별관세는 특혜관세(preferential duties), 공통관세(common duties), 탄력관세(flexible duties)로 구분한다. 특혜관세는 특별한 관계에 있는 나라에 대해 낮은 관세를 부과하는 제도이다. 여기에는 국제특혜관세, 식민지특혜관세, 일반특혜관세가 있다. 공통관세는 관세동맹과 같은 경제통합이 이루어질 경우 역외 국가들에게 공통의 관세를 설정하여 부과하는 관세이다. 관세는 조세법률주의에 따라 그 나라의 입법부에 의해 관세율 등이 결정되어야 한다. 하지만 국제 통상환경 변화에 탄력적으로 대응하기 위해 일정한 범위에서 관세율 조정권한을 행정부에 위임하여 신축적이고 탄력적으로 운영하는 관세가 탄력관세이다. 탄력관세에는 보복관세, 반덤핑관세, 상계관세, 긴급관세, 편익관세, 할당관세, 조정관세 등을 들 수 있다.[9]

8 우리나라 관세법(법률 제12847호)은 수입물품에 대한 관세를 크게 기본관세, 잠정관세, 그리고 기타 별도로 정하는 관세 등 세 가지 유형으로 구분하고 있다(제49조). 기본관세와 잠정관세 외에 관세법이 별도로 정하고 있는 관세는 다음과 같다. 덤핑방지관세(제51~56조), 상계관세(제57~62조), 보복관세(제63~64조), 긴급관세(제65~67조의2), 농림축산물에 대한 특별긴급관세(제68조), 조정관세(제69~70조), 할당관세(제71조), 계절관세(제72조), 국제협력관세(제73조), 편익관세(제74~75조), 일반특혜관세(제76~77조) 등이다. 이들 서로 다른 관세의 세율적용의 우선순위는 관세법 제50조가 정하는 바에 따른다.

9 이 밖에도 여러 방식의 분류가 가능하다. 최종 재화에 대한 관세인가 아니면 중간투입재까지 고려한 실질적 관세인가에 따라 명목관세와 실효보호관세로 구분한다. 또 GATT(제2조)에 의해 국제사회에 양허된 관세인 양허관세와 양허 여부와 관계없이 실제로 수입상품에 적용되는 관세인 실행관세(applied tariff)로 분류하기도 한다.

3. 관세의 경제적 효과

1) 국내산업 보호효과

두 말할 필요 없이 관세를 부과하는 첫 번째 목적은 국내산업을 보호하는 데 있다. 수입상품에 비해 가격 혹은 품질 면에서 경쟁력이 떨어질 경우 국내산업의 보호를 위해 수입상품에 관세를 부과하여 수입을 억제하는 것이다. 〈그림 4.2〉를 통해 그 효과를 살펴보자. 패널 (a)는 국내시장의 수요(D)와 공급(S) 상황을, 패널 (b)는 이 나라가 세계시장에서 직면하는 초과수요(ED)와 초과공급(ES) 상황이 나타나 있다. 초과수요(ED)는 수요와 공급의 차이($ED=D-S$)로 수입수요를 의미한다.

소국모형을 가정하면 초과공급곡선(ES)은 외생적으로 주어지는 국제가격 P_0에서 완전 수평으로 나타난다. 자유무역 상황에서 국내가격은 국제가격 P_0와 같아지고 국내생산은 Q_0, 소비는 Q_3, 따라서 수입은 $Q_0Q_3(=OQ_5)$이다. 이때 수입국에 의해 관세 t가 부과된다고 하자. 그러면 국내가격은 $P_1(=P_0+t)$로 상

그림 4.2 관세의 산업보호효과

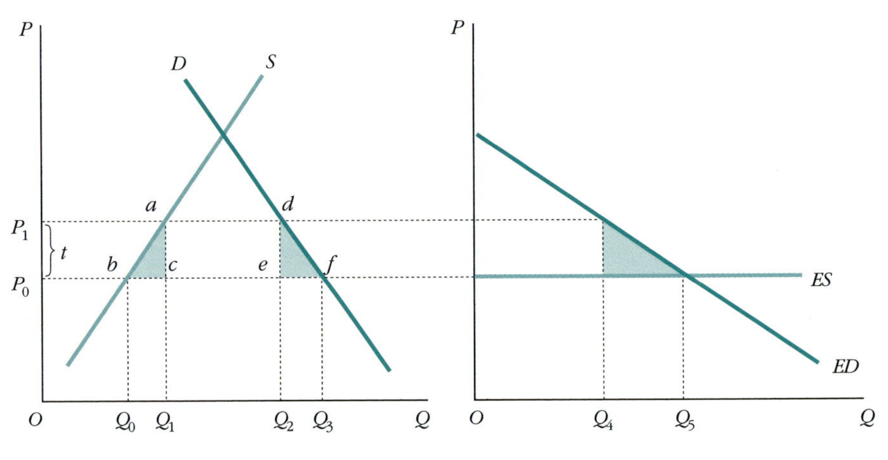

(a) 국내시장 (b) 세계시장

승하고 생산은 Q_0에서 Q_1으로 증가하면서 이 산업의 고용 및 소득이 증가하는 산업보호효과가 나타나게 된다. 소비가 Q_2로 감소하면서 수입은 $Q_1Q_2(=OQ_4)$로 줄어든다.

이때 생산자잉여로 표시한 생산자의 후생수준은 총수입의 증가분($P_1 \cdot Q_1 - P_0 \cdot Q_0$)에서 자원의 추가 이용에 따른 비용 증가분인 abQ_0Q_1의 면적을 뺀 P_1P_0ba의 면적만큼 증가한다. 관세의 부과로 생산자의 실질소득이 이 면적만큼 증가하는 셈이다. 역으로 이 관세를 철폐하면 이 면적에 해당하는 만큼 생산자의 소득감소가 일어나는 것이다.

2) 소비효과

수입관세의 부과는 소비자에게는 손해를 준다. 국내가격의 상승으로 소비수준을 하락시키고, 따라서 소비자의 후생수준을 저하시키는 것이다. 관세의 부과로 소비는 Q_3에서 Q_2로 감소하고 소비자잉여는 P_1P_0fd만큼 감소하는 결과를 초래한다. 그림에서 보듯이 소비자의 손실은 생산자의 이익보다 훨씬 크다.

3) 관세수입효과

관세는 생산이나 소비에 영향을 미칠 뿐 아니라 정부의 재정수입에도 영향을 준다. 그림에서 수입관세의 부과로 $aced$만큼 정부의 관세수입이 증가한다. 관세수입은 관세수준이 높아짐에 따라 처음에는 증가하지만 어느 수준 이상이 되면 수입량이 줄어들어 관세수입은 오히려 감소하게 된다. 관세수준이 수입금지적 관세수준까지 상승하면 관세수입은 0이 된다. 관세가 어느 수준이 되어야 재정수입효과가 극대가 될 것인지는 수요와 공급의 구조에 따라 달라질 것이다.[10]

10 특히, 경제발전 정도가 낮은 개도국에게 있어서 관세는 중요한 국가의 수입원이 되기도 한다.

4) 소득재분배 효과

위의 효과들을 종합해 보면, 관세는 결국 소비자의 소득을 줄이고 관세가 부과된 산업의 생산자와 담세자(정부재정)의 소득을 증대시키는 소득재분배(income redistribution)를 가져오는 것이다. 뿐만 아니라 보호되고 있는 산업에 투입된 생산요소 소유자들의 소득도 증대된다.

5) 자원왜곡과 후생손실

하지만 생산자 소득의 증가와 관세수입 증가의 합은 소비자가 상실한 소득의 크기보다 작아 경제 전체적으로 보면 순손실을 보게 된다. 생산자잉여의 증가분과 소비자잉여의 감소분, 그리고 재정수입의 증가분을 모두 합해 보면 〈그림 4.2〉에서 두 개의 삼각형 *abc*와 *def* 가 마이너스 부분으로 남는다. 이 손실은 사회의 어느 부문으로도 귀속되지 않는 순사회적 후생손실이라는 데서 사중손실(死重損失, deadweight loss) 또는 자중손실(自重損失)이라고 부른다.

이런 사회적 순손실이 발생하는 이유는 정부의 관세정책에 의한 시장간섭으로 말미암아 생산과 소비 양 부문에서 자원배분에 왜곡현상이 발생하기 때문이다. 왼쪽의 삼각형은 관세의 부과로 인하여 자원이 보다 더 효율적인 타부문에 사용되지 못함으로써 발생한 생산효율손실(production efficiency loss)이고, 오른쪽 삼각형의 면적은 낮은 국제가격에 더 많은 소비를 할 수 있음에도 불구하고 관세로 인해 이런 이익을 얻지 못함으로써 발생한 소비효율손실(consumption efficiency loss)이다.

관세조치가 자원의 효율적 배분을 왜곡시킴으로써 발생하는 사회의 순후생손실의 크기인 두 삼각형 면적의 합은 패널 (b)에서는 색칠한 삼각형 면적과 같아진다. 관세의 부과로 수입량이 Q_4Q_5만큼 감소하는데, 이 부분은 패널 (a)에서 생산이 늘어난 부분 Q_0Q_1과 소비가 줄어든 부분 Q_2Q_3의 합과 같기 때문이다.

6) 교역조건 개선효과

소국의 관세부과가 국제가격에 아무런 영향을 미치지 못했던 것과는 달리, 수입국의 수입량이 국제시장에서 차지하는 점유율이 큰 대국(large country)의 경우에는 수입국의 관세정책은 세계시장에 직접 영향을 미친다. 대국에 의한 관세부과는 이 나라의 국제시장에서의 수입수요를 감소시킴으로써 국제가격을 하락시킨다. 세계시장에서 점유율이 높기 때문에 관세부과로 인한 수입감소가 직접 세계시장의 가격하락으로 이어지는 것이다. 따라서 관세를 부과한 수입국의 입장에서는 수출상품 가격이 불변이라면 교역조건(terms of trade)[11]이 개선되는 효과가 나타나는 것이다. 〈그림 4.3〉을 통해 이 효과를 검토해 보자.

〈그림 4.3〉에는 대국모형 상황이 그려져 있다. 대국모형에서는 국제가격이 수입수요의 변화에 직접적으로 영향을 받기 때문에 수입국이 세계시장에서

그림 4.3 관세의 교역조건 개선효과

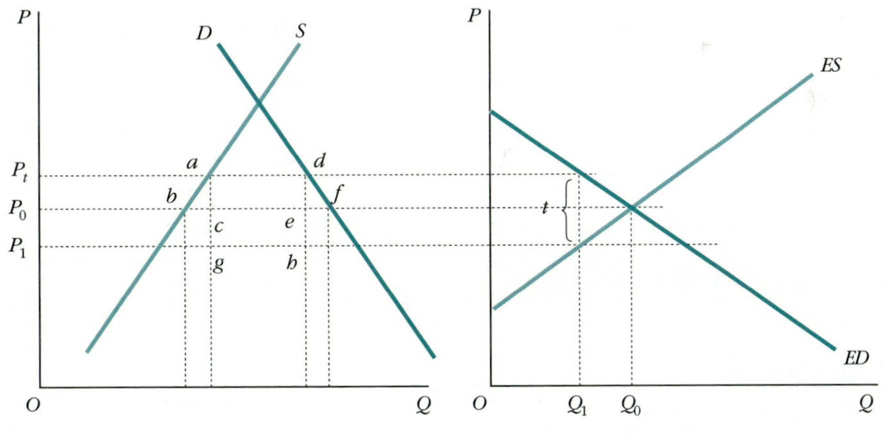

(a) 수입국 (b) 세계시장

11 교역조건(terms of trade)은 수입가격지수에 대한 수출가격지수의 비로 정의된다. 다른 교역조건과 구별하기 위하여 종종 상품교역조건(commodity terms of trade)이라고도 부른다. 따라서 교역조건이 개선된다는 의미는 동일한 수출에 대해 더 많은 양을 수입할 수 있다는 것이다.

직면하는 초과공급곡선 ES는 소국의 경우와 달리 수평이 아닌 일정한 기울기를 갖는다. 이때 국제가격은 수입수요와 양(+)의 상관관계를 갖고 움직이므로 수입국이 직면하는 초과공급곡선은 우상향하는 기울기가 된다.

자유무역 상태에서 국제균형은 초과수요와 초과공급이 일치할 때에 발생한다. 따라서 국제 균형가격은 P_0, 교역량은 Q_0이다. 이때 수입국이 관세 t를 부과하면 $ED(P_t)=ES(P_1)$와 $P_t=P_1+t$를 충족시키는 점에서 새로운 균형이 발생하게 된다. 다시 말하면, 국내가격 P_t가 국제가격에 관세를 더한 것과 같아지는 상황(가격과 수량)에서 새로운 시장균형이 생기는 것이다. 따라서 국제가격은 ES를 따라 P_1으로 하락하고 수입국의 국내가격은 ED를 따라 P_t로 상승하며, 교역량은 Q_1으로 줄어들게 된다. 관세를 부과한 수입국의 입장에서는 수입단가가 하락했으므로 다른 조건이 불변이라면(*ceteris paribus*) 순상품교역조건과 무역수지가 개선되는 효과가 나타나는 것이다. 이 같은 교역조건 개선효과는 관세를 부과하는 나라가 소국인 경우에는 나타나지 않는다. 〈그림 4.2〉에서 본 것처럼 관세조치가 국제가격에 영향을 미치지 못하기 때문이다.

관세의 부과로 수입국 생산자는 가격 상승과 산출량 증대로 P_tP_0ba만큼 후생이 증가하나, 수입국의 소비자는 가격 상승과 소비감소로 P_tP_0fd만큼 후생손실을 보게 된다. 또한 관세수입이 $aghd$만큼 생기므로 수입국 전체적으로는 $cghe-(abc+def)$만큼의 후생 변화가 생긴다. 만일 전자($cghe$)가 후자($abc+def$)보다 크면 관세부과로 수입국은 후생수준이 증가하게 될 것이다. 교역조건 개선으로 인한 이익이 생산증가와 소비감소로 발생하는 효율손실을 초과할 때 이런 후생증가가 일어날 수 있다.

메츨러역설

고찰한 바와 같이 관세의 부과는 국내가격의 상승을 초래하는 것이 일반적이다. 그러나 극히 예외적인 경우이긴 하지만 대국이 수입관세를 부과하면 세계시장가격이 급격히 하락하여 관세부과 후의 국내가격이 오히려 하락할 수도 있다.

세계시장가격에 영향을 미칠 수 있는 대국이 관세를 부과하면 서로 다른 방향으로 가격 변화를 일으키는 효과가 나타난다. 하나는 국내가격을 상승시키는 효과이고, 다른 하나는 세계시장가격을 하락시키는 교역조건 개선효과이다. 이때 후자의 효과가 전자의 효과를 능가하면 국내가격은 관세부과로 오히려 하락하는 역설적 현상이 나타날 수 있다. 이를 메츨러역설(Metzler paradox)이라고 한다. 교역 상대국인 수출국의 초과공급함수가 매우 비탄력적인 경우 수입관세 부과로 수입수요의 감소를 모두 가격하락으로 흡수할 경우에 일어날 수 있다.[12]

4. 최적관세

관세를 부과하는 목적이 오로지 국내의 수입대체산업을 보호하는 데 있다면 관세는 높을수록 좋은 것이다. 관세가 높아짐에 따라 수입량은 점차 줄어들고, 일정 수준을 넘어서면 수입은 전혀 이루어지지 않는다. 이때의 관세율을 수입금지적 관세율(prohibitive tariff rate)이라고 한다.

그러나 관세는 보호되고 있는 부문으로 자원을 과다하게 투입시킴으로써 자원의 합리적 배분을 왜곡하고, 효율성 저하와 사회적 비용을 야기한다. 이런 부분들을 종합적으로 고려한 사회후생 측면에서의 최적관세 문제를 살펴보자.

1) 관세와 후생수준

앞에서 설명한 〈그림 4.3〉은 관세수준의 변화가 시장 참여자들의 후생수준에 어떤 변화를 초래하는지 보여준다. 관세수준이 높아짐에 따라 생산증가와 함께 생산자잉여는 점차 커진다. 반면 소비자의 후생은 가격상승과 소비감소

12 국내가격 P_t는 국제가격 P_w와 관세 t를 합한 것과 같아야 하므로 $P_t=P_w+t$이다. 따라서 $\Delta P_t=\Delta P_w+\Delta t$이다. 소국의 경우에는 관세부과로 국제가격은 변하지 않으므로($\Delta P_w=0$) 관세부과시 국내가격은 관세의 증가분만큼 상승한다. 그러나 대국의 경우 관세부과시 교역조건 개선효과로 $\Delta P_w<0$가 되는데, ΔP_w의 절대값이 Δt보다 크면 ΔP_t가 0보다 작아지는 현상이 나타날 수 있다.

로 줄어든다. 추가로 생기는 관세수입을 포함한 사회 전체의 후생 변화(ΔW)는 고찰한 바와 같이 $\Delta W = cgbe - (abc + def)$가 될 것이다.

관세가 없는 자유무역 하에서는 $\Delta W = 0$이다. 관세가 부과되기 시작하면 ΔW는 양(+)의 값을 갖게 되면서 점차 증가한다. 관세가 인상됨에 따라 늘어나는 관세수입이 생산효율손실과 소비효율손실의 합보다 더 크기 때문이다. 그러다가 관세가 일정 수준에 이르면 ΔW는 극대치에 도달하고, 그 이후 관세가 더 증가하면 이 값은 감소하기 시작한다. 이는 관세수입이 점차 증가하기는 하지만 그 증가속도는 점차 둔화되고 결국에는 감소하는 추세를 보이기 때문이다. 관세수준이 더욱 높아지면 $\Delta W < 0$ 상태가 되고 수요와 공급이 교차하는 수준까지 도달하면 수입이 사라지면서 후생수준은 극소가 된다. 여기서 ΔW가 극대가 되는 때의 관세를 최적관세(optimum tariff)라고 부른다. 다시 말하면, 최적관세는 관세의 부과로 자원왜곡에 의한 후생감소를 교역조건 개선에 따른 후생증가분이 능가하여 그 값이 최대가 되는 점에서의 관세를 말한다. 따라서 교역조건의 개선효과를 기대할 수 없는 소국의 경우에는 이런 의미에서의 최적관세는 있을 수 없고, 이때 후생극대화의 관세율은 0이 될 것이다.

2) 관세수준과 후생 변화

이상의 분석 내용이 〈그림 4.4〉에 도시되어 있다. 이 그림은 관세율 t가 변함에 따라 관세수입과 사회후생이 어떻게 변하는가를 보여준다. 자유무역 상태인 $t=0$에서는 관세수입은 물론 후생수준의 변화도 없다. 관세수입은 단위당 관세에 수입량을 곱한 값이므로 관세(율)가 인상되면서 따라서 증가한다. 그러나 관세인상과 함께 관세수입이 비례적으로 증가하지는 않는다. 관세인상으로 수입량이 감소하기 때문에 관세수입의 증가속도는 점점 줄어든다. 관세가 계속 인상되어 t_0가 되면 관세수입은 극대가 되고 t_3에 이르면 폐쇄경제 상태와 마찬가지로 관세수입은 모두 사라진다. 이때 t_0를 최대수입관세율이라 하고, t_3는 수입금지적 관세율이다.

사회후생의 변화(ΔW)는 $\Delta W = cgbe - (abc + def)$이므로 관세수입보다 항상

그림 4.4 관세수준과 후생 변화

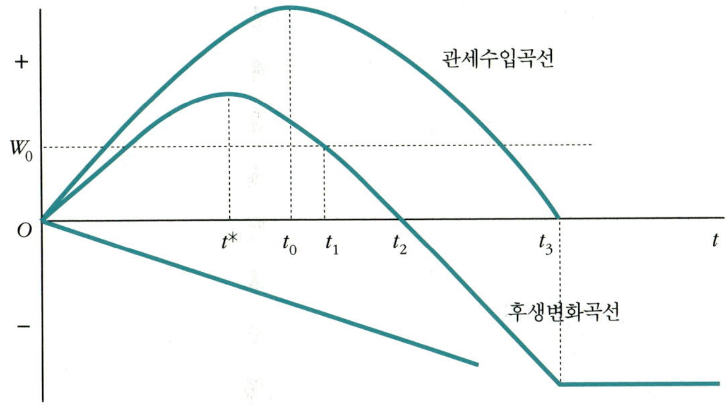

작다. 따라서 그림에서 후생변화곡선은 관세수입곡선의 아래에 위치한다. 관세율의 상승에 따라 사회후생은 교역조건효과가 효율손실효과를 압도하여 증가하기 시작한다. 그러다가 t^*에 이르면 후생수준은 극대가 되는데, 이 관세율이 최적관세율이다. 관세율이 이 수준을 넘으면 교역조건 개선으로 인한 이익의 증가 속도가 둔화되면서 사회후생은 감소하기 시작한다. 관세율이 계속 상승하여 t_2 수준에 도달하면 사회후생은 자유무역시의 후생수준과 같아지고, 이 수준을 넘으면 효율손실효과가 교역조건 개선효과를 초과하여 후생수준은 오히려 감소한다. 관세율이 t_3가 되면 폐쇄경제 상태로 진입하면서 후생수준은 최저가 된다.

수입국의 세계시장 점유율이 높을수록 최적관세율(t^*)이 커지면서 후생변화(ΔW)곡선은 관세수입곡선의 오른쪽 부분으로 더욱 접근하게 될 것이다. 반면 소국의 경우에는 관세부과는 항상 사회후생을 감소시키므로 ΔW곡선은 그림에 나타나 있는 것처럼 수평축 아래에 위치하면서 단조적으로 감소하는 형태를 띠게 될 것이다.

여기서 최적관세율은 최대수입관세율보다 클 수 없다는 점이다($t^* \leq t_0$).

관세수입을 극대화하는 관세수준이 최대의 사회후생을 보장하는 관세가 아니라는 것이다. 관세수입이 극대화되기 이전에 이미 후생수준이 극대화되는 수준에 도달한다. 관세가 높아짐에 따라 관세수입의 증가는 둔화되어 결국 t_0 이상에서는 관세수입이 감소 추세로 반전되는데 반하여, 생산 및 소비 부문의 효율손실은 처음부터 관세수준 상승과 함께 지속적으로 증가하기 때문이다.

그러나 소국의 경우에는 최적관세가 존재하지 않으므로 관세를 많이 감축할수록 사회후생의 측면에서는 더욱 이익이 된다. 이때 $t=0$가 대국에서 t^*에 해당하는 극대후생 관세수준이라고 본다면, 소국의 경우에는 명백히 최대수입관세율이 최대후생수준 관세보다 크다는 것을 알 수 있다.

수입대체산업의 보호라는 비경제적 목표와 사회후생 수준을 증대시키는 목표를 조화시킬 수 있는 방법은 없는가? 그림에서 W_0는 이 사회가 요구하는 최소한의 후생수준의 증가라고 하자. 이런 조건 하에서 국내산업을 최대한 보호할 수 있는 관세수준은 t_1이 된다. 산업보호가 유일한 목적이라면 t_3 이상의 관세부과가 필요하다. 사회후생을 극대화시키고자 하면 t^*(소국의 경우 0)를 부과해야 한다. 그러나 국내산업을 최대한 보호하면서 후생수준을 W_0 이상으로 유지하기 위해 필요한 관세는 t_1이다.

5. 실효보호관세

실효보호관세율(effective tariff rate of protection)은 관세부과로 인해 상품의 부가가치(value added)가 부과 전에 비해 얼마나 변했는가를 기준으로 보호수준을 평가하는 지표이다. 통상의 명목보호관세율(nominal tariff rate of protection)이 명목관세율 자체를 해당 산업의 보호수준으로 보는 데 반하여, 실효보호관세율은 관세부과 전후에 실질적으로 부가가치가 얼마나 증가(감소)했는가를 평가하는 지표이다. 최종재에 대해 일정한 관세가 부과된다 해도 이를 생산하기 위해 투입되는 중간재 수입에 더 높은 관세가 부과된다면 관세부과 후에 부가가치는 하락하게 되므로 실질적으로 산업보호효과는 감소하는 것이다.

이제 단일의 수입 중간재만을 사용하여 최종재를 생산하는 경우를 상정해 보자. 최종재와 중간재에 부과되는 명목관세를 각각 t 및 τ라 하고, 최종재 한 단위 생산에 필요한 수입중간재의 투입계수를 a라 하자.[13] 그리고 최종재의 국제가격을 P_w라고 하자. 그러면 관세부과 전 최종재 한 단위의 부가가치는 $P_w(1-a)$가 되고, 관세부과 후의 부가가치는 $P_w[(1+t)-a(1+\tau)]$이 될 것이다. 이때 부가가치의 변화율을 계산하면 실효보호관세율 t_e는 다음과 같이 표시된다.[14]

$$t_e = \frac{t - a\tau}{1 - a} \tag{4.1}$$

만일 최종재와 중간재의 명목관세율이 같다면($t=\tau$), 위의 식으로부터 실효보호관세율도 최종재의 명목관세율과 동일해진다($t_e=t$). 최종재의 명목관세율이 중간재의 명목관세율보다 크면($t>\tau$) 실효보호관세율은 최종재의 명목관세율보다 커지고($t_e>t$), 반대로 최종재의 명목관세율이 중간재의 명목관세율보다 작으면($t<\tau$) 실효보호관세율은 최종재의 명목관세율보다 작아진다($t_e<t$).[15] 따라서 최종재의 실효보호율을 높이기 위해서는 그 전 단계에 있는 중간재의 명목관세율은 최종재의 그것보다 낮아야 한다. 실효보호관세율이 관세부과로 인한 부가가치의 증가율을 나타내기 때문에 관세부과 전의 부가가치가 작아야 실효보호율이 커질 수 있다는 의미이다.

쇠고기 산업을 보호하기 위해서는 수입 쇠고기에 대한 관세는 수입 소에 대한 관세보다 높아야 되며, 수입 소에 대한 관세는 또한 그 원료인 수입 사료

---

13 a는 결국 최종재 가치 중 투입재 가치의 비중이다.

14 이 경우 실효보호관세율 계산 과정을 요약하면 다음과 같다.

	관세 전(국제가)	관세 후(국내가)
최종재 가격(관세율 t)	P_w	$P_w(1+t)$
중간재 가격(관세율 τ)	aP_w	$aP_w(1+\tau)$
부가가치	$P_w(1-a)$	$P_w\{(1+t)-a(1+\tau)\}$
부가가치 증가율 (실효보호관세율)	$t_e=\frac{t-a\tau}{1-a}$	

15 $t>\tau$ 일 경우, 즉 $t=\tau+\alpha\ (\alpha>0)$일 때 $\tau=t-\alpha$이므로 실효보호관세율은 다음과 같이 표시될 수 있다. $t_e=\frac{t-a(t-\alpha)}{1-a}=t+\frac{a\alpha}{1-a}$. 여기서 둘째 항은 0보다 크므로 $t_e>t$이다.

에 부과되는 관세보다 높아야 된다. 최종 생산물을 보호하기 위해서는 최종재의 단계로 갈수록 관세율이 커져야 되는 것이다. 이와 같이 최종재를 향하여 가공단계가 높아질수록 관세율이 높아지는 구조를 경사관세(傾斜關稅, tariff escalation)구조라고 한다. 우리나라에 수입되고 있는 사료용 곡물들에 대한 관세율이 매우 낮은 것도 이런 이유이다.

다수의 수입 중간재를 투입하여 최종재를 생산하는 경우 실효보호관세율은 다음과 같이 계산된다. n개의 수입 중간재가 사용된다고 할 때 관세부과 전 자유무역 상태에서 최종재 한 단위의 부가가치는 $p_w(1-\Sigma a_i)$이고, 관세부과 후의 부가가치는 $p_w[(1+t)-\Sigma a_i(1+\tau_i)]$가 된다. 여기에서 a_i와 τ_i는 각각 i번째 중간재의 투입계수 및 관세율이다. 따라서 실효보호관세율 t_e는 다음과 같이 표시된다.

$$t_e = \frac{t-\Sigma a_i\tau_i}{1-\Sigma a_i} \tag{4.2}$$

6. 종가관세와 종량관세

관세는 과세표준을 기준으로 할 때 종가관세(從價關稅, *ad valorem* tariff)와 종량관세(從量關稅, specific tariff)로 분류된다. 종가관세는 수입가격을 과세표준으로 하여 여기에 일정 비율을 부과하는 관세인데 대하여, 종량관세는 수입량을 과세표준으로 하여 부과하는 관세를 말한다. 전자는 수입단가에 백분율로 표시된 관세율을 곱하여 관세금액을 정하는데, 후자는 단위 수입물량당 일정 금액을 관세액으로 정하는 방식이다. 이 분류가 중요한 의미를 갖는 것은 어떤 방식으로 부과하느냐에 따라 관세의 보호효과가 달리 나타나기 때문이다.

예를 들어, 쇠고기의 수입가격이 100달러/톤이라고 하자. 수입가격에 20%의 관세가 부과된다면 톤당 20달러가 관세가 되는데 이것이 종가관세이다. 이 종가관세는 관세율이 변하지 않더라도 과세표준인 수입가격이 변함에 따라 수입관세도 변하게 된다. 그러나 종량관세는 수입가격과는 무관하게, 예를 들

그림 4.5 종가관세와 종량관세

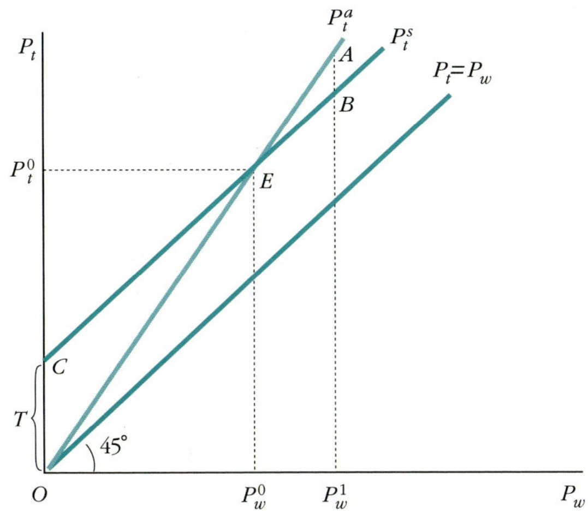

어 쇠고기 수입 톤당 20달러 같은 방식으로 관세를 부과하는 것이다. 따라서 종량관세는 수입가격의 변화로 관세액이 변하지 않는다.

우루과이라운드 협상 참가국들은 관세양허 협상 과정에서 종가관세와 함께 종량관세 방식을 동시에 채택하였다. 한국은 보리, 콩, 꿀 등 HS 10단위 기준 63개 품목에 대하여 종가관세와 함께 종량관세를 병행하여 선택적으로 사용할 수 있는 방식을 채택하였다. 미국은 목화, 치즈, 버터 등에 종량관세를 도입하였고, EU는 쇠고기와 양고기 등에 종량관세와 종가관세를 동시에 부과하는 복합관세(compound duties)를 채택하였다. 또 일본은 밀, 보리, 땅콩, 누에고치에 종량관세를 그리고 탈지분유에 복합관세를 도입하였다.

각국이 종가관세와 함께 종량관세를 도입하는 데는 그만한 이유가 있다. 두 방식은 동일한 수준의 관세를 부과한다 해도 국제가격의 변화 등 시장상황에 따라 국내산업 보호효과가 서로 다르기 때문이다. 〈그림 4.5〉를 통하여 두 방식의 효과에 대하여 살펴보자.

횡축에는 국제가격(P_w)을, 종축에는 관세가 포함된 국내가격(P_t)이 표시되어 있다. 우상향하는 45°선은 관세가 부과되지 않은 상태에서 국제가격과 국내가격이 일치하는 경우를 나타내 주고 있다.

종가관세와 종량관세가 포함된 국내가격을 각각 P_t^a와 P_t^s라 하고 종가관세율을 t, 단위 수입물량당 종량관세를 T라 하면 이들의 관계식은 다음과 같이 표시될 수 있다.

$$P_t^a = P_w(1+t) = P_w + tP_w \tag{4.3}$$

$$P_t^s = P_w + T \tag{4.4}$$

이 식을 〈그림 4.5〉에 나타내 보면 P_t^a는 원점을 지나면서 $1+t$의 기울기를 갖고 45°선 위쪽으로 비례적으로 커지는 선으로 그려지고, P_t^s는 45°선으로부터 위쪽으로 T만큼 평행이동한 선으로 나타내진다. 관세율 t가 증가할수록 P_t^a의 기울기는 커지고, T가 증가할수록 P_t^s는 더욱 위쪽으로 평행이동하게 된다.

이제 국제가격 P_w^0에서 관세율이 t_0, 종량관세가 T_0이라고 해 보자. 그리고 이때 종가관세와 종량관세가 일치한다고 가정하자. 현 상황(*status quo*)에서 관세를 포함한 국내가격은 어느 방식에 의하든 동일하므로 국내시장에 미치는 효과는 같다. 즉, 단위당 관세는 $T_0 = t_0 P_w^0$이고, 국내가격은 $P_t^a = P_w^0(1+t_0) = P_w^0 + T_0 = P_t^s$가 될 것이다.

이제 종가관세율 t_0와 종량관세 T_0에는 변함이 없이 국제가격이 P_w^1으로 상승했다고 하자. 국제가격에 비례하는 종가관세는 $t_0(P_w^1 - P_w^0)$만큼 증가할 것이다. 종량관세는 변함이 없으므로 종가관세에 의한 국내가격이 더 높아진다는 사실을 확인할 수 있다. 그림에서 보면 종가방식에 의한 국내가격이 AB만큼 더 높아짐을 알 수 있다. 반대로 국제가격이 P_w^0에서 하락하면 종량관세에 의한 국내가격이 더 높다는 것도 알 수 있다.

관세수준이 높을수록, 그리고 P_w의 변동폭이 클수록 두 방식에 의한 국내산업의 보호효과의 차이는 더욱 커진다. 이것은 t와 T가 동일 비율로 상승할 경우 P_t^a의 기울기는 커짐에 반해 P_t^s의 기울기는 1에 고정되어 있기 때문이다. 따라서 국제가격 변동시 양자의 간격은 더 크게 벌어질 수밖에 없는 것이다.

즉, 앞의 두 식 (4.3) 및 (4.4)로부터 다음과 같이 되는 것을 알 수 있다.

$$\frac{d(P_t^a - P_t^s)}{dP_w} = t \qquad (4.5)$$

식 (4.5)가 의미하는 것은 국제가격이 상승하면 종가관세에 의한 국내가격이 종량관세에 의한 것보다 커지고, 반대로 국제가격이 하락하면 종량관세에 의한 국내가격이 종가관세에 의한 것보다 커진다는 것이다. 또 이 식은 보호수준이 커질수록, 즉 t가 클수록 국제가격 변동시 양 방식의 효과의 차이는 커지게 된다는 점도 시사하고 있다.

예를 들어 보자. 국제가격이 1,000원/kg이고 종가관세율이 10%, 이에 상응하는 종량관세가 100원/kg이라고 하자. 이 상황에서는 종가방식이든 종량방식이든 수입가격은 1,100원/kg으로 보호효과는 동일하다. 그러나 상황이 변하여 국제가격이 2,000원으로 상승했다고 하자. 종가방식에 의한 국내가격은 2,200원/kg이 되고 종량방식에 의한 가격은 2,100원이 되어 양 가격의 차이는 100원/kg이 될 것이다. 만일 관세율이 100%, 따라서 동등수준의 종량관세가 1,000원/kg일 경우 국제가격이 2,000원으로 상승하면 어떻게 되는가? 이때 종가방식에 의하면 국내가격은 4,000원이 되는데 종량방식에 의하면 3,000원이므로 양 방식에 의한 가격차는 1,000원/kg이 생기는 것이다.

이상의 분석으로부터 우리는 관세(율)수준에 변함이 없다고 할 때 국제가격의 상승시에는 종가세 방식이, 하락시에는 종량세 방식이 국내산업 보호효과가 더 커진다는 결론을 얻을 수 있다. 국내산업의 보호를 위하여 양 방식을 선택적으로 사용한다면, 국제가격 변화에 따른 국내가격은 그림에서 점 E에서 꺾인 CEA와 같은 선으로 나타내질 것이다.

종량관세와 상품의 품질

HS 분류상 같은 상품으로 분류되어 동일한 관세가 부과되는 경우에도 품질의 차이가 나게 마련이다. 특히, 농산물의 경우에는 생산지에 따라 품질의 차이가 나고, 따라서 가격의 차이가 많이 나는 경우를 흔히 볼 수 있다. 이런 경우 종량관세를 부과하면 수입상품의 구성은 고품질화되는 경향이 있다.[16] 종량방식에 의하면 품질이 좋은 상품이든 나쁜 상품이든 동일한 HS 세번에 속하면 똑같은 금액이 부과되므로 고가의 고품질 상품의 상대가격이 낮아진다. 때문에 저품질에서 고품질로 소비대체가 발생해 수입상품의 구성비는 점차 고품질화되는 경향이 생기는 것이다.

수입 콩을 예로 들어 보자. 고품질 콩은 1,000원/kg이고 저품질의 콩은 500원/kg이라고 하자. 현재 고품질 콩의 저품질 콩에 대한 상대가격은 2이다. 관세가 부과된 후 상대가격은 어떻게 변하는가? HS 분류상 같은 세번에 속하는 콩은 동일 관세가 적용된다. 만일 20%의 종가관세가 부과된다면 고품질의 상대가격(2)에는 변화가 없을 것이다. 그러나 만일 종량관세로 100원/kg을 부과한다면 고품질 콩의 상대가격은 1.83(1,100÷600)으로 하락하게 된다.[17] 따라서 상대적으로 싸진 고품질 콩에 대한 수요는 증가하고 상대적으로 비싸진 저품질 콩에 대한 수요는 감소하여 고품질의 콩 수입이 증가하게 되는 것이다.

농산물 시장개방이 확대되면서 저품질의 저가 농산물 수입이 증가하여 국내시장의 유통질서가 교란되고 국내 농업에 악영향을 주는 사례가 빈번히 발생하고 있다. 이때 선택관세가 가능하다면 종가관세 대신 종량관세를 부과함으로써 어느 정도 이를 방지할 수 있다. 국내에 유통되는 농산물의 품질을 더 고급화시키고 수입량도 더 줄임으로써 국내시장에 대한 피해를 최소화할 수 있는 효과를 거둘 수 있다. 또한 고율관세가 적용되고 있는데도 불구하고 세관에 농산물 수입가격을 대폭 낮춰 허위 신고함으로써 수입이 증가하는 사례가 발생하기도 한다. 이때에도 같은 원리에서 종량관세가 부과된다면 이를 방지할 수 있다.

맛 좋은 사과는 다 어디로 갔나?[18]

워싱턴 주 시애틀 타임스(*Seattle Times*)의 한 독자가 다음과 같은 내용의 투고

16 R. E. Falvey(1979), pp. 1105~1114.
17 반대로 저품질 콩의 상대가격은 0.5에서 0.545로 상승하는 셈이다.
18 Borcherding and Silberberg(1978), p. 132.

를 하였다.

"워싱턴 시장에 나와 있는 사과는 왜 그렇게 작고 오래된 것들뿐인가? 말라빠진 꼭지를 보면 냉동실에 있던 작년산 사과를 꺼내온 것처럼 보인다. 최근 친구가 금방 딴 싱싱한 사과를 갖고 왔는데 크기가 시장에서 팔리고 있는 것보다 네 배나 되었다. 이렇게 크고 맛있는 사과는 모두 어디로 갔는가? 모두 유럽으로 수출되었는가, 아니면 동부지역으로 팔려 나갔는가? 아니면 이곳 시애틀에서도 살 수 있는가? – M. W. P." (*Seattle Times*, 1975년 10월 19일).

시애틀은 미국 서북부 워싱턴 주의 해안에 위치한 도시로 1999년 11월 WTO 뉴라운드 출범을 위한 각료회의가 열렸던 곳이다. 한 시민이 이 지역에서 생산되고 있는 맛있는 사과를 현지 시장에서 구입할 수 없는 이해하기 어려운 상황을 독자 투고란을 이용하여 질문한 내용이다. 열흘 뒤 한 경제학 책의 저자가 다음과 같은 답변을 보내 오고 나서야 이 수수께끼에 대한 해답은 풀릴 수 있었다.

"질 좋은 사과가 모두 동부지역으로 팔려나가고 있다고 한 M. W. P. 씨의 불평과 관련하여, 이 문제는 수년 동안 워싱턴대학 경제학과의 단골 강의 내용이자 시험문제였다. 이것은 아주 사실적 현상으로 쉽게 설명이 가능하다. 시애틀의 시장에서 좋은 사과는 한 개에 10센트, 나쁜 사과는 5센트에 거래되고 있다고 하자. 또 동부지역으로 수송되는 모든 사과에 개당 5센트의 수송비가 든다고 가정해 보자. 동부지역에서는 질 좋은 사과는 한 개에 15센트이고 나쁜 사과는 10센트이다. 그렇다면 시애틀에서는 맛 좋은 사과 두 개는 맛없는 사과 4개와 값이 같으나 동부지역에서는 3개와 값이 같아진다. 두 품질의 사과가 수송비 때문에 모두 가격이 상승하긴 했지만 질 좋은 사과가 상대적으로 더 싸졌고, 따라서 동부지역에서는 시애틀보다 맛 좋은 사과의 소비비중이 더 높아지게 되는 것이다. 이 현상은 음모가 아니라 바로 수요의 법칙이다"(*Seattle Times*, 1975년 10월 28일).

위의 사례에서 보듯이 고정된 수송비는 동부지역에서 소비되는 사과의 품질을 고품질화하는 요인이다. 마찬가지로 가격 변화에 관계없이 일정액의 관세가 부과되는 종량관세도 수입상품의 품질을 고급화시키는 것이다. 종량관세의 부과로 인해 고급상품의 상대가격이 하락하여 수입국에서 고급상품으로의 소비대체가 일어나기 때문이다.

제3절 특별긴급수입제한조치

1. 특별긴급수입제한조치의 의의

예측하지 못한 수입량의 급격한 증가로 국내산업에 심각한 피해가 발생하게 된다면 수입국으로서는 자국산업을 보호하기 위하여 수입제한조치를 취할 수밖에 없는 것이 현실이다. 하지만 이런 수입제한조치를 수입국의 자의적인 판단에만 맡겨 놓는다면 세계의 무역질서는 오히려 혼란에 빠지게 될 것이다. 그렇다고 이런 조치를 무조건 금지한다면 이것 또한 부작용을 막을 수 없을 것이다. 이런 예상하지 못한 급박한 상황에 처하여 수입국에게 일정한 요건을 갖추어 자국의 산업보호를 위해 수입을 제한할 수 있는 방법을 제도적으로 허용함으로써 세계 무역질서를 원활히 유지해 나갈 수 있도록 하는 제도가 긴급수입제한조치(safeguard: SG)이다.

긴급수입제한조치, 즉 세이프가드는 특정 상품의 수입으로 이와 동종 또는 직접 경쟁적 관계에 있는 상품을 생산하는 국내산업에 심각한 피해를 초래하거나 초래할 우려가 있을 때에, 당해 상품에 대하여 수입국이 자국산업 보호를 위하여 수입을 제한할 수 있는 조치이다. 긴급수입제한조치는 GATT 제19조에 규정되어 운용되어 왔으나 이 규정의 명료성과 구체성의 결핍으로 그 동안 제 기능을 다 하지 못하였다. 도쿄라운드에서 이 문제가 협상의 쟁점으로 부각되어 논의되었지만 최종 합의에는 실패하여 결국 우루과이라운드에 이르러 비로소 긴급수입제한조치협정(Agreement on Safeguards)으로 제정되었다.

한편, 이와는 별도로 농산물 분야에서는 앞에서 고찰한 바와 같이 포괄적인 관세화를 통한 시장접근기회의 확대를 추진하면서 이에 따른 부작용에 대한 보완조치를 마련하지 않을 수 없었다. 수입자유화 과정에서 관세화된 농산물의 급격한 수입증가로 국내 농업에 심각한 피해를 줄 수 있다는 점을 고려하고 있다. 이들 관세화 품목에 대하여는 일반적으로 적용되는 긴급수입제한조치협정에 의한 조치 외에, 별도로 농업협정 제5조에 의거 특별긴급수입제한조치(special safeguard: SSG)를 취하여 추가로 관세를 부과할 수 있도록 했다. 관세감축에 따른 시장개방의 피해를 최소화시키고자 하는 제도적 장치이다.

이 조항을 둠으로써 양허수준 이상으로 관세를 부과하지 못하도록 한 GATT 1994 제2조 1(b)의 규정에도 불구하고 추가적인 관세를 부과할 수 있는 예외 조치를 허용하고 있는 것이다. 수입량이 급격히 증가하여 특별긴급수입제한조치를 발동할 경우에는 관세율을 1/3의 범위 내에서 추가로 부과할 수 있으며, 수입가격이 하락하여 발동할 경우에는 발동 기초요건에 따라 별도로 정한 추가 관세를 부과할 수 있다.

SSG와 SG의 차이점

SSG와 SG는 다 같이 수입국에 의하여 취해지는 국내산업 보호조치이지만, 두 제도 사이에는 몇 가지 차이가 있다.

첫째, 근거규범이 다르다. 언급한 바와 같이 SG는 긴급수입제한조치협정(GATT 제19조 포함)을 근거로 발동됨에 반해 SSG는 농업협정 제5조를 근거로 한다.

둘째, 적용대상이 다르다. SG는 농산물을 포함하는 모든 품목에 적용되지만 SSG는 WTO 농업협정의 적용을 받는 농산물 중에서도 관세화된 품목에 대해서만 적용된다. 따라서 관세화 대상이 아닌 농산물은 농업협정의 적용을 받는다 해도 제5조 SSG의 적용대상은 되지 않는다.

셋째, 발동요건이 서로 다르다. SSG는 농업협정 제5조가 정하는 요건만 갖추면 별도의 조치 없이 자동으로 발동된다. 그러나 SG는 국내산업에 대한 심각한 피해발생 또는 피해의 위협이 있는 경우 등의 요건과 까다로운 절차를 정하고 있다. 또 SSG는 국내산업 피해조사와 인과관계에 대한 입증이 필요 없으나, SG의 경우에는 피해조사와 인과관계에 대한 입증이 필요하다.

넷째, 발동절차가 다르다. SSG는 발동조치가 있은 후 이를 농업위원회에 서면으로 통보하면 되지만, SG는 발동조치 전에 WTO와 관련 당사국에게 서면으로 통보해야 하는 절차를 거쳐야 한다.

다섯째, SG는 긴급한 상황의 경우에는 잠정관세를 부과할 수 있으나, SSG의 경우에는 이와 같은 잠정조치가 없다.

여섯째, 구제조치에 있어서 두 제도 모두 관세인상을 할 수 있으나, SG는 수량제한이 가능한 반면 SSG는 수량제한이 불가능하다.

2. 발동요건

특별긴급수입제한조치가 발동되기 위해서는 농업협정 제4조 2의 규정에 따라 관세화한 농산물로서 자국의 양허표에 SG라고 표기되어 있어야 한다. 그리고 다음과 같이 수입량에 의한 기준과 수입가격에 의한 기준 중 어느 하나의 요건을 갖추어야 한다.

① 특정 품목의 수입량이 일정한 발동수준(trigger level)을 초과하거나,

② c.i.f. 기준 수입국 화폐로 표시된 수입가격이 발동가격(trigger price) 이하로 하락하여야 한다.

여기서 발동수준은 시장접근기회(market access opportunity)의 크기에 따라 달

라지며, 발동가격은 1986~1988년 평균 참조가격(reference price)을 의미한다.

1) 수입량 기준

수입량 기준에 의한 SSG 발동요건은 우선 당해 연도의 수입량이 기초발동수준을 초과하여야 하는데, 이 발동수준은 국내 소비량에 대한 수입량의 비율로 표시되는 시장접근기회에 따라 달라진다. 이때의 시장접근기회 산출에는 이전 3개년 소비량과 수입량의 평균이 사용된다. 시장접근기회에 따라 다음과 같은 기준이 적용된다.

① 시장접근기회가 10% 이하인 경우에는 기초발동수준은 125%

② 시장접근기회가 10%보다 크고 30% 이하인 경우에는 기초발동수준은 110%

③ 시장접근기회가 30%보다 큰 경우에는 기초발동수준은 105%

시장접근기회가 작을수록 SSG를 발동할 수 있는 기준을 높게 설정하였다. 그러나 실제 SSG를 발동하기 위해서는 여기에다 최근 연도의 소비량 변화분을 전량 고려하도록 하였다. 즉, 실제 수입량이 "(최근 3년 평균수입량×기초발동수준)+최근 1년 소비량 변화분"을 초과하면 추가 관세를 부과할 수 있다. 소비증가는 전량 수입으로 충당되어야 SSG가 발동될 수 있다는 것이 전제되어 있다. 〈표 4.2〉에는 물량기준에 의한 특별긴급수입제한조치의 발동요건과 구제조치가 정리되어 있다.

예를 들어 보자. 3개년 평균소비량이 2,000톤이고 이 중 수입으로 충당되는 부분이 100톤이라고 하자. 그러면 시장접근기회는 5%(100/2,000)가 된다. 이때 SSG가 발동되기 위한 발동수준이 125%이므로 수입량은 125톤(100톤×1.25) 이상이 되어야 한다. 이때 소비량에 변화가 없다면 수입량의 증가 25톤은 결국 국내 생산을 대체한 것이 된다. 이 경우 수입비중, 즉 시장접근기회는 6.25%(125/2000)로 늘어나게 된다. 이런 상황이 되어야 비로소 SSG를 발동할 수 있다는 것이다. 만일 최근 1년간 소비량이 증가하였다면 이 증가분만큼 더 수입이

표 4.2 물량기준에 의한 SSG 발동요건과 구제조치

발동기초요건		발동기준	구제조치
시장접근기회	기초발동수준		
10% 이하	125%	수입량이 "최근 3년 평균수입량×기초발동수준+소비량 변화분"을 초과	당해 연도 적용관세의 1/3까지 추가 관세 부과(당해 연도 말까지 유효)
10% 초과~30% 이하	110%		
30% 초과	105%		

늘어난 후에야 SSG 발동이 가능하게 될 것이다.

2) 수입가격 기준

수입가격이 발동가격 이하로 하락하는 경우에는 추가로 관세를 부과할 수 있다. 이때 발동가격은 수입국 통화로 표시되는 1986~1988 평균 참조가격(c.i.f.)으로 한다.

① 수입가격과 발동가격의 차이가 발동가격의 10% 이하일 경우에는 추가 관세는 부과되지 않는다.

② 그 차이가 발동가격의 10%보다 크고 40% 이하일 경우에는 추가 관세는 10%를 초과하는 부분의 30%만큼 부과할 수 있다.

③ 그 차이가 발동가격의 40%보다 크고 60% 이하일 경우에는 추가 관세는 40%를 초과하는 부분의 50%와 ②에서 부과되는 추가 관세를 더한 만큼 부과할 수 있다.

④ 그 차이가 발동가격의 60%보다 크고 75% 이하일 경우에는 추가 관세는 60%를 초과하는 부분의 70%와 ② 및 ③에서 부과된 추가 관세를 더한 만큼 부과할 수 있다.

⑤ 그 차이가 발동가격의 75%보다 클 경우에는 추가 관세는 75%를 초과하는 부분의 90%와 ②, ③ 및 ④에서 부과될 수 있는 추가 관세를 더한 만큼 부과할 수 있다.

표 4.3 가격기준에 의한 SSG 발동요건과 구제조치

발동기초요건	구제조치	
	가격차이(발동-수입)	추가 관세
수입가격이 발동가격 이하로 하락	발동가격의 10% 이하	0
	10% 초과~40% 이하	① 10% 초과분의 30%
	40% 초과~60% 이하	② 40% 초과분의 50%+①
	60% 초과~75% 이하	③ 60% 초과분의 70%+①+②
	75% 초과	④ 75% 초과분의 90%+①+②+③

〈표 4.3〉에는 수입가격 기준에 의한 특별긴급수입제한조치의 발동요건과 구제조치를 정리해 놓았다.

3. 적용기간 및 범위

앞에서 설명한 요건을 갖추어 추가 관세가 부과되면 그 적용은 물량기준에 의해 발동된 SSG의 경우 당해 연도 말까지 유효하다. 그리고 추가되는 관세수준은 당해 연도에 적용되고 있는 일반관세의 1/3을 초과할 수 없다.

현행 및 최소시장접근 약속에 의한 수입량도 추가 관세 부과 결정을 위한 수입량 산정에 포함된다. 하지만 추가 관세의 부과로 이 현행 및 최소시장접근 물량에 영향을 미쳐서는 안 된다. 즉, 현행 또는 최소시장접근 물량이 추가 관세의 부과로 줄어들어서는 안 된다는 것이다.

추가 관세가 결정되기 전에 이미 체결된 계약에 의거하여 수송 중에 있는 물량에 대해서는 추가 관세를 부과하지 못한다. 다만 다음 해에 추가 관세 부과를 위한 수입량 산정에는 포함시킬 수 있다. 또 부패성이 높거나 계절적 변동이 심한 품목에 대해서는 품목의 특성을 고려하여 다른 조건을 적용할 수 있도록 하였다.

4. 운용방법 및 절차

특별긴급수입제한조치는 투명성이 보장되는 방법으로 적용되어야 한다. 물량기준에 의한 SSG를 발동하기 위해 이 조항을 원용하고자 하는 회원국은 관련 자료를 첨부하여 서면으로 사전에 그 사실을 농업위원회에 통보하여야 한다. 어떠한 경우에도 SSG 조치를 취하고 10일 이내에는 통보하여야 한다. 농업협정 제5조 4에 의한 SSG 조치에 따라 소비량 변화가 서로 다른 관세로 배정될 경우에는 이 변화분이 배정되는 방법 및 관련 정보를 포함하여야 한다. 이 조치를 취한 회원국은 이 문제에 대해 이해관계를 갖고 있는 회원국에게 이 조치의 적용조건에 관하여 협의할 기회를 부여하여야 한다.

이 조 1(b)의 가격기준에 의거 SSG를 발동한 회원국은 조치를 취한 후 이를 10일 이내에 농업위원회에 관련 자료와 함께 통보하여야 한다. 수입량이 감소하는 경우에는 1(b)에 의한 SSG를 원용하지 않는다. 그리고 이 조치의 적용조건에 관하여 이해관계국에게 협의기회를 제공하여야 한다.

또 이 조항에 의하여 특별긴급수입제한조치를 취한 나라는 GATT 1994의 제19조 1(a) 및 3과 긴급수입제한조치에 관한 협정 제8조의 2의 규정을 원용할 수 없다.

긴급수입제한조치의 요건 및 절차

일반적 긴급수입제한조치(safeguard)는 반덤핑(anti-dumping)이나 상계조치(countervailing measures)와 함께 수입의 증가로 인한 국내산업의 피해를 구제할 목적으로 발동되는 산업피해구제제도이다. 이 긴급수입제한조치는 GATT 1994 제19조와 WTO 세이프가드협정을 근거로 적용될 수 있다. 여기서는 앞에서 설명한 특별긴급수입제한조치와 대비하기 위하여 세이프가드의 일반적인 발동요건과 절차에 대하여 다시 간단히 살펴본다.

긴급수입제한조치는 반덤핑이나 상계조치와 달리 불공정한 무역으로 인해 발생한 국내산업의 피해를 구제하기 위한 조치가 아니기 때문에 그 요건과

그림. 4.6 긴급수입제한조치의 절차

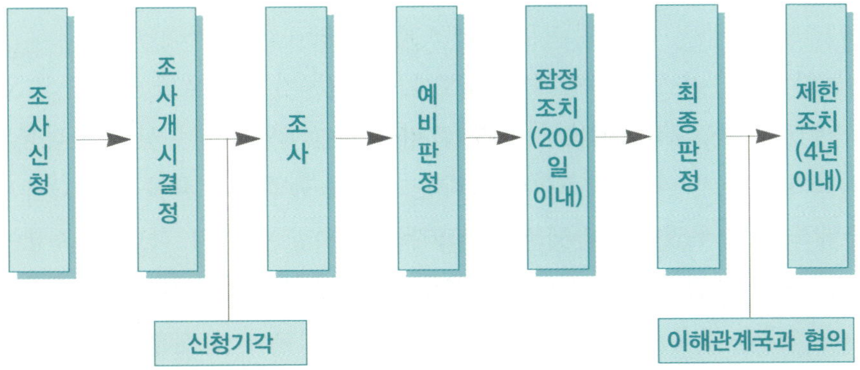

자료: 조영정(1999), p. 401.

적용이 까다롭다. 이 조치가 발동되기 위해서는 다음과 같은 요건이 필요하다.

첫째, 절대적 또는 상대적인 수입의 증가가 있어야 한다. 수입의 증가는 반드시 절대량의 증가가 아니더라도 총소비량에 대한 수입량의 비율로 표시되는 상대적 수입비중이 증가하는 경우까지 포함한다.

둘째, 수입의 증가로 국내의 동종 또는 직접적 경쟁산업에 중대한 피해 또는 피해의 우려가 있어야 한다. 중대한 피해가 무엇이냐에 대한 확정된 개념이 정립되어 있지 않고, 또한 피해의 발생뿐 아니라 피해가 발생할 것으로 우려되는 경우에도 적용될 수 있다. 어떤 경우에 그러한 우려가 있느냐의 판단 또한 모호하고 어려운 문제이다. WTO 협정에는 이에 대한 명확한 기준을 제시하고 있지 않다.

셋째, 수입증가와 중대한 피해 또는 피해의 우려 사이에는 직접적인 인과관계가 존재해야 한다. 〈그림 4.6〉에는 긴급수입제한조치의 절차가 도시되어 있다.

제4절 관세화의 예외

농업협정 부속서 5는 관세화 원칙에 대한 두 가지 예외를 규정하고 있다. 부속서 5의 A는 선진국의 농산물에, 그리고 B는 개도국의 농산물에 적용되는 예외 조항이다. 따라서 이 조항이 정하는 요건을 충족하는 품목은 WTO의 출범 이후에도 기존에 있는 비관세조치를 그대로 유지할 수 있다. 다만 이 조항이 정하는 바에 따라 일정 수준의 최소시장접근 물량을 수입해야 하는 의무를 진다.

이 조항은 쌀을 주식으로 하고 있는 한국과 일본이 쌀 산업을 보호할 목적에서 협상 과정에서 강력히 주장하여 반영된 결과이다. 실제로 이 조항을 원용한 품목은 한국과 일본의 쌀 외에도 필리핀의 쌀과 이스라엘의 일부 낙농품(전지분유, 치즈, 양고기) 등인데, 주로 이들 나라의 식량안보와 밀접히 관련된 쌀이다. 이 조항을 일명 쌀 조항(rice clause)이라고 부르는 이유가 여기에 있다. 농업협정 서문 하단에는 식량안보와 환경보호의 필요성 등 비교역적 관심사항(non-trade concerns)을 고려하여 농업 개혁을 이행해 나가도록 명시하고 있다. 이 관세화 예외 조항은 이런 특별대우(special and differential treatment) 정신을 구체화한 것이다.

1. 예외 I(부속서 5.A)

1) 요건

다음의 요건을 충족하는 1차 농산물(primary agricultural product) 및 그 가공품과 조제품(worked and/or prepared products)은 WTO 협정이 효력을 발생하는 시점부터 농업협정 제4조의 2항은 적용되지 않는다.

① 기준기간(1986~1988) 당해 품목의 수입량이 국내 소비량의 3% 미만일 것.

② 기준기간 개시 이후 당해 품목에 대하여 수출보조금이 지급된 적이 없을 것.

③ 당해 1차 농산물에 효과적인 생산제한조치가 취해질 것.

④ 회원국 양허표의 해당 품목에 "ST-Annex 5"라고 표기되어야 할 것. 이 표기는 식량안보와 환경보호와 같은 비교역적 관심사항을 반영하는 특별대우를 받는다는 것을 의미한다.

⑤ 당해 품목의 최소시장접근기회는 이행 1차 연도의 시작에는 기준기간 국내 소비량의 4%가 되어야 하고, 그 이후 이행기간 동안에는 매년 기준기간 국내 소비량의 0.8%씩 증가되어야 한다.

2) 특별대우 적용의 중단 및 연장

회원국은 필요할 경우 이행기간 중 언제라도 당해 품목에 대한 특별대우를 중단하고 관세화로 전환할 수 있다. 이때에는 제6항이 정하는 바에 따른 의무를 이행하여야 한다. 이 경우 회원국은 전환 시점에서 이미 유효한 최소시장접근기회를 유지하여야 하며, 남은 이행기간 동안 매년 기준기간 국내 소비량의 0.4%씩 증가시켜 나가야 한다. 그 이후에는 이행 최종 연도의 최소시장접근 수준은 회원국의 양허표에 그대로 유지되어야 한다.

이행기간 종료 후 특별대우를 계속 연장할 것인지 여부는 비교역적 관심사항을 고려하여 제20조에 정한 협상의 일환으로 이행기간이 종료하기 전에 완료되어야 한다. 만일 특별대우 적용을 계속하기로 합의한 경우에는 당해 회원국은 그 협상에서 결정된 수락가능한 추가적인 양허를 제공하여야 한다. 그러나 만일 특별대우를 지속할 수 없는 경우라면 당해 회원국은 제6항이 정하는 바를 이행하여야 한다. 이때 이행기간 종료 시점에서 당해 품목의 최소시장접근기회는 기준기간 국내 소비량의 8% 수준에서 유지되어야 한다.

3) 관세화로의 전환

특별대우를 중단하기로 결정하면 당해 품목에 적용되고 있는 통상적인 관세 이외의 모든 국경조치는 특별대우를 중단하기로 한 그 해의 연초부터 제4조의 2항의 적용을 받는다(제6항). 다시 말하면, 특별대우를 중단하기로 한 당해 연도의 초부터 모든 비관세조치는 통상의 관세로 전환되어 회원국의 양허표에 표시된다.

이때 적용되는 양허관세율은 최소 15%의 관세감축이 이행기간 동안 균등한 비율로 감축되었더라면 적용되었을 세율이다. 그리고 이 관세율은 부속서 5의 첨부(Attachment to Annex 5)에 규정된 지침에 따라 산출되는 관세상당치를 근거로 결정된다.

2. 예외 II(부속서 5.B)

1) 요건

다음의 요건을 충족하는 개도국 회원국의 전통적 주식(predominant staple)인 1차 농산물(primary agricultural product)은 WTO 협정이 효력을 발생하는 시점부터 농업협정 제4조의 2항이 적용되지 않는다. 개도국을 위한 이 조항은 가공 및 조제식품은 제외되었으며 주식(主食)임을 명시하고 있다.

① 기준기간(1986~1988) 당해 품목의 수입량이 국내 소비량의 3% 미만일 것.

② 기준기간 개시 이후 당해 품목에 대하여 수출보조금이 지급된 적이 없을 것.

③ 당해 1차 농산물에 효과적인 생산제한조치가 취해질 것.

④ 회원국 양허표의 해당 품목에 "ST-Annex 5"라고 표기되어야 할 것. 이 표기는 식량안보와 환경보호 같은 비교역적 관심사항을 반영하여 특별대우를 받는다는 것을 의미한다.

⑤ 당해 품목의 최소시장접근기회는 이행 1차 연도의 초에는 기준기간 국내 소비량의 1%가 되어야 하고, 매년 동일 비율로 증가하여 이행 5년째의 초에는 국내 소비량의 2%가 되어야 한다. 그리고 6년째의 초에는 기준기간 소비량의 2%가 되어야 하고, 매년 균등비율로 증가하여 이행 10년째의 초에는 기준기간 국내 소비량의 4%가 되어야 한다. 그 이후에는 이행기간 10년차의 최소시장접근기회가 개도 회원국의 양허표에 유지되어야 한다.

⑥ 이 협정의 적용을 받는 다른 품목에 대하여는 충분한(appropriate) 시장접근기회가 부여되었을 것.

2) 특별대우 적용의 연장 및 중단

이행기간 종료 후 특별대우를 계속 연장할 것인지 여부에 관한 협상은 이행 10년째의 기간에 시작하여 종료되어야 한다.

협상결과 특별대우 적용을 계속하기로 합의한 경우에는 당해 회원국은 그 협상에서 결정된 수락가능한 추가적인 양허를 제공하여야 한다. 그러나 특별대우를 지속할 수 없는 경우라면 당해 품목은 이 부속서의 첨부에서 정하고 있는 지침에 따라 계산된 관세상당치에 근거하여 통상의 관세로 전환되어야 하며 회원국 양허표에 표기되어야 한다.

기타의 사항에 대하여는 이 협정의 개도국 회원국에 적용되는 특별하고 차별적인 대우에 의해 제6항이 수정되어 적용된다. 즉, 이때 양허되는 관세는 제6항이 정하는 바에 따라 결정하되 개도국의 경우에는 최소 적용 관세율이 10%인 점을 고려한다는 의미이다.

3. 특별대우 중단시 관세상당치의 산정방법

선진국과 개도국이 각각 제6항과 제10항의 규정에 의해 특별대우를 중단하기로 결정한 경우 관세상당치의 산정은 다음과 같은 방식에 따른다(부속서

5의 첨부).

① 종가세 방식이든 종량세 방식이든 관세상당치의 산정은 국내가격(internal price)과 국제가격(external price)의 실제 차이를 이용하여 투명한 방법으로 이루어져야 한다. 산출을 위한 자료는 1986~1988년의 자료를 사용한다. 관세상당치는 기본적으로 HS 4단위에 대하여 산출하되, 필요할 경우에는 6단위 또는 그 이상으로 세분류하여 계산할 수 있다. 가공 및 조제품목에 대하여는 1차 농산물의 구체적인 관세상당치에 1차 농산물에 대한 일정한 비율(가격기준 또는 물량기준)을 곱하여 산출하며, 필요할 경우 최근 그 산업에 제공되는 보호요인을 추가적으로 고려할 수 있다.

② 국제가격은 수입국의 평균 c.i.f. 가격으로 한다. 그러나 이것이 가능하지 않거나 적절치 않을 경우에는 인접국의 평균 c.i.f. 가격으로 하거나, 아니면 주요 수출국의 f.o.b. 가격으로 하되 보험료, 운송료 및 기타 관련 비용을 가산하여 계산한다.

③ 국제가격은 동일 기간의 연간 평균환율을 이용하여 국내 화폐단위로 환산하여야 한다.

④ 국내가격은 국내시장에서 형성되는 대표적인 도매가격으로 하되, 이것이 가능하지 않을 경우에는 그 가격을 추정하여 사용한다.

⑤ 필요할 경우 최초의 관세상당치는 품질이나 품종(variety)의 차이를 고려하여 적절한 계수값을 이용하여 조정될 수 있다.

⑥ 산출된 관세상당치가 음의 값이 나오거나 현행 양허세율보다 낮은 경우에는 최초 관세상당치는 현행의 양허세율을 적용하거나, 또는 해당 품목에 대한 국별 오퍼에 의해 결정될 수 있다.

⑦ 이 지침에 의해 관세상당치 수준에 조정이 가해질 경우 관련 회원국은 요청에 따라 협상을 위한 충분한 협의기회를 제공하여야 한다.

제5절 비관세조치

1. 비관세조치의 의의 및 유형

넓은 의미에서 비관세조치(non-tariff measures) 또는 비관세장벽(non-tariff barriers: NTBs)이란 국가 간 자유무역을 저해하는 관세 이외의 모든 국경 및 국내 조치를 말한다. 그 조치가 수입제한을 위한 것이든 아니면 수출촉진을 위한 것이든, 국경조치이든 국내조치이든 관계없이 정부에 의해 무역에 영향을 미치는 관세 이외의 조치들은 모두 여기서 말하는 비관세조치로 볼 수 있다.[19] 이런 의미에서의 비관세조치는 종류가 매우 다양하고 복잡하여 그 실체를 정확히 파악하기가 쉽지 않다. 이 책에서는 비관세조치를 좁은 의미로 해석하여 관세조치에 대한 대립 개념으로서 정부에 의해 수입규제를 위해 취해지는 관세 이외의 모든 국경조치를 의미하는 것으로 사용하기로 한다.[20]

1980년대 들어 세계 농산물시장의 왜곡현상이 심화된 데는 각국이 사용한 다양한 비관세조치들에 기인한다. 농업 보호를 위해 비관세조치가 선호되는 데에는 비관세조치가 갖고 있는 특성 때문이다.

첫째, 비관세조치는 관세에 비해 국내 농업 보호효과가 직접적이고 확실하다. 관세는 국제가격이나 환율의 변화 같이 세계시장의 불확실한 상황에 따라 국내산업 보호효과가 유동적이지만, 수입쿼터 같은 대표적인 비관세조치는 이런 불확실성 요소들에 영향을 받지 않으므로 자국의 농업 보호효과를 극대화시킬 수 있다.

둘째, 비관세조치는 관세에 의해서는 보호하기 어려운 분야까지 보호할 수

19 농업협정 제4조의 2에서 규정하고 있는 관세화 대상으로서의 비관세조치는 여기에서 말하는 비관세조치보다 훨씬 좁은 의미이다. 즉, 관세화 대상으로서의 비관세조치는 수입제한을 위한 조치에 국한되고, 또 이 중에서도 주로 수량제한조치를 대상으로 하고 있다.

20 따라서 무역에 영향을 미치는 국내정책, 그리고 수출촉진을 위한 국경조치(수출보조)에 관해서는 별도의 장에서 다룬다. 이런 정책들도 넓은 의미로는 모두 비관세조치로 볼 수 있다.

표 4.4 정책목표별 비관세조치의 분류

정책목표	비관세조치 유형
수입제한	수입금지, 수입할당제, 수출자율규제, 시장질서유지협정, 수입부과금제, 관세할당, 수입예치금제, 수입허가제도, 최저가격제, 국영무역, 통관 및 수입절차, 관세평가, 행정적 규제, 기술적 규제, 위생 및 검역제도, 원산지규정, 정부조달, 외환관리, 국산품사용제도, 생산보조금
산업피해구제	긴급수입제한조치, 특별긴급수입제한조치, 반덤핑관세, 상계관세
수출촉진	수출보조, 수출환급제도, 수출신용제도, 수출보험제도, 행정적 지원, 기술적 지원

있다. 보건 및 위생, 환경보호 등의 목적을 위한 검역은 관세가 할 수 없다. 비관세조치는 이와 같은 국가의 비경제적 목적 달성을 위해 사용되는 경우가 많다.

셋째, 비관세조치는 차별적 또는 선택적으로 적용할 수 있다는 점이다. 관세는 MFN 원칙이 엄격하게 적용되지만 비관세조치는 국가와 지역에 따라 선별적으로 운용될 수 있는 여지가 크다.

넷째, 그렇기 때문에 비관세조치는 쉽게 남용될 수 있다. 따라서 쌍무적 협상이든 다자간 협상이든 국제 무역협상에 있어서 원만한 협상결과를 도출하기가 관세보다 더 어렵다.

세계 각국에서 사용해 오고 있는 비관세조치는 매우 다양하고 복잡하여 일일이 다 열거할 수 없을 정도이다. 이 다양한 형태의 비관세조치를 다시 그 조치의 정책목표를 기준으로 분류해 볼 수 있다. 정책목표를 수입제한, 산업피해구제, 그리고 수출촉진 등 세 가지로 분류하여 정리한 것이 〈표 4.4〉에 나타나 있다.

여기서는 수입제한이나 산업피해구제를 위해 사용되는 비관세조치 중에서, 보편적으로 사용되고 있는 조치를 중심으로 그 특징 및 효과 등에 대하여 상세히 살펴보기로 한다. 수출촉진을 위한 비관세조치는 다음에 수출경쟁 및 수출보조에 관한 별도의 장에서 설명하기로 한다.

2. 수입할당제

수입할당제(import quota)는 수입국이 국내산업 보호를 위해 사용하는 전형적인 수량제한조치이다. 흔히 수입쿼터제라고 부르는 이 국경조치는 특정 상품에 대하여 일정 기간, 일정 한도 이상 수입될 수 없도록 인위적으로 수입량을 제한하는 정책이다. 이때 수입쿼터량은 자유무역시 가능한 수입량보다 많아서는 실효성이 없음은 물론이다.

쿼터량을 정하는 방식은 총량을 정하여 이 범위 내에서는 어느 나라로부터 수입되든 관여하지 않는 방법이 있고, 또는 처음부터 국별로 수입량을 미리 정해 놓는 방법도 있다.

1) 경제적 효과

〈그림 4.7〉은 수입쿼터제의 경제적 효과를 설명해 준다. 세계시장의 초과공급곡선 *ES*가 우상향하도록 그려져 있으므로 수입국은 세계 교역량의 상당

그림 4.7 수입쿼터의 효과

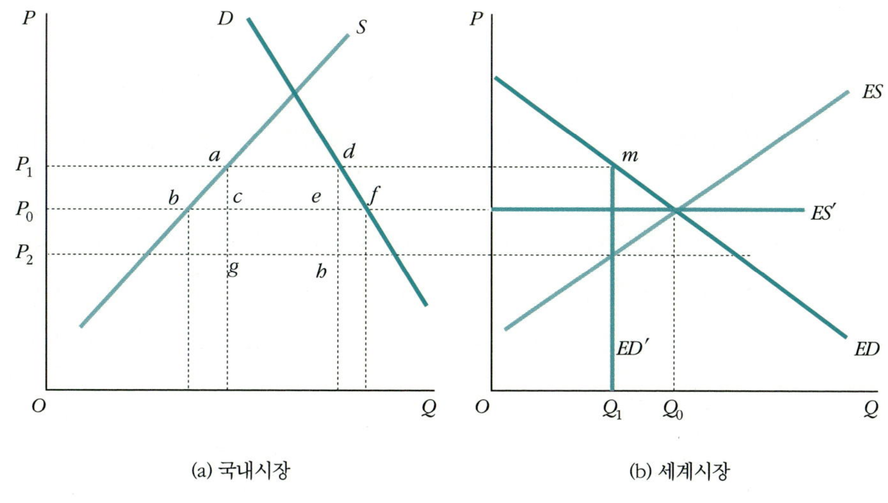

부분을 차지하고 있는 대국임을 보여주고 있다. 자유무역 상황에서 세계시장은 초과수요(*ED*)와 초과공급(*ES*)이 같아지는 곳에서 균형을 이루어, 균형가격과 교역량은 각각 P_0와 Q_0이다.

이제 수입국이 수입량을 $Q_1(<Q_0)$으로 제한하는 쿼터제를 도입한다고 하자. 수입국의 이와 같은 정책 변화는 이 나라의 수입수요곡선, 즉 초과수요곡선 *ED*에 반영되어 나타날 것이다. 가격이 아무리 낮아진다 해도 Q_1 이상은 수입할 수 없으므로 수입수요곡선은 더 이상 *ED*에 머물러 있을 수 없고, 점 *m*에서 꺾여 수직으로 내려온 ED'으로 변하게 된다. 세계시장의 공급 상황에는 변화가 없으므로 초과공급곡선은 그대로 *ES*가 유효하다. 이때 새로운 세계시장 균형은 *ES*와 ED'이 교차하는 점에서 이루어져 국제가격은 P_2로 하락한다. 이때 수입국에서는 수입량이 $ad(=OQ_1)$로 제한되었으므로 국내가격은 P_1으로 상승하고, 따라서 국내생산의 증가와 소비감소가 일어나게 된다.

후생 변화를 살펴보면, 생산자잉여가 P_1abP_0만큼 증가하고 P_1dfP_0만큼 소비자잉여가 감소한다. 소비자로부터 생산자로 소득이 이전되었음을 알 수 있다. 이때 수입량을 제한함으로 인해 면적 *adhg*만큼의 렌트(rent)가 생기는데 이를 쿼터렌트(quota rent)라고 한다. 이 쿼터렌트는 보통 수입국에 귀속된다. 따라서 종합적으로 보면 수입국에 $cehg-(abc+def)$에 해당하는 순후생의 변화가 발생하게 된다. 전자가 후자보다 크면 순이익이, 그 반대면 사회적으로 순손실이 발생하게 되는 것이다.[21]

2) 소국의 경우

수입국이 소국이면 수입정책이 국제시장가격에 아무런 영향을 미칠 수 없다. 따라서 이 나라가 세계시장에서 직면하는 초과공급곡선은 〈그림 4.7〉을 그대로 이용할 경우 국제가격이 P_0이라면 이 수준에서 수평선으로 그려지게 된

21 그림에 나타나 있지는 않지만, 수출국 입장에서는 국제가격이 P_2로 하락하므로 생산과 수출이 줄어드는 반면 소비는 증가할 것이다. 따라서 소비자의 후생은 증가하지만 생산자 후생이 더 많이 감소하여 국가 전체적으로 후생손실을 보게 된다. 결국 대국에 의한 수입쿼터제의 도입은 국제가격을 하락시킴으로써 수출국에는 손실을 끼치게 된다.

다(ES'). 경쟁시장에서 개별 기업이 직면하는 수요곡선이 수평인 이치와 같다. 이때에는 수입국이 Q_1으로 수입량을 제한하는 쿼터제를 시행하더라도 수평인 ES'와 새로운 ED'이 만나는 점에서 형성되는 국제가격 P_0에는 변함이 없다. 수입량이 제한되었기 때문에 국내가격만 P_1으로 상승한다. 생산, 소비 그리고 생산자 및 소비자의 후생 변화는 모두 대국모형의 경우와 동일하다. 다만 대국모형과는 달리 국제가격이 하락하지 않으므로 쿼터렌트는 *adec*만큼 발생하고, 따라서 수입국 전체적으로는 후생수준이 (*abc*+*def*)만큼 항상 감소하는 결과가 된다. 소국의 수입제한정책은 사회 전체적으로는 항상 후생손실을 가져오게 되는 것이다. 국제가격에 영향을 미칠 수 없어 교역조건 개선으로 인한 이익이 발생할 수 없기 때문이다.[22]

3) 쿼터렌트의 귀속

고찰한 바와 같이 수입쿼터제가 시행되면 수입량이 제한되기 때문에 국내외 가격차에 해당하는 만큼 단위당 렌트(rent)가 발생한다.[23] 앞의 예에서 수입량을 Q_1으로 제한할 때 *adhg*(소국의 경우 *adec*)만큼의 쿼터렌트가 수입국에게 생긴다. 문제는 이 쿼터렌트가 실제로 누구에게 귀속되는가이다. 쿼터렌트의 귀속이 어떻게 달라지는가에 따라 소득분배 상황도 달라지기 때문에 이 귀속 문제는 중요한 의미를 지닌다. 정부가 제한된 수입물량 Q_1을 어떤 방법으로 배분하는가에 따라 쿼터렌트의 귀속이 결정된다.

만일 아무런 대가 없이 일정한 기준이나 요건을 정하여 희망하는 수입업자에게 배분한다면,[24] 쿼터렌트는 수입권을 무상으로 배분받는 수입업자에게 귀속될 것이다. 그러나 만일 수입쿼터량을 경쟁입찰 방식에 의하여 공매한다거나 아니면 P_1-P_2 가격으로 모두 판매한다면, 쿼터렌트는 정부의 재정수입으로 귀속된다. 이때는 정부가 P_1-P_2에 해당하는 관세를 부과하는 정책효과와 다를

22 소국이 수입쿼터제를 시행할 때 수출국의 입장에서는 국제가격에 변화가 없으므로 생산, 소비, 후생수준 등에 아무런 영향을 받지 않는다.
23 공급이 제한되어 발생하는 지대(地代)인 셈이다.
24 예를 들어, 과거의 수입실적이나 무작위 추첨 또는 신청순서 등에 의하여 정할 수 있다.

바 없다. 양 방법의 혼합된 형태도 가능한데, 이때 일부는 재정수입으로 나머지 일부는 쿼터량을 배정받은 수입업자에게 이익이 돌아갈 것이다. 마지막으로 수입국 정부가 쿼터 이행을 수출국 정부에 줄 수도 있다. 이때 수출국 생산자들이 쿼터를 배정받게 되면 쿼터렌트는 이들에게 돌아가는 것이다. 이 경우가 다음에 별도로 고찰하게 될 수출자율규제(voluntary export restraints)이다.

4) 관세와 쿼터의 동등성

지금까지의 고찰을 통해 짐작할 수 있듯이 수입쿼터는 관세와 매우 유사한 효과를 갖고 있다. 일반적으로 완전 경쟁과 정태분석(static analysis)을 전제로 할 때 수입쿼터의 효과는 쿼터렌트의 귀속 문제만 제외하면 관세효과와 동일하다. 만일 수입쿼터를 공매와 같은 경쟁방식으로 처분한다면 이때 수입쿼터의 효과는 관세효과와 완전히 동일해진다. 이것을 관세와 쿼터의 동등성(equivalence)이라고 한다. 이 관세-쿼터 동등성은 세 조건이 충족될 때 성립한다. 완전 경쟁시장, 정태적 수요 · 공급, 그리고 경쟁방식에 의한 수입권한(수입쿼터) 처분 등의 조건 하에서 수입쿼터와 관세의 효과는 완전히 같아진다. 관세-쿼터의 동등성 조건이 충족될 때는 모든 쿼터량에 대해 그에 상응하는 (동등한) 관세가 존재하는데, 이를 암묵적 관세(implicit tariff)라고 한다. 따라서 독과점 같은 불완전 경쟁시장 상황이나 수입쿼터가 비경쟁적인 방식에 의해 처분될 때에는 이 동등성 관계는 성립하지 않는다. 또 수요와 공급이 동태적으로 변하는 상황에서도 관세-쿼터의 동등성 관계는 깨진다.

앞서 논의한 바와 같이 WTO 농업협정은 포괄적 관세화를 세계 농업 개혁의 일환으로 규정하고 있다. 이렇게 관세화를 요구할 수 있는 이론적 배경도 결국은 관세-쿼터의 동등성에 기초하고 있는 것이다. 대표적인 수량제한조치인 수입쿼터의 효과가 관세와 동일하다는 것이 전제되기 때문에 모든 수입수량제한조치를 그에 상응하는 보호수준의 관세로 전환하도록 요구할 수 있는 것이다. WTO 농업협정에서는 이 상응하는 암묵적 관세수준을 관세상당치(tariff equivalent: TE)라고 부르고 있다.

3. 수출자율규제

1) 의의

수출자율규제(voluntary export restraints: VERs)[25]는 수입국의 필요와 요청(압력)에 의해 수출국과 자율적인 협정 형식을 통해 특정 상품의 수출량을 일정 수준 이하로 제한하도록 하는 수입수량제한조치이다. 수입국의 국내산업 보호를 위해 수출국 정부 또는 수출업자에 의해 수출량을 제한하는 일종의 변형된 수입쿼터제이다. 수입국에 의해 수출자율규제협정 체결 요청이 제기되면 수출국은 이를 거절하기 어렵다. 왜냐하면 수입국은 협정이 체결되지 않을 경우 수입쿼터제와 같은 일방적인 수입제한조치를 취하겠다고 위협을 가할 수 있기 때문이다.

GATT(제11조)는 수입수량제한조치를 명시적으로 금지하고 있기 때문에 수입국에게는 이 규정에 위배되지 않으면서 동일한 보호효과를 얻을 수 있는 방법이 필요한데, 수출자율규제는 이런 필요에 부응하여 생긴 변칙적인 수입제한조치이다. 당사국 간 자율적 합의라는 형식을 빌려 외형적으로는 GATT 위반을 피해 가면서 실질적으로는 수입국의 국내산업을 보호하는 수단으로 활용되어 왔던 것이다. 이와 같은 이유에서 수출자율규제나 시장질서유지협정과 같은 수입제한조치를 회색지대조치(grey area measures)라고 부른다.[26] 그러나 WTO에서는 비록 당사국 간 자율적 합의에 따른 조치라 해도 수출자율규제와 같은 회색지대조치도 관세화 대상에 포함시켜 감축의무를 부과하고 있다.[27]

VER은 1950년대 이래 미국 등 선진공업국에 의해 널리 이용된 무역제한조치이다. 주로 섬유류, 농산물, 철강제품, 신발류, 자동차, 전자제품, 기계류 등이 수출자율규제 대상 품목이었다. 미국, EU, 캐나다 등 선진국들이 자국산업

25 수출자율규제는 자율규제협정(voluntary restraint agreements: VRAs)이라고도 부른다.

26 시장질서유지협정(orderly marketing agreement: OMA)도 수출자율규제와 유사한 수입제한조치이긴 하지만 수출자율규제가 일반적으로 정부와 정부 사이에 이루어지는 협정인데 반해, 시장질서유지협정은 민간기업 간에 이루어지는 협정이다.

27 농업협정 제4조의 2 및 그 각주 1 참조.

표 4.5 세계의 VER 협정 체결 현황(1994)

	미국	EU	캐나다	계
섬유류	13	10	3	26
농산물	2	11	1	14
철강	–	10	–	10
신발류	1	7	2	10
전자제품	2	3	–	5
자동차	1	1	1	3
기계류	2	1	–	3
기타	5	3	–	8
계	26	46	7	79

자료: GATT, *Trade Policy Review*(Salvatore, p. 261).

보호를 위해 일본, 한국, 대만, 기타 개도국들을 대상으로 협정을 체결하였다. 〈표 4.5〉에는 1994년도의 세계 VER 협정 체결 현황을 보여준다. EU가 압도적으로 많이 체결하였고 다음으로 미국과 캐나다가 뒤를 이었다. 이때 협정 체결대상 수입국은 일본, 동유럽, 한국 등이었다.[28] 그리고 모든 수출국들을 대상으로 하지 않고 특정국이나 소수 나라들을 선별적으로 선정하여 수출물량 제한협정을 체결하였다.[29]

2) 경제적 효과

수출자율규제의 효과가 〈그림 4.8〉에 나타나 있다. 수입국과 수출국 두 나라만 존재하는 세계시장을 가정하자. 수입국의 초과수요 ED는 D에서 S를 빼서 도출하고, 수출국의 ES는 S^*에서 D^*를 뺌으로써 도출된다. 자유무역 상태에서는 ED와 ES가 같아지는 가격 P_0와 교역량 Q_0에서 시장균형이 이루어지고

28 D. Salvatore(1999).

29 예를 들면, 미국은 1981~1985년 자국으로 수출되던 일본 자동차에 대해서만 VER 협정을 체결하고 유럽산 자동차는 제외하였다(M. E. Kreinin, 1998).

그림 4.8 수출자율규제의 효과

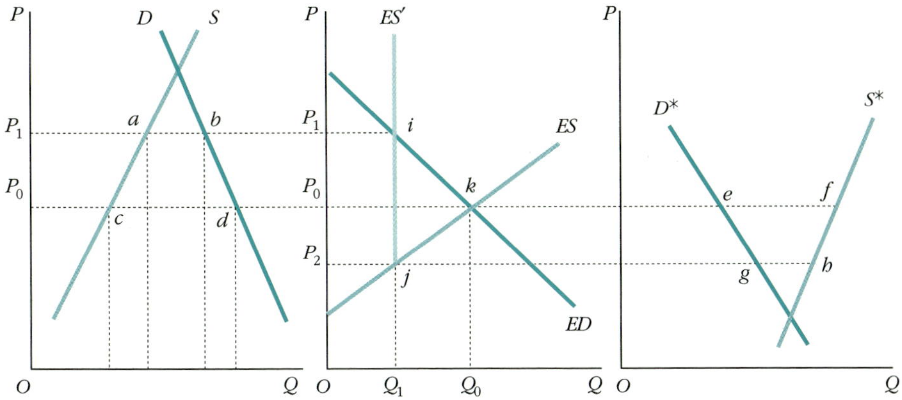

(a) 수입국 (b) 세계시장 (c) 수출국

있다.

이때 두 나라 사이에 VER 협정이 체결되어 수출량을 Q_1으로 제한하기로 합의하였다고 하자. VER은 형식상 수출국에 의한 정책이므로 이는 초과공급곡선의 변화로 나타난다. 국제가격이 아무리 상승해도 협정에 의해 이 수준 이상으로는 수출될 수 없으므로 초과공급곡선은 *ES*에서 *ES′*으로 꺾이게 된다. 따라서 새로운 국제가격은 *ES′*과 *ED*가 교차하는 P_1으로 상승하게 될 것이다.

수입국에서는 Q_1으로 수입량이 줄면서 국내가격이 P_1으로 상승한다. 따라서 국내 생산과 고용이 증가하고, 생산자의 소득증가 등 수입대체산업 보호효과가 생기는 반면 소비자는 손실을 보게 된다. 사회 전체적으로는 *abdc*만큼의 경제적 손실을 보게 된다.

수입쿼터와 비교해 볼 때 수입국 입장에서 국내산업에 대한 보호효과는 동일하지만 사회적 후생수준은 항상 감소한다는 점이 하나의 특징이다. 수입가격이 P_1으로 상승하여 교역조건이 악화되고 쿼터렌트(P_1ijP_2)가 수출국으로 이전하기 때문이다. 사회적 손실을 감수하면서 수입국은 왜 이런 정책을 선택하게 되는가? VER은 수입국의 국내산업 보호효과를 거두면서도 GATT 규정에 명시적으로 위배되지 않고, 또한 수출국의 자율적 선택이라는 형식을 빌고 있어 통상마찰의 가능성도 배제할 수 있기 때문이다.

수출국에서는 수출량의 제한으로 Q_0-Q_1만큼의 상품이 국내시장으로 공급되면서 가격은 P_2로 하락할 것이다. 따라서 국내생산과 생산자잉여는 감소하고, 소비와 소비자잉여는 증가한다. 한편, Q_1으로 수출을 제한함에 따라 수출국에 패널 (b)의 P_1ijP_2 면적에 해당하는 지대(rent)가 추가로 생기므로 수출국 전체로는 (P_1ijP_2-efhg)만큼의 후생 변화가 생긴다. 이 크기에 따라 수출국은 VER로 인해 후생수준이 증가할 수도 있고, 또는 감소할 수도 있을 것이다.[30]

3) 수입쿼터와의 차이점

살펴본 바와 같이 VER은 수입쿼터와 매우 유사한 수입수량 제한조치이지만 양 제도 사이에는 몇 가지 차이점이 있다.

첫째, 수입쿼터제는 쿼터량의 제한을 수입국이 하지만, VER은 수출국에 의해 쿼터량만큼 수출제한이 이루어진다.

둘째, VER의 경우 수출량의 제한에 따른 수출권이 수출업자 또는 수출국 정부가 보유하게 되므로 발생되는 지대는 수출국에 귀속된다는 점에서, 수입쿼터의 지대가 수입국에 귀속되는 점과 다르다.

셋째, VER은 형식상으로는 체약국 간 자율적인 합의에 의하여 교역량을 제한하기 때문에 수입쿼터와 같이 상대국의 보복조치를 유발하지 않는다는 점이다.

넷째, 수입쿼터는 보통 수출품의 공급원 간 차별을 두지 않으나[31] VER은 협정 체결국의 상품만을 제한하는 것이므로 MFN 원칙에 대한 위반이 될 수 있다.

한편, VER 체약국이 아닌 수출국은 국제가격 상승과 수출량 증대로 이익을

30 만일 수입국이 소국이라면 같은 〈그림 4.8〉에서 *ES*는 외생적으로 주어지는 국제가격 P_0에서 수평이 되므로(그림에는 나타나 있지 않지만) VER로 수입이 Q_1으로 감소해도 국제가격은 변함이 없다. 다만, 국내가격은 P_1으로 상승하여 동일한 국내산업 보호효과가 나타날 것이다.

31 총량쿼터가 아닌 국별 쿼터를 시행하는 경우에는 차별이 있을 수 있다.

볼 수 있다.[32] 체약 수출국은 수출물량 감소에 따른 손실을 줄이기 위하여 VER 체약 당사국이 아닌 나라로 수출을 확대하려는 노력을 하게 될 것이다. VER은 수출물량 제한에 따른 렌트가 수출국에게 귀속되기 때문에 관세나 수입쿼터에 비해 수입국에게 더 손해를 주는 제도이다.[33] 수입국 입장에서는 VER보다는 수입쿼터가 더 유리한 보호수단이 된다는 것이다. 그럼에도 불구하고 1980년대 들어와 VER이 널리 사용되었던 것은 GATT의 수량제한 금지규정을 회피하기 위한 수단이었음은 설명한 바와 같다.

4. 가변수입부과금

가변수입부과금(variable import levies) 제도는 EU의 공동농업정책(Common Agricultural Policy: CAP)의 근간을 이루고 있던 중요한 농업보호정책이다. 역내가격이 사전에 정해진 목표가격 수준에서 유지될 수 있도록 목표가격과 수입가격의 차이에 해당하는 금액(부과금)을 수입 농산물에 부과하는 제도이다. 수입가격은 세계시장의 수급상황에 따라 가변적이기 때문에 고정된 목표가격, 즉 보장가격(guaranteed price)을 유지하기 위해서는 부과금이 따라서 변해야 하므로 이런 이름이 붙여져 있다.

가변수입부과금 제도의 효과는 〈그림 4.9〉를 통하여 설명될 수 있다. 수입국의 초과수요곡선은 ED이고, 소국 가정 하에 이 나라가 세계시장에서 직면하는 초과공급곡선은 ES로 완전 수평으로 그려져 있다. 자유무역 상태에서 균형가격은 P_0이고, 수입량은 Q_0이다. 이때 국내산업을 보호하기 위하여 목표가격을 P^G로 설정하였다고 하자. 이 목표가격이 유지되기 위해서는 수입량이 Q_1으로 제한되어야 하는데, 그러기 위해서는 $P^G - P_0$만큼의 수입부과금이 부과되어

32 미국-일본 자동차 VER로 유럽의 자동차 생산자들은 미국에 대한 자동차 수출가격을 크게 올릴 수 있었다(M. E. Kreinin, ibid, 1998).

33 수입국의 후생 측면에서 수입제한조치를 평가하면 관세, 수입쿼터, VER 순으로 수입국에게 이익이 될 것이다(관세와 수입쿼터의 동등성 전제시 양자는 동일 순위). 결국 경제적 측면에서는 VER이 수입국에게는 가장 손해가 되는 제한조치이다.

그림 4.9 가변수입부과금 제도의 효과

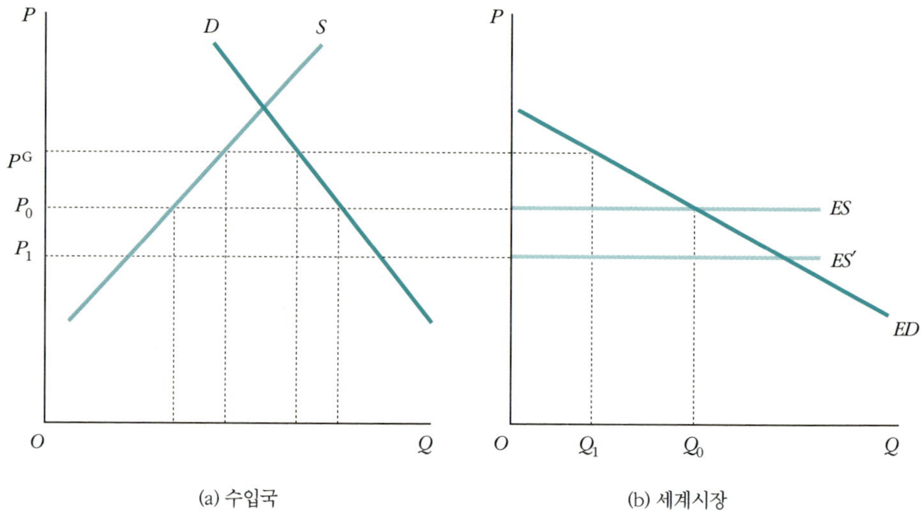

야 한다.

만일 세계시장의 수급상황에 변화가 생겨 국제가격이 P_1으로 하락했다고 하자(ES'). 국내(역내)가격을 계속 P^G에 유지하기 위해서는 부과금은 P^G-P_1으로 늘어나야 한다. 이렇게 수입부과금의 크기는 국제가격의 변화에 따라 가변적이다. 목표가격 유지를 위해 부과되는 부과금은 결국 관세와 같은 역할을 하는 것이다. 따라서 가변부과금 부과에 따른 생산과 소비 그리고 후생 변화의 효과는 관세의 경우와 동일하게 분석될 수 있다.

5. 관세할당제

관세할당제(tariff quota)는 수입관세와 수입할당제의 혼합된 형태로, 일정의 수입량까지는 정상관세(over-quota tariff)보다 저율의 관세 또는 무관세(in-quota

그림 4.10 관세할당제의 효과

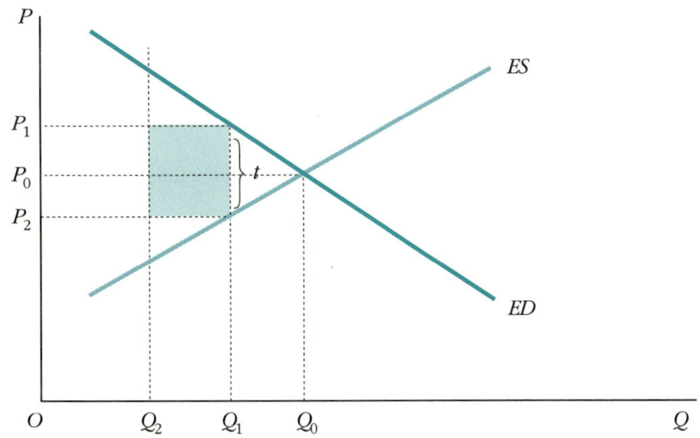

tariff)로 수입하고 그 이상의 수입에 대해서는 정상관세를 부과하는 수입제한조치이다. 동일 수입상품에 대하여 이중의 관세체계를 유지하는 것은 국내수급의 원활화와 산업 보호를 동시에 추구하기 위해서이다. 국내 수급상 일정 양의 수입이 필요할 경우 이에 대해서는 정상 이하의 저율 관세를 부과하여 수입을 용이하게 하고, 그 이상을 초과하는 수입에 대해서는 산업 보호를 위해 (고율의) 정상관세를 부과하여 수입을 억제할 필요가 있을 때 사용된다. 다시 말하면, 이 제도는 국내의 수급상황에 따라 탄력적으로 수입을 운영하면서 이로 인한 국내산업의 피해도 동시에 막아보기 위한 제도이다.

관세할당제의 효과를 <그림 4.10>을 통해 살펴보자. 수입국의 초과수요곡선과 이 나라가 직면하는 초과공급곡선이 각각 *ED*와 *ES*로 그려져 있다. 초과공급곡선은 대국모형을 반영하여 우상향하는 기울기를 갖도록 그려져 있다. 시장균형은 *ED*와 *ES*가 일치하는 곳에서 발생하며, 이때 균형가격은 P_0이고 수입량은 Q_0이다.

자유무역 상태에서 수입량에 대해 관세 t를 부과한다고 해 보자. 국내가격은 P_1으로 상승하고 수입량은 Q_1으로 감소한다. 따라서 관세수입은 $t \cdot Q_1$이 된다. 앞에서 고찰한 관세정책의 효과와 같다.

이제 관세할당제를 도입할 때의 효과를 생각해 보자. 만일 Q_2만큼은 국내의 원활한 수급을 위해 무관세로 수입하고, 이 수준을 초과하는 양에 대해서는 국내산업 보호를 위해 그대로 t의 관세를 유지한다고 하자. t의 관세가 그대로 유지되고 있으므로 수입 총량은 여전히 Q_1을 넘지 않고, 따라서 수입가격도 P_1에 유지될 것이다. 국제가격은 P_2로 하락하고, 국내가격은 P_1으로 상승한다. 따라서 무관세로 수입되는 Q_2만큼은 P_2의 가격에 수입되고, 초과되는 수입량 Q_1-Q_2는 t의 관세가 부과되므로 P_1의 높은 가격에 수입되는 것이다. 이때 관세수입은 파란색 부분의 사각형 면적 $t(Q_1-Q_2)$가 될 것이다. 관세만 부과할 때와 비교하면 관세수입은 줄어든다. 쿼터량 Q_2에 대해서는 쿼터렌트가 발생한다. 쿼터를 어떤 방식으로 배정하느냐에 따라 귀속은 달라지겠지만 쿼터렌트는 최대 $Q_2(P_1-P_2)$만큼 발생하게 될 것이다.[34] 그림에는 나타나 있지 않지만 국내생산자의 생산자잉여는 관세의 경우와 동일하게 증가한다. 왜냐하면 수입량이 Q_1으로 줄면서 국내가격이 P_1으로 상승하므로 생산도 증가하면서 생산자의 후생은 관세효과와 동일하게 증가한다. 따라서 총수입량이 Q_1을 초과하지 않는 한 관세할당제를 시행한다고 해서 관세조치에 비해 생산자의 이익이 하락한다거나 국내생산이 줄어드는 것은 아니다.

수입국이 소국일 경우에도 분석방법은 동일하다. 다만, 이때는 이 나라가 직면하는 초과공급곡선은 외생적으로 주어지는 국제가격 수준에서 수평이 된다. 따라서 관세부과 후에도 국제가격은 변하지 않는다. 쿼터 내 수입량에 대해서는 이 국제가격으로 수입되지만 그 이상의 수입량은 여기에 관세를 부과한 가격에 수입하게 된다.

34 만일 국내소비에 꼭 필요한 Q_2만큼을 쿼터렌트 없이 수입가격(국제가격)으로 공급한다면 이때는 소비자의 후생이 증가할 것이다.

6. 반덤핑관세

덤핑(dumping)은 특정 상품이 국제시장에서 동종 상품의 국내가격보다 낮거나 생산비용보다 낮은 가격으로 판매되는 것을 의미한다. 이와 같은 덤핑은 불완전 경쟁 하의 기업이 이윤 극대화를 위해 시장을 분리하여 각 시장에 서로 다른 가격을 매기는 가격차별(price discrimination)의 일종이다.

덤핑은 크게 세 유형으로 구분하고 있다. 첫째, 지속적 덤핑(persistent dumping)은 국내 독점기업이 이윤을 극대화하기 위해 국제시장에서 지속적으로 가격을 차별화하는 것이다. 국내시장에서는 높은 가격을 받고 대신 해외시장에서는 낮은 가격에 덤핑을 함으로써 기업의 총이윤을 극대화시킨다. 높은 가격을 받는 국내시장은 수요가 비탄력적인데 반하여 가격이 낮은 국제시장의 수요는 대체상품이 많아 탄력적이다. 이와 같은 수요구조의 상이성이 가격차별을 가능하게 한다. 둘째, 약탈적 덤핑(predatory dumping)은 외국의 생산자를 시장으로부터 몰아내기 위하여 수출상품의 가격을 낮은 가격으로 판매하는 경우이다. 일단 이렇게 하여 경쟁자를 그 산업으로부터 축출시키는 데 성공하면 수출상품의 가격은 다시 원래대로 회복시키는 일시적인 덤핑이다. 셋째, 산발적 덤핑(sporadic dumping)은 국내생산의 일시적인 과잉공급을 해소하기 위해 해외시장에서 낮은 가격으로 판매하는 덤핑이다.

덤핑은 국내시장 가격이나 생산비용보다 낮은 가격에 수출되는 것이기 때문에 전형적인 불공정 무역관행으로 분류되고 있다.[35] 수입국은 수출국의 덤핑행위로부터 자국산업을 보호하기 위해 그 가격차이, 즉 덤핑마진만큼 또는 그 이상을 관세로 부과할 수 있는데 이를 반덤핑관세(antidumping tariff)라고 한다. 이에 관한 국제규범이 WTO 협정 부속서 1.A '반덤핑협정'이다.

35 뒤에서 논의하게 될 수출보조(export subsidy)도 국제시장에 낮은 가격으로 판매한다는 점에서 같은 불공정 무역관행이며 넓은 의미에서 덤핑의 한 형태라고 볼 수 있다. 하지만 수출보조는 민간이 아닌 정부에 의해 수행된다는 차이가 있다.

7. 상계관세

상계관세(countervailing duties)는 수출국의 보조금 지급으로 국제가격이 싸져 수입국의 국내 대체산업이 피해를 입을 경우, 이를 상쇄하기 위해 보조금에 해당하는 만큼 부과되는 관세이다. 수출국의 일방적 조치에 의해 수입가격이 하락하고, 이로 인해 국내산업에 미치는 악영향을 제거하기 위한 조치라는 데서 반덤핑관세와 동일하다.

수출보조는 공정한 경쟁을 저해하는 전형적인 불공정 무역관행이기 때문에 이에 상응하는 상계조치가 합법적으로 허용되고 있는 것이다. WTO 협정 부속서 1.A '보조금 및 상계관세협정'이 그것이다.

8. 기타의 비관세조치

1) 국영무역

국가가 국영기업을 설립 · 운영함으로써 수출입을 하거나 또는 국가로부터 독점적 권한을 부여받은 일반기업을 통하여 무역을 하는 경우가 있는데, 이를 국영무역(state trading)이라고 한다.

국제무역은 개인과 기업이 자유로운 경쟁을 통해 이루어지는 것이 원칙이다. 때문에 국가가 직접 개입하여 무역을 하는 국영무역은 그 독점성으로 인해 자유무역을 제한할 수 있다. GATT 제17조는 국영무역기업(state trading enterprises)의 운영에 관한 사항을 규정하고 있다. 예를 들면, 국영무역은 민간기업의 수출입에 영향을 미칠 수 있는 조치에 있어서 무차별원칙에 따라 수행되어야 한다. 또한 가격, 품질, 수송 등 판매나 구매조건에 있어서 상업적 고려(commercial considerations)에 따라 운영해야 한다. 그러나 이 조항의 실효성이 크지 않아 이를 강화하기 위한 국제적인 노력이 진행되고 있다.

2) 관세평가

관세를 부과하기 위해서는 수입상품에 대한 과세가격(과세표준) 결정 등 사전적 준비가 필요하다. 이 같은 과세가격의 결정이나 이와 관련된 제반 절차를 관세평가(customs valuation)라 한다. 관세평가에 따라 수입상품의 관세수준이 달라지고, 이는 바로 수입상품의 경쟁력으로 직결되기 때문에 이것이 수입을 제한하는 비관세조치로서의 역할을 하게 된다. 자의적으로 수입상품의 가격이 결정되면 관세인상과 같은 효과가 발생한다. 따라서 GATT 제7조는 각국이 공통적으로 준수해야 할 관세평가에 관한 원칙을 규정하고 있다. WTO에서는 이에 관한 별도의 규범을 제정하여 관세평가에 관한 사항을 구체화하였다. WTO 협정 부속서 1.A '관세평가에 관한 협정'(GATT 1994 제7조 이행에 관한 협정)이 그것이다.

3) 위생 및 검역제도

국제무역이 증대됨에 따라 동·식물의 병해충, 식품첨가제, 농약잔류물질 등 인간과 동·식물의 생명 및 건강에 유해한 물품의 국내유입의 가능성도 증가하고 있다. 이와 같은 위협으로부터 인간과 동·식물의 생명과 건강을 보호해야 할 필요성 또한 점증하고 있다. 이런 국민의 보건 및 위생과 관련한 문제는, 특히 농산물 무역과 관련하여 그 중요성이 커지고 있으며, 각 나라들은 국내법을 제정하여 이를 규율하고 있다. GATT(제20조 (b))에서도 일정한 조건 하에서 이를 허용하였다.

그런데 이런 문제를 규율하는 규범이나 기준, 그리고 기술수준은 나라마다 다르기 때문에 이것이 자칫 자국산업 보호를 위한 위장된 무역장벽이 될 수 있다. 따라서 WTO에서는 이를 규율하기 위해 '위생 및 식물위생조치에 관한 협정'을 별도로 제정하였다.[36]

---

36 이에 관해서는 제9장에서 자세히 설명한다.

4) 기술적 규제

상품의 표준, 기술수준, 규격 등에 관한 규정을 정하여 수입을 관리하는 것을 기술적 규제(technical regulations)라고 한다. 이 기준을 엄격하게 정하고 절차를 까다롭게 적용함으로써 외국 상품이 쉽게 수입되지 못하도록 하는 역할을 하게 된다. 이같이 표준화 제도와 관련한 기준과 절차의 차이에 의해 무역에 제한이 될 수 있는데 이를 무역기술장벽(Technical Barriers to Trade: TBT)이라고 한다. 이에 관한 WTO 협정이 부속서 1.A '무역기술장벽에 관한 협정'(Agreement on Technical Barriers to Trade)이다. 이 TBT 협정은 나라마다 상이한 표준화 제도가 자유무역을 저해하는 요인으로 작용하지 않도록 회원국들이 준수해야 할 사항들을 규정하고 있다.

5) 원산지 규정

수입상품의 원산지를 정확히 확인하기 위한 제반 사항에 관한 규정을 원산지 규정(rule of origin)이라고 한다. 원산지를 명확히 하는 일은 합리적인 무역관리 및 정책의 수행, 국내 유통질서의 확립, 소비자 보호 등을 위해 반드시 필요하다. 그런데 상품의 수입시 원산지를 판정하는 데 있어서 자의적인 판정이나 관련 규정의 차별적 적용 등으로 이것이 무역장벽으로 작용할 수 있다.

WTO는 원산지 문제와 관련하여 발생할 수 있는 불필요한 장애를 방지하여 무역의 흐름을 원활화하고 원산지 규정의 공정성과 투명성, 예측가능성을 보장하며, 또한 원산지 규정의 국제적 조화와 명확성을 담보하기 위하여 별도의 협정을 제정하였다. WTO 협정 부속서 1.A '원산지규정협정'(Agreement on Rules of Origin)이 그것이다.

6) 정부조달

정부기관이 민간부문으로부터 필요한 재화와 용역을 구매하는 행위를 정부조달(government procurement)이라고 한다. 여기의 정부기관에는 중앙정부는 물론 지방정부, 공기업 등이 포함된다. 정부기관들에 의한 이 조달 과정에서 외국 상품을 차별하고 국내 상품을 우대함으로써 무역을 제한하는 효과가 나타날 수 있다. 따라서 정부조달과 관련한 국제규범의 필요성이 제기되어 왔다. 도쿄라운드에서 처음으로 구체적 규범이 도입되어 정부조달 문제가 GATT 체제로 편입되었다. 그 후 관련 문제들에 대한 논의를 거쳐 1993년 복수국간 무역협정(WTO 협정 부속서 4)의 하나로 '정부조달협정'(Agreement on Government Procurement)이 체결되었다. 우리나라는 1997년부터 적용을 받고 있다.

7) 행정적 규제

무역과 관련한 각종의 규정이나 절차 등 국가의 행정력을 동원하여 수입을 제한하는 경우를 행정적 규제(administrative restriction)라고 한다. 이런 행정적 규제는 그 고유의 행정목적 달성을 위해 시행되고 있기는 하지만 그 과정에서 수입 상품에 대해 차별적으로 적용됨으로써 무역장벽이 될 수 있다.

Chapter 5

국내지지정책

Chapter 5

국내지지정책

제1절 국내지지의 의의 및 유형

1. 국내지지정책의 의의

WTO 농업협정은 앞 장에서 논의한 바와 같이 시장접근기회의 확대를 요구함은 물론 국내정책에 대해서도 그 지지수준을 감축하도록 규정하고 있다. 국제규범이 국내정책에까지 규율 범위를 확대하는 이유는 개방경제 하에서는 국내정책이 국제시장과 무역에 직접 영향을 미치기 때문이다.

좁은 의미에서 국내지지(domestic support)[1]란 농업 보호 또는 농업 생산자 지

1 우리나라 대부분의 관련 문헌이나 자료에서는 '국내보조'로 표현하고 있다. 그러나 WTO 농업협정은 국내정책에 대해서는 'subsidy' 대신 'support'라는 용어를 사용하고 있고, subsidy는 특별한 경우(제6조의 2)가 아닌 한 수출보조(export subsidy)에만 국한하여 사용하고 있음을 상기할 필요가 있다. 통상 subsidy라고 하면 정부의 직접적인 재정지출이나 세금감면 같이 재정적 부담을 수반하는 지원을 지칭하는데 반하여, support는 이 외에 재정적 손실을 수반하지 않는 지원까지 포함하는 의미로 사용된다. 예를 들어, 생산통제에 의한 가격지지(price support)는 정부의 재정적 부담을 수반하지 않고 생산자의 소득을 지지해 줄 수 있는 대표적인 국내정책이다. 그럼에도 이런 형태의 정책들을 모두 '국내보조'로 표현하는 것은 옳지 않다. 농업협정의 AMS나 EMS에서도 'S'는 Support를 의미하고 있다. 감축대상이 되는 정책은 보조(subsidy)가 아니라 지지(support)라는 의미이다. 물론 농업협정의 support에는 subsidy가 중심이 되어 있고, 또 표현상 support로 되어 있지만 의미 해석상 subsidy가 명백한 경우

원을 목적으로 정부가 특정 농산물시장에 간섭하는 국내정책을 말한다. 보통은 가격지지를 통하여 농업 생산과 농가소득을 증대시키고 있다. 이 과정에서 자원배분의 왜곡으로 사회적 비용이 발생하지만, 이것은 정책목표 달성을 위해 감수해야 하는 불가피한 비용으로 이해되고 있다.

국내지지를 보다 넓은 의미로 해석하면, 협의의 개별 농산물에 대한 시장 간섭뿐 아니라 전체 농업 생산과 발전을 위해 시행하는 모든 형태의 국내 농업 보호 · 육성정책을 포함한다. 따라서 그 정책이 최종 생산물에 대한 것이든 투입요소에 대한 것이든, 특정 농산물을 대상으로 하든 아니면 모든 농산물이나 농업 인프라를 대상으로 하든, 시장가격의 변화를 통한 것이든 아니면 직접지불정책을 통한 것이든, 생산자에 대한 직접적인 지지이든 아니면 수요확대를 통해 간접적으로 생산자에게 영향을 미치는 것이든, 모두 여기의 국내지지에 포함된다. 이 책에서 논의하고 있는 국내지지는 WTO 농업협정에서의 국내지지와 함께 광의로 사용되고 있다.

폐쇄경제에서 국내지지정책이 시행되면 그 효과가 국내시장에만 미치지만, 개방경제에서는 국내정책이라 할지라도 그 효과는 세계시장과 교역 상대국의 경제에 직 · 간접적으로 미치게 된다. 한 국가의 국내정책이 국가 간의 무역이라는 연결고리를 통하여 다른 나라의 산업에까지 영향을 주는 것이다. 정책을 시행하는 나라가 세계교역에서 차지하는 비중이 크면 클수록 그 파급효과는 교역국을 포함한 다른 나라의 경제에 더욱 큰 영향을 미치게 마련이다. 국제규범에서 무역정책이 아닌 국내정책에까지 간섭하고 규율하는 이유가 여기에 있다. 국내정책의 효과가 순전히 국내에만 미친다면 국제규범이 국내정책까지 규율할 수는 없을 것이다.

1990년대 중반 이후 WTO 출범과 지역무역협정(RTA)의 급속한 확산으로 세계화(globalization)와 자유화(liberalization) 추세가 더욱 가속화되고 있다. 이는 국내정책이 세계시장에 미치는 효과가 더욱 심화되고, 따라서 국내정책과 국경정

도 있다(부속서 2의 감축의무 면제 support). 이처럼 양 개념은 구별되어야 한다. 따라서 이 책에서는 support는 '지지'로, subsidy는 '보조'로 번역하여, 명백히 보조의 의미가 아닌 한 'domestic support'는 '국내지지'로 표현하고자 한다.

책이 미치는 범위의 구분도 모호해지고 있다는 의미이다. 그렇게 본다면 앞으로 국내정책은 국제규범의 규율을 받을 수밖에 없고, 국내규범은 국제규범의 원칙과 틀에 지속적으로 조화시켜 나가지 않을 수 없다. WTO 농업협정이 회원국의 국내지지를 감축하도록 요구하는 이유도 여기에 있다.

2. 국내지지정책의 분류

세계 여러 나라에서 시행되고 있는 국내지지정책은 그 종류와 내용이 매우 다양하고 복잡하다. 정책을 시행하는 목적은 대체로 생산증대와 생산자 소득지지, 식량안보의 유지, 도 · 농간 균형적인 발전과 국토보존, 자연경관 및 환경보존 등을 들 수 있다. 그런데 이들 정책목표는 모두가 일정 수준 이상의 농업 생산을 통해서만 달성될 수 있는 것이기 때문에 정부의 시장간섭을 포함한 다양한 형태의 지지정책수단이 사용되고 있는 것이다.

이 책에서는 국내지지정책을 〈표 5.1〉과 같이 크게 네 가지 범주로 나누어 정리하고자 한다. 각국에서 사용하고 있는 다양한 국내지지조치들은 대부분이 기본형태의 변형이라고 이해할 수 있고, 또 농업협정에서 정하고 있는 국내지지도 이와 같은 유형으로 분류될 수 있다.[2]

1) 가격지지

가격지지(price support) 또는 시장가격지지(market price support) 정책은 경쟁시장가격보다 높게 지지가격(support price), 즉 목표가격(target price)을 설정하고 생산자가 이 가격을 받을 수 있도록 정부가 시장에 간섭하는 정책을 말한다. 이때 정부의 시장간섭은 지지가격이 유지되도록 시장의 공급량을 줄여 주는 것

2 OECD는 회원국의 농업정책을 평가하기 위해 생산자지지추정치(PSE)를 산정하고 있다. 여기에는 크게 산출물기준지지(support based on commodity output)와 각종 지불(payments)이 포함된다. 산출물기준지지는 시장가격지지(market price support)가 중심을 이루고 있고 각종 지불에는 시장 왜곡적 지불과 비왜곡적 지불이 모두 포함된다(OECD, *Agricultural Policy Monitoring and Evaluation 2014*).

표 5.1 국내지지정책의 분류

1. 가격지지
   (1) 정부구매
   (2) 생산통제
      - 생산쿼터: 직접적 생산통제
      - 휴경제도: 간접적 생산통제
2. 직접지불
   (1) 시장 왜곡적 직접지불
      - 결손지불제/목표가격제, 보상적 지불
   (2) 시장 비왜곡적 직접지불
      - 시장 중립적 소득지지
      - 기타 시장 비왜곡적 직접지불
3. 생산요소 지원
4. 정부서비스
      - 연구, 훈련, 지도, 검사, 마케팅, 하부구조 지원 등

인데, 이에 필요한 물량을 정부가 시장에서 직접 구매하는 방법(정부구매)과 생산량을 직접 통제하는 방법이 있다. 대부분의 경우 소비자는 높아진 지지가격을 지불하므로 이 경우 소비자로부터 생산자로의 소득재분배가 일어난다. 또한 시장간섭으로 인한 자원배분의 왜곡과 사회적 효율손실이 발생하게 된다. 그렇기 때문에 가격지지는 WTO 농업협정에서 정하고 있는 대표적인 감축대상 국내지지정책(Amber Box)이다.[3]

정부구매(government purchase)에 의한 가격지지정책에는 이중가격제(two-tier price scheme)와 수매비축제가 포함된다. 이때 수매한 물량을 어떤 방법으로 처분하느냐에 따라 시장 참여자들의 후생 변화 등 경제적 효과가 달리 나타난다. 처분방법은 정부가 사들인 농산물을 국내외 시장에 재판매하는 방법, 국내 식

3 우루과이라운드에서는 미국의 제안에 따라 국내지지정책을 교통신호체계를 빌어 분류하는 방식을 사용하고 있다. 국내지지정책 중 무역왜곡효과가 심해 철폐대상에 속하는 정책은 적색정책(Red Box), 철폐까지는 아니지만 규제대상이 되는 것은 황색정책(Amber Box), 그리고 무역왜곡효과가 없거나 미미하여 허용되는 조치는 녹색정책(Green Box)으로 분류한다. 그런데 철폐대상이 되는 적색정책은 협상 과정에서 철폐가 아닌 감축대상, 즉 규제대상인 황색정책으로 완화됨에 따라 현행의 농업협정상 국내정책으로서 적색정책은 없는 셈이다. 이 외에도 농업협정 제6조의 5항과 같이 변형된 형태인 청색정책(Blue Box)도 있다.

량구호나 해외 무상원조, 또는 경우에 따라서는 폐기처분하는 방법 등이 있을 수 있다. 국내시장에 재판매할 경우 시장가격보다 낮은 가격에 판매하는 경우가 이중가격제인데, 이때에는 재정부담으로 생산자는 물론 소비자까지 이익을 보게 되는 것이다. 어느 경우든 과잉 생산된 수매물량을 처리하는 일은 쉽지 않고 막대한 재정적 부담과 국제무역에서 분쟁의 소지가 되어 왔다.

이와 같은 과잉생산 문제를 야기하지 않으면서 생산자 가격을 지지해 줄 수 있는 방법이 생산통제(production control)이다. 시장의 공급량을 제한함으로써 가격을 지지해 주는 방식이다. 여기에는 농가가 생산할 수 있는 한도를 정하여 통제하는 생산쿼터(production quota) 방식과, 일정한 면적을 생산활동에서 배제시키는 생산면적 통제(acreage control) 방식, 즉 휴경제도가 있다.

2) 직접지불

직접지불(direct payment)은 특정의 정책목표 달성을 위하여 정부가 재정자금으로부터 농업 생산자에게 직접 보조금을 지급하는 국내보조정책이다. 직접지불이 가격지지와 다른 특징은 생산자에게 이전되는 소득이 소비자가 아닌 정부재정으로부터 온다는 점이다. 그렇다고 직접지불이 가격지지효과가 없다거나 시장 메커니즘을 통하지 않는다는 의미는 아니다. 순수한 의미에서 시장기구를 통하지 않는 소득이전, 예를 들면 정액소득이전(lump-sum transfer)이 여기의 직접지불에 해당하는 것은 물론이다. 하지만 결손지불제와 같이 시장기구를 통하여 생산자에 대한 가격지지효과가 나타나는 지불도 넓은 의미의 직접지불에 포함되기 때문이다.

직접지불제는 이로 인해 시장왜곡효과가 있는지의 여부에 따라 시장 왜곡적 직접지불과 시장 비왜곡적 직접지불로 나눌 수 있다. 미국과 EU에서 각각 사용되었던 결손지불제(deficiency payment program)[4]와 보상적 지불(compensatory payment)이 여기의 시장 왜곡적 직접지불에 속한다. 우리나라의 쌀소득보전 직

4 결손지불제는 일명 목표가격제(target price program)라고도 한다.

접지불제에서 변동직불 역시 시장을 왜곡하는 직접지불이다. 이 유형의 직접지불은 소비자로부터의 소득이전은 없지만 시장을 왜곡하는 가격지지효과가 있기 때문에 감축대상이 되는 보조정책이다. 다만 농업협정은 이 직접지불이 생산제한정책과 결합됨으로써 세계시장의 공급과잉 방지에 기여할 경우 예외적으로 감축면제조치로 인정하고 있다(제6조 5항). 따라서 이 조치를 청색정책(Blue Box)으로 분류하고 있다.

시장 비왜곡적 직접지불로는 비연계 소득지지(decoupled income support)[5]와 기타 농업협정 부속서 2에서 열거하고 있는 다양한 종류의 직접지불이 있다. 순수한 형태의 비연계, 즉 시장 중립적 소득지지는 아무런 조건 없이 재정지출에 의해 보조가 이루어지는 정액소득이전을 들 수 있지만, 기타 형태의 직접지불은 어느 정도의 시장왜곡효과는 있다고 보아야 한다. 따라서 여기서 말하는 직접지불은 시장왜곡이 전혀 없는 직접지불만을 의미하는 것이 아니라, 시장왜곡이 아주 적은 직접지불까지도 포함하는 개념이다. 어느 정도를 허용 범위에 포함되는 적은 시장왜곡이냐 하는 것은 판단하기 어렵다. 여하튼 농업협정이 무역왜곡효과와 생산효과가 없거나 '최소한'의 것도 감축면제지지의 기본요건으로 명시하고 있는 것은, 이같이 현실적으로 순수한 시장 비왜곡적 직접지불은 찾아보기 어렵다는 점을 반영한 것이다.[6]

3) 생산요소 지원

대부분의 농업정책은 앞서 설명한 가격지지에서 보듯이 최종 산출물로서의 농산물시장을 대상으로 한 정책이다. 그러나 투입요소시장을 통하여 간접적으로 농업 생산자를 지원하거나 농업을 보호하는 국내지지정책도 있다. 예를 들면, 저금리 융자, 농기계나 비료, 농약 등에 대한 가격할인, 신품종 종자의 저가 보급, 축산 사료에 대한 세금감면 등은 모두 생산요소에 대한 지원을 통

5 여기서 비연계(decoupled)란 좁은 의미로는 생산과의 비연계를 의미하지만 넓은 의미로는 시장 메커니즘에 연계되지 않은, 즉 시장 중립적이라는 의미이다. 따라서 비연계 소득지지는 시장 중립적 소득지지의 다른 표현이다.

6 직접지불과 관련해서는 본 장 제5절에서 상세히 논의한다.

하여 이루어지는 국내지지정책이다. 이런 지원들은 대부분 정부의 재정지출이나 세금감면으로 인한 재정적 부담을 수반한다는 점에서 가격지지가 아닌 지불(payment)의 형태이다.

투입요소시장을 통한 지지정책이 직접 농산물 가격을 지지해 주는 것은 아니지만 생산요소의 가격하락으로 인해 공급증가와 농가소득 증대로 이어진다. 따라서 이때에도 경쟁시장과 비교하여 과다한 자원이 해당 산업으로 투입되어 결국 농산물시장을 왜곡시키게 되므로 WTO의 감축대상이 되는 것이다.

4) 정부서비스

농업 또는 농촌지역에 대한 이익이나 서비스 제공을 위해 정부가 재정적 지원을 하거나 공공비축 등의 재정사업을 할 경우, 이런 형태의 국내지지정책을 WTO 농업협정은 정부서비스(government service programs)라고 한다. 정부의 재정지출 또는 재정적 손실이 수반된다는 점에서는 직접지불과 다를 바 없다. 그러나 직접지불이 개별 농업 생산자를 대상으로 하는 지원인데 비해, 정부서비스는 농업 전반이나 농촌 발전 등을 위한 지원이라는 점에서 차이가 있다. 연구개발, 훈련, 지도, 검사 등에 대한 정부의 재정지출사업이 이에 해당되는데 이것은 개별 농업 생산자 지원을 위한 직접지불이 아닌 농업 발전을 위한 재정지출이다.

WTO 농업협정은 이 외에 식량안보용 공공비축과 국내 식량구호사업을 정부서비스에 포함시키고 있다. 그리고 이들 정부서비스 사업들은 모두 허용되는 국내지지조치로 간주된다.[7]

7 정부서비스에 관해서는 본 장 제4절에서 상세히 논의한다.

제2절 국내지지에 관한 WTO 규정

1. 국내지지 감축원칙

농업협정 제6조의 1은 "이 조와 부속서 2에 규정된 기준에 따라 감축의무가 면제되는 국내조치를 제외하고는 농업 생산자의 이익을 위한 모든 형태의 국내지지조치는 감축된다"고 명시하고 있다. 따라서 제6조의 2, 4, 5 및 부속서 2에서 정하는 예외 조치의 경우를 제외하고는 생산자에게 이익이 되는 모든 국내지지조치는 감축되어야 한다.[8]

감축대상이 되는 '생산자에게 이익이 되는 지지조치'란 해당 조치로 말미암아 국내가격을 국제가격[9] 이상으로 유지시켜 주는 국내지지조치이다. 생산자 수취가격을 자유무역 상태의 가격 이상으로 지지해 줌으로써 효율적인 자원배분을 왜곡하는, 즉 생산과 무역을 왜곡하는 모든 형태의 국내지지조치를 말한다.

1) 감축기준과 방식

구체적인 감축약속은 회원국의 양허표에 총 AMS(Aggregate Measurement of Support) 및 연간 최종양허약속 수준(Annual and Final Bound Commitment Levels)으로 표시된다고 농업협정은 규정하고 있다.

AMS란 화폐단위로 표시되는 농산물의 연간 지지수준을 나타내 주는 측정치인데, 이것이 국내지지감축을 위한 기초자료가 된다. 지지정책이 특정 품목에 대해 시행되고 있으면 그 품목에 대한 AMS를 산정하고, 불특정 농산물을 대상으로 지지정책이 시행되면 AMS 대신 EMS(Equivalent Measurement of Support)를 산

8 이런 감축대상 정책을 황색정책(Amber Box)으로 분류한다는 것은 앞에서 설명하였다.
9 여기서의 국제가격은 완전 경쟁 상태에서의 국제가격을 의미하는 것은 아니다.

정한다. 이같이 계산된 AMS와 EMS를 모두 합하면 총 AMS가 구해지는데, 농업협정은 이것을 기준으로 지지수준을 감축해 나가도록 요구하고 있다.[10]

총 AMS가 산정이 되면 이를 선진국은 6년간(1995~2000) 20%, 개도국은 선진국의 2/3 수준인 13.3%를 10년간(1995~2004) 균등분할 방식으로 감축해야 한다. 연도별로 감축해야 할 지지수준은 회원국이 제출한 양허표 제4부에 총 AMS와 함께 연간 최종양허약속 수준으로 명시되어 있다. 따라서 이행기간 중의 연간 총 AMS는 연간 최종양허약속 수준을 초과할 수 없다(제6조 3). 이때 실제 계산되는 연간 총 AMS를 현행 총 AMS(Current Total AMS)라고 부른다(제6조 3). 실제로 이 감축약속을 이행하고 있는지의 여부는 이행이 시작된 후 특정 연도의 총 AMS, 즉 현행 총 AMS가 양허표에 나타난 당해 연도의 양허수준을 초과하는지를 확인함으로써 판단할 수 있다. 다시 말하면, 이행기간 중 어느 해의 실제 총 AMS는 당해 연도의 연간 최종양허약속 수준을 초과할 수 없다.

이때 현행 총 AMS는 농업협정에 의해 감축의무가 면제되는 조치를 제외한 모든 국내지지조치를 대상으로 산출된다. 이런 방법으로 총 AMS를 연차적으로 감축해 나가면 국내지지가격은 국제가격을 향해 점차 하락하게 되고, 따라서 세계 농산물시장에서 국내지지로 인한 무역왜곡도 점차 완화되어 갈 것이다.

농업협정은 또 성격상으로는 감축대상 국내지지라 할지라도 그 정도가 미미한 경우에는 이를 허용하고 있다. 이것을 최소허용지지(*de minimis*)라고 한다. 따라서 회원국의 양허표에 총 AMS를 표시하지 않은 국가는 앞으로도 이 최소허용지지 수준을 초과하여 지지할 수 없다.

2) 국내지지감축의 의미

WTO 농업협정은 회원국들에게 무역을 왜곡하는 국내지지조치를 금지나 철폐가 아니라 일정한 원칙에 따른 감축을 요구하고 있다. 이는 감축의무를 이행하는 한 새로운 지지정책을 도입한다거나 기존의 지지조치를 강화하는 것

10 이 책에서는 AMS나 EMS를 우리말로 번역하지 않고 영어 표현을 그대로 사용한다. AMS, EMS 그리고 총 AMS의 개념과 산정방법 등에 관해서는 본 장 제6절에서 상세히 논의한다.

도 가능하다는 의미이다.

첫째, 농업협정은 국내지지정책의 사용을 금지하고 있는 것이 아니라는 점이다. 다만 총 AMS로 표시되는 지지수준을 줄여 나가야 한다는 것이다. 국내지지조치가 적색정책(Red Box)이 아닌 황색정책(Amber Box)으로 분류되고 있다는 의미이다. 따라서 총 AMS의 감축의무를 위반하지 않는 한 현재 사용되고 있는 국내지지정책을 계속 사용할 수 있음은 물론, 새로운 정책의 도입이나 기존의 정책 수정도 얼마든지 가능하다. 다시 말해, 국내지지정책은 총 AMS와 연간 최종양허약속 수준에 의해 제한되고 있을 뿐 지지정책 자체의 사용을 금지하고 있는 것이 아니다.

둘째, 지지정책을 제한하는 총 AMS는 품목별 구분이 없기 때문에 특정 품목에 대한 지지는 오히려 더 강화될 수도 있다. 예를 들어, *A*, *B*, *C* 세 품목의 AMS가 각각 500억 원, 300억 원, 200억 원이라면 총 AMS는 이들을 모두 합한 1,000억 원이 된다. 국내지지의 감축은 품목별 AMS를 기준으로 하는 것이 아니라 이들을 모두 합한 총 AMS 1,000억 원을 기준으로 한다. 따라서 만일 이 나라가 *A*를 집중 지원하고자 한다면 *B*와 *C* 두 품목의 AMS를 대폭 줄이고 대신 그 지원액을 *A*품목에 지원해 줄 수 있다. 이렇게 되면 *A*의 지원액은 현재의 500억 원 이상이 되어 오히려 보호수준을 더 강화할 수도 있다는 의미이다. 물론 이때 총 AMS는 연도별 양허수준을 초과해서는 안 될 것이다.

3) 감축의무 면제와 그 기준

농업협정은 국내지지의 감축에 관한 원칙을 정하면서 동시에 부속서 2에서 국내지지조치를 유지할 수 있는 예외 규정도 두고 있다.

농업협정 부속서 2의 1에 의하면 감축의무가 면제되기 위해서는 국내지지조치가 무역왜곡효과(trade-distorting effects) 또는 생산에 미치는 효과가 없거나 미미해야(at most minimal) 한다. 보다 구체적으로 다음의 두 가지 세부 기준(basic criteria)을 제시하고 있다.

① 해당 국내지지가 소비자로부터의 소득이전을 포함하지 않는 정부 재정자금을 통해 지원되어야 하고,

② 생산자에 대한 가격지지효과가 없어야 한다.

감축의무에서 면제되기 위해서는 이와 같은 모든 국내정책에 적용되는 공통 기본요건 외에 각 정책에 대해 별도로 구체적인 기준과 조건을 갖추도록 하였다(농업협정 부속서 2의 2-13). 부속서 2의 1의 요건을 충족시키는 정책으로는 정액소득이전과 같은 직접지불이 대표적인 예가 될 수 있으나, 이 외에 농업협정은 부속서 2의 2-13에서 정부서비스와 여러 가지 유형의 허용되는 직접지불을 예시해 놓고 있다.

소국의 무역왜곡

WTO 농업협정에 의하면 국내지지정책이 감축대상이냐 아니냐의 기준은 결국 그 조치가 무역을 왜곡하느냐, 또는 생산에 영향을 주느냐 하는 것이다. 여기에서 왜곡(distortion)의 의미와 범위를 어떻게 볼 것인가가 문제이다. 국제가격에 영향을 미칠 수 있을 정도로 수입량이 크지 못한 소국이 국내지지조치를 취하는 경우에도 무역을 왜곡하는 지지조치로 볼 것인가이다. 이 경우에는 수출국의 시장접근 물량이 다소 줄 수는 있겠지만 국제가격에 대한 영향이나 세계시장의 총교역량에도 거의 영향을 미치지 못한다. 이런 경우까지 무역왜곡으로 보는 것은 지나치게 엄밀한 해석이 될 것이다. 부속서 2의 1에도 무역왜곡효과 또는 생산효과가 없는 경우뿐 아니라 아주 미미한 경우까지도 감축의무를 면제시키도록 규정하고 있기 때문이다.

그런데 부속서 2의 1에는 구체적인 기준으로 생산자에 대한 가격지지효과가 없어야 한다는 요건까지 갖추도록 요구하고 있다. 가격지지효과가 있으면 반드시 생산에 영향을 미치게 마련이다. 이는 곧 생산에 영향을 미치는 국내지지정책은 그것이 무역왜곡효과가 있는지 여부와 관계없이 모두 감축대상이 된다는 뜻이다. 즉, 농업협정은 무역에 영향을 미칠 정도는 아니지만 생산효과가 있다면 이런 국내지지정책까지도 규제대상에 포함시키고 있는 것이다.

2. 국내지지 감축에 대한 예외

1) 개도국에 대한 예외

농업협정은 국내지지조치가 비록 시장을 왜곡하더라도 개도국이 다음과 같은 국내지지조치를 취하는 경우에는 이를 개도국 우대 차원에서 예외적으로 허용하고 있다(제6조의 2).

① 농업 및 농촌 발전을 위한 투자보조

② 저소득 또는 자원빈곤 농업 생산자에 대한 투입요소 보조

③ 불법 마약작물 전환을 장려하기 위한 생산자 지지

이러한 국내지지는 현행 총 AMS의 계산에 포함되지 않도록 함으로써 결국 국내지지 감축의무에서 면제시키고 있다.

2) 최소허용지지

비록 국내지지정책이 생산과 국제무역에 직접적으로 영향을 미쳐 감축대상이 된다 할지라도 지지총액이 총생산액에서 차지하는 비중이 아주 작은 경우에는 감축대상에서 제외시키도록 하고 있다(제6조의 4). 이를 최소허용지지(*de minimis*)라고 하며 다음의 두 경우가 있다.

① 지지정책이 특정 품목을 대상으로 하는 경우에는 이 기초 농산품의 지지액(AMS)이 연간 총생산액의 5%(개도국은 10%)를 초과하지 않는 품목 특정적 지원

② 품목 불특정적 지지의 경우에는 지지액이 농산물 총생산액의 5%(개도국은 10%)를 초과하지 않는 경우

이 요건을 충족하는 경우에는 국내지지를 현행 총 AMS에 포함시키지 않음으로써 국내지지조치를 그대로 인정하고 있다.

3) 생산제한정책의 직접지불

생산을 제한할 목적으로 지불되는 직접지불로서 다음과 같은 요건을 갖추고 있는 경우에는 현행 총 AMS에 포함되지 않음으로써 감축의무에서 제외된다(제6조의 5).

① 직접지불이 고정된 면적 및 수확량(yield)에 근거하여 지불될 경우[11]

② 기준 산출량의 85% 이하에 대하여 지불될 경우

③ 축산물의 경우 고정된 두수에 대해 지불될 경우

3. 허용정책

앞에서 논의한 개도국에 대한 예외나 최소허용지지 등 감축 예외 조치들은 그것이 무역왜곡효과나 생산효과가 없어서가 아니라 성격상으로는 감축대상이지만 특별한 사정을 고려하여 예외적으로 허용되는 정책들이다. 그러나 정책의 성격상 무역왜곡효과나 생산효과가 없거나 아주 적은 정책이 있을 수 있는데, 이런 정책들은 본질적으로 허용정책(Green Box)이다. 농업협정 부속서 2에는 이 부류에 속하는 정책을 크게 정부서비스와 직접지불로 나누고, 각각에 대해 세부적인 조치들을 예시해 놓고 있다.

1) 정부서비스

정부서비스(government service programs)는 다시 일반서비스(부속서 2의 2), 식량안보를 위한 공공비축(2의 3), 그리고 국내 식량구호(2의 4)로 구분되어 있다. 정부의 일반서비스에 속하는 지지정책으로는 연구 및 훈련, 병충해 방제사

11 한국 쌀 직접지불제의 고정직불도 고정면적을 대상으로 지불되긴 하지만, 그것이 생산제한 하에 이루어지는 지불이 아니기 때문에 여기에 해당된다고 보기는 어려우며 부속서 2의 6에 의한 감축면제로 해석하여야 할 것이다.

표 5.2 WTO 농업협정의 국내지지정책 유형

정책 성격	내용	관련 조항
감축대상 정책	1. 감축	
	– 대상정책: 생산자지지 국내조치(무역왜곡, 생산효과)	제6조 1
	– 감축기준: 총 AMS	제6조 1
	– 감축수준 및 이행기간	
	· 선진국: 20%(1995~2000)	던켈초안
	· 개도국: 13.3%(1995~2004)	(Draft Final Act)
	– 감축방법: 연도별 균등감축	
	2. 예외(감축 면제)	
	– 개도국에 대한 예외	제6조 2
	– 최소허용지지(*de minimis*)	제6조 4
	– 생산제한정책의 직접지불	제6조 5
허용정책	1. 정부서비스	
	– 일반서비스(연구, 훈련, 현장지도, 마케팅 등)	부속서 2(2)
	– 식량안보 목적의 공공비축	부속서 2(3)
	– 국내 식량구호	부속서 2(4)
	2. 직접지불	
	– 시장중립 소득지지, 자연재해, 구조조정, 환경보호 등	부속서 2(5-13)

업, 현장지도 및 자문, 검사서비스, 마케팅 및 판매촉진, 하부구조사업 등이다.

이들에 대한 정부의 지원이나 투자는 직접적으로 무역을 왜곡하는 것이 아니고, 생산을 포함한 시장왜곡효과가 없거나 아주 적기 때문에 모두 허용되는 정책으로 분류되고 있다.

2) 직접지불

여기서의 직접지불은 정부가 시장기구를 통하지 않고 정부재정에서 직접 생산자에게 지불하는 것으로 시장왜곡효과가 없거나 미미하다고 간주되는 정책이다. 직접지불은 개별 농업 생산자에 대한 지불이라는 데서 정부서비스와 다르다. (직접)지불이라는 이름을 갖고 있지만 시장 왜곡적인 지불들은 여기에 포함되지 않는다.

이 직접지불에는 시장 중립적 소득지지, 소득보험 및 소득안정화 사업, 자연재해 지원, 생산자 은퇴 등을 통한 구조조정, 낙후지역 지원 등이 있다. 여기에는 시장 비왜곡적 정책이기 때문에 허용되는 것과, 환경보전이나 낙후지역에 대한 지원처럼 농업의 다원적 · 공익적 기능을 장려하기 위해 허용되는 정책이 모두 포함되어 있다.

제3절 국내지지정책의 효과

여기서는 WTO 농업협정에서 감축대상이 되고 있는 주요 국내지지정책들의 경제적 효과에 대해 고찰한다. 가격지지, 시장 왜곡적 직접지불, 생산요소지원 등 대표적인 감축대상 국내지지정책들을 선정하여 이들이 어떻게 시장을 왜곡하고 생산자 지원효과로 나타나는지 살핀다. 이어서 한국의 쌀 직접지불제도 함께 논의한다.

1. 가격지지

일반적인 가격지지(price support)정책은 정부구매 방식을 통해 사후적으로 농산물의 시장공급량을 줄여 시장가격을 지지해 주는 정책을 말한다. 정부가 시장가격 이상의 높은 가격에 구매하여 싼 가격에 재판매하는 이중가격제도(two-tier price scheme)가 보통이지만, 경우에 따라서는 구매한 농산물을 폐기처분하거나 해외원조에 사용하기도 한다.[12]

12 가격지지정책으로 구매방식 외에도 생산통제(production control) 방식이 있다. 생산자에게 가격지지를 해 주기 위해 정부가 사전적으로 생산량을 제한하는 정책이다. 가격이 인상되면 판매량은 줄어

그림 5.1 가격지지의 효과

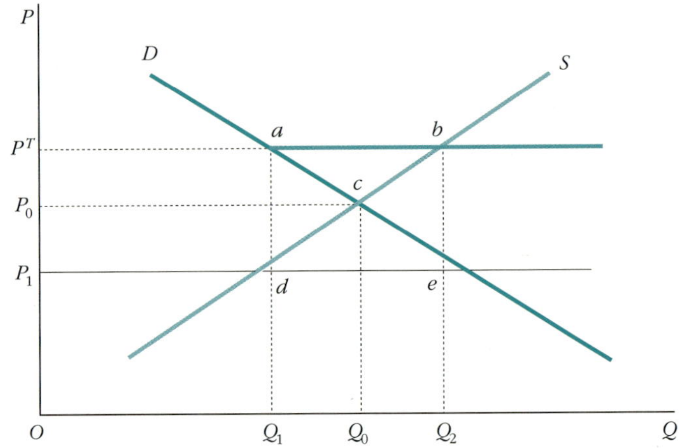

〈그림 5.1〉은 구매를 통한 가격지지정책의 효과를 보여준다. *D*와 *S*는 각각 수요와 공급곡선이다. 경쟁 상태에서 균형가격과 생산량은 두 곡선이 교차하는 P_0, Q_0이다. 이제 정부가 시장가격을 P^T로 지지해 주면서 초과공급량을 모두 수매해 주기로 약속했다고 하자. P^T가격이 유지되도록 이 가격으로 얼마든지 구매해 주어야 하므로 정부의 수요곡선은 P^T에서 수평으로 뻗은 직선이 될 것이다. 따라서 민간수요와 정부 구매수요를 합한 총수요곡선은 점 *a*에서 오른쪽 수평으로 꺾인 직선이 된다. 따라서 정책이 도입된 후 새로운 균형점은 이 수요곡선이 공급곡선과 교차하는 *b*점에서 형성되고 생산량은 Q_0에서 Q_2로 증가한다. 가격상승으로 민간의 수요량은 Q_1으로 줄어들게 되므로 정부가 가격지지를 위해 시장에서 구입해야 할 물량은 Q_2-Q_1이 된다.

이때 구매에 소요되는 금액은 $P^T(Q_2-Q_1)$이 된다. 이제 이 물량을 시장에 P_1의 낮은 가격으로 다시 판매한다고 하자. 그러면 수송비, 재고관리비용 등 제

들지만 농산물의 경우 보통 수요의 가격탄력성이 낮아 가격 인상률이 판매량 감소율보다 더 크기 때문에 생산자의 수입이 증가할 수 있는 것이다.

반 부대비용을 고려하지 않는다면 이 정책으로 지출된 순재정지출액은 사각형 *abed*가 될 것이다. 생산자잉여는 P^TbcP_0만큼 증가하고, 소비자잉여는 P^TacP_0만큼 감소하므로 전체적으로는 면적 *acbed*만큼 후생손실이 발생하게 되는 셈이다.

정부의 가격지지정책으로 인해 가격이 P_0에서 P^T로 지지되었고, 생산이 Q_0에서 Q_2로 증가하였다. WTO 농업협정의 감축대상 요건을 충족하고 있음은 물론이다. 이런 국내조치는 수입감소로 이어지고, 수입감소 정도에 따라 국제가격을 침체시키는 효과로 나타날 수도 있다. 뒤에서 다시 상세히 논의하겠지만, 감축기준이 되는 AMS는 국내지지가격과 국제가격의 차이에 수혜물량을 곱하여 산출된다. 따라서 만일 P_1이 국제가격이라면 이 경우 $(P^T-P_1)(Q_2-Q_1)$이 AMS에 해당하는 금액이다.

2. 직접지불

생산자 가격을 지지해 주기 위해 정부구매나 생산통제가 아닌 직접지불 방식을 이용하는 경우가 있다. 지지가격과 시장가격의 차액을 정부재정에서 직접지불해 준다는 데서 넓은 의미의 직접지불이다. 하지만 이 직접지불은 시장을 왜곡시키는 감축대상으로서의 직접지불이다. 결손지불제, 즉 목표가격제(target price program)가 그 예다. 우리나라 쌀 직접지불제의 변동직불 부분도 여기에 해당하는 직접지불이다.

〈그림 5.2〉의 *D*와 *S*는 각각 수요와 공급곡선이다. 경쟁 상태에서의 시장균형은 P_0, Q_0이다. 이때 정부가 직접지불 방식을 통해 가격을 P^T까지 지지해 주는 정책을 시행한다고 하자. 이 목표가격이 보장되므로 정책 시행 후의 공급곡선은 Q_1에서 수직으로 올라가 *b*에서 꺾인 Q_1bS가 될 것이다. 이때 새로운 시장균형은 이 공급곡선과 수요곡선이 교차하는 *c*에서 형성될 것이므로 생산은 Q_1으로 증가하고 시장가격은 P_1으로 하락한다. 따라서 지지가격과 시장가격의 차액 P^T-P_1은 정부보조에 의해 생산자에게 지불되는 것이다. 총지불액은 여기

그림 5.2 직접지불(시장왜곡)의 효과

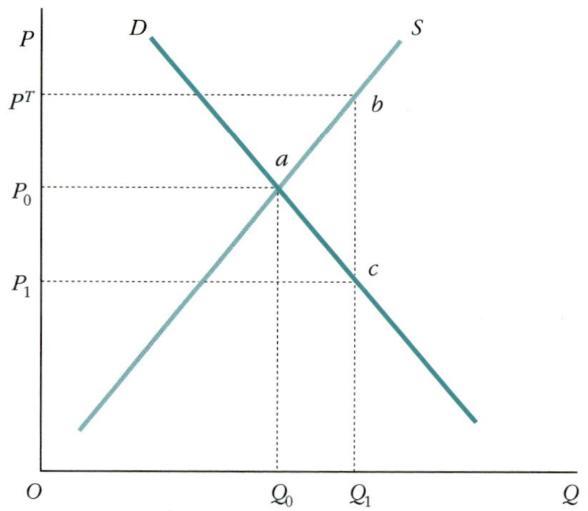

에 생산량 Q_1을 곱한 만큼이 될 것이다.

이 정책 시행의 결과 생산자는 P^TbaP_0만큼의 후생증가가 일어나고, 소비자잉여 역시 P_0acP_1만큼 증가한다. 반면, 정부재정 지출이 P^TbcP_1만큼 증가하여 사회 전체적으로는 삼각형 면적 *abc*만큼 순손실, 즉 사중손실이 생기게 된다.

직접지불 방식이 이용되었지만 가격지지와 생산증대 효과를 일으키는 시장왜곡을 초래하였다. 우리나라 쌀 직불제가 생산증대 효과를 일으키는 것도 같은 원리이다. 이 정책의 특징은 생산자 지원이 주요 목적이지만, 동시에 소비자도 이익을 본다는 점이다. 정책비용의 부담을 담세자, 즉 재정이 지는 직접지불 방식이기 때문이다. 그러나 시장을 왜곡하는 정도는 앞에서 논의한 가격지지와 동일하기 때문에 WTO 농업협정의 감축대상이 된다. 생산이 늘어난 만큼 수입감소 등 세계시장에도 영향을 주게 된다. 수입감소의 정도에 따라서는 국제가격을 하락시키는 결과를 초래할 수도 있다. 이 경우의 AMS는 지지가격 P^T와 국제가격(그림에는 나타나 있지 않지만)의 차이에 총생산량을 곱한 금액이 될 것이다.

3. 생산요소에 대한 보조

농업지원정책은 최종 생산물시장을 통하여 이루어지는 것이 보통이지만, 경우에 따라서는 생산요소에 대한 보조를 통해서도 이루어진다. 농약이나 농기계에 대한 가격보조, 이들 생산요소에 대한 세금감면, 그리고 저금리 융자 등이 그 예이다.

생산요소에 대한 보조는 어떤 효과가 있는지 〈그림 5.3〉을 통하여 살펴보자. 그림에는 생산요소 X를 투입하여 생산하는 농가의 요소시장과 생산물시장을 동시에 그려 놓았다. 왼쪽에는 개별 농가의 완전 경쟁 하에 있는 생산요소 X의 수요곡선이 우하향하는 선으로 그려져 있고, 이 농가가 직면하는 요소공급곡선은 균형시장가격 w_0에서 완전 수평으로 나타나 있다. w는 생산요소 X의 가격이다. 개별 농가 입장에서는 요소가격에 영향을 미칠 수 없기 때문에 완전 탄력적으로 그려져 있다.

이윤극대화 원리로부터 도출되는 우하향하는 요소수요곡선의 모든 점에서는 $w = MP_X \cdot P$ 조건이 충족되고 있다. 즉, 이 선상에서는 요소가격 w가 투입요소 X의 한계생산물 MP_X와 산출물가격 P를 곱한 한계생산물가치(value of marginal product)와 같아진다. 이때 최적의 요소투입량은 X_0이 되고, 산출물의 균형가격과 균형생산량은 오른쪽 그림에서 각각 P_0 및 Q_0로 나타나 있다.

이때 정부가 생산자를 위한 국내지지조치로서 단위당 요소투입량에 대하여 $w_0 - w_1$만큼의 보조금을 지급한다고 가정하자. 그러면 생산자가 지불하는 요소가격은 w_1으로 하락하고 요소투입량은 X_1으로 늘어나게 된다. 생산자의 소득(이윤)은 $w_0 w_1 ba$만큼 증가하고, 정부는 $w_0 w_1 bc$만큼 재정지출 부담이 생기게 된다.

한편, 요소가격이 w_1으로 하락함에 따라 생산물시장의 공급곡선은 $S(P, w_0)$에서 $S'(P, w_1)$으로 우측이동하게 된다. 따라서 농산물 공급이 Q_1으로 증가하고 가격은 P_1으로 하락하는 변화가 일어난다. 요소가격 보조로 인한 후생 변화 효과는 생산물시장에서도 관찰될 수 있다. 생산자에게는 $efbg - P_0 P_1 ed$의 소득 변화가 일어나고 소비자도 $P_0 P_1 fd$만큼의 이익이 생기게 된다.

그림 5.3 생산요소 보조의 효과

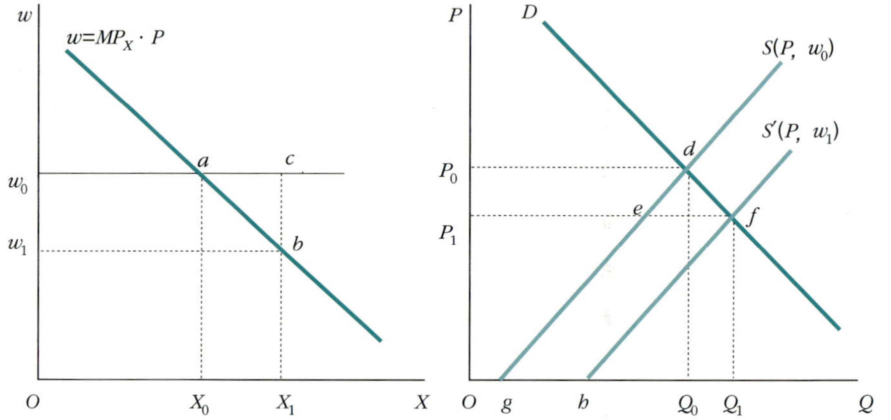

(a) 요소시장　　　(b) 생산물시장

생산요소에 대한 보조로 국내공급이 늘면 세계시장으로부터의 수입은 그만큼 줄어든다. 만일 이 나라가 수입량 점유율이 큰 대국이라면 이는 국제가격 하락을 초래할 것이다. 투입요소에 대한 보조가 생산과 무역에 영향을 미칠 수 있기 때문에 이런 정책 또한 WTO 농업협정의 감축대상이 되는 것이다.

4. 한국의 쌀 직접지불제

한국은 2005년 쌀에 대해 시행되어 왔던 약정수매제도를 폐지하고 대신 직접지불제를 새로이 도입하였다.[13] WTO 농업협정이 요구하는 시장 지향적 농업 개혁의 일환이었다.

한국의 쌀 직접지불제는 고정형 직접지불과 변동형 직접지불 두 부분으로

13 공식 명칭은 '쌀소득 등 보전직불제'로 '쌀소득 등의 보전에 관한 법률'에 근거하고 있다.

구성되어 있으며, 기본 틀은 목표가격을[14] 설정하고 시장가격이 이보다 낮을 경우 그 차액의 일정 비율(85%)을 보전해 주는 제도이다. 고정형 직접지불은 쌀 생산 여부나 시장가격 수준과 관계없이 대상면적에 대해 일정 금액이 지급되는 지불이다.[15] 이에 비해 변동형 직접지불은 쌀 생산을 조건으로 지급되는데, 고정형 직접지불로 목표가격과 시장가격의 차액보전이 안 될 경우 그 부족한 부분을 지급한다. 다시 말하면, 쌀 직불제는 특별한 전제조건 없이 지급되는 고정직불 부분과 쌀 생산을 전제로 목표가격과 연계되어 시장가격의 변화에 따라 지급되는 변동직불 부분으로 이중적 지급구조를 갖고 있다. 현행 쌀 직불제 하에서 쌀 생산자들의 수취가격은 다음과 같다.

$$\text{농가수취가격} = \text{시장가격} + 0.85 \times (\text{목표가격} - \text{시장가격})$$
$$= 0.85 \times \text{목표가격} + 0.15 \times \text{시장가격}$$

이 식에서 보듯이 농가들은 시장가격이 목표가격보다 낮을 경우 그 차액의 85%를 지급받는데, 결국 쌀 직불제 하에서 농가수취가격은 목표가격과 시장가격의 가중평균가격이 된다. 지원율이 높을수록 수취가격은 점차 목표가격에 접근한다. 따라서 시장가격이 아무리 하락해도 생산자는 목표가격에 근접한 가격을 보장받을 수 있는 것이다. 면적단위(헥타르)당 지급되는 고정직불을 헥타르당 평균수량(yield)을 적용하여 계산하면 가마(80kg)당 쌀가격으로 환산할 수 있다.[16] 이 가마당 고정직불 부분으로 차액보전에 미달할 때 그 부족한 부분을 변동직불로 지급하는 것이다. 만일 시장가격이 매우 높다면 고정직불 부분을 합한 농가의 수취가격은 목표가격을 상회할 수도 있다. 물론 이때는 변동직불을 지급할 여지는 없어진다.

14 쌀 직불제 도입 당시 목표가격은 가마(80kg)당 170,083원이었으나 2014년부터 188,000원으로 인상되었다.

15 고정직불은 쌀 직불제 도입 당시에는 60만 원/ha가 지급되었고, 2015년부터는 100만 원/ha가 지급된다.

16 예를 들어, 헥타르당 평균수량이 61가마(4,880kg)이고 고정직불 단가가 100만 원/ha라면 가마당 고정직불금은 16,393원이 되는 셈이다.

한국의 쌀 직불제는 목표가격을 설정하고 이 가격과 시장가격의 차이를 보전해 주도록 설계되어 있기 때문에 직접 생산에 영향을 미치는 지지조치이다. 차액의 100%를 보전하는 것은 아니지만 본질적으로는 앞서 논의한 결손지불제와 동일한 시장 왜곡적 직접지불이다.[17] 목표가격을 설정해 놓고 보전금액을 이것과 직접 연계해 놓았기 때문이다. 사실상 가격지지효과가 강하게 나타나는 구조이다. 자연히 생산에 영향을 미치게 되어 있고, 따라서 WTO 농업협정의 감축대상이 되는 제도이다. 그러나 고정직불 부분만 놓고 보면 이것은 생산은 물론 시장 메커니즘과 직접 연계되어 있지 않기(decoupled) 때문에 이 부분은 허용되는 직접지불이다. 이렇게 두 부분으로 구성되어 있지만 기본적으로 목표가격을 설정하고 농가 수취가격을 이것과 직접 연계시키고 있다는 점에서, 전체적으로 보더라도 이 제도는 성격상 시장을 왜곡하는 지지조치로 보아야 한다.

제4절 정부서비스

지금까지는 WTO 농업협정상 감축대상이 되는 국내지지정책들을 살펴보았다. 이제는 농업협정에서 허용되는 정책에 대해 고찰할 차례이다. 농업협정 제7조의 1에 의하면 부속서 2에 합치되는 국내지지조치는 감축대상에서 면제되며 그대로 유지된다. 여기서 새로운 국내정책 대안으로 제시되고 있는 시장지향적 국내정책은 크게 두 가지로, 하나는 정부서비스(government service programs)이고 다른 하나는 직접지불이다. 정부서비스가 농업이나 농촌 발전 등을 위한 지원정책인데 비해, 직접지불은 농업 생산자에 대한 지원정책이다.

이 절에서는 정부서비스에 대하여 살펴보고 직접지불에 대해서는 다음 절

17 목표가격과 시장가격의 차액의 100%를 보전해 준다면 이때는 결손지불제와 동일해진다.

에서 별도로 논의한다. 농업협정은 정부서비스를 정부일반서비스, 식량안보용 공공비축, 그리고 국내 식량구호 등 세 가지로 분류하고 있다.

1. 정부일반서비스: 부속서 2의 2

정부의 일반서비스(general services)는 농업 또는 농촌지역을 위하여 이익이나 서비스를 제공하는 정책과 관련한 지출 또는 징수감면으로, 생산자나 가공업자에 대한 직접지불은 제외된다. 이 정책들은 부속서 2의 1항이 정하고 있는 감축 면제의 기본요건을 공통적으로 충족시켜야 함은 물론, 다음에 열거된 각 사업에 따라 별도로 요구되는 요건도 갖추어야 한다. 하지만 여기에 열거된 사업들은 예시일 뿐 정부의 일반서비스로서 감축면제 요건을 충족시킨다면 이에 한정되지 않는다.

1) 연구사업

일반적 연구나 환경개선을 위한 연구, 그리고 특정 품목과 관련한 연구 등 농업 또는 농촌 관련 연구사업에 대한 정부의 재정지출이 여기에 해당한다. 이런 연구 · 개발(R&D)에 대한 지원은 감축대상에 포함되지 않는다.

연구사업에 대한 지원은 기술개발을 촉진하여 생산성을 향상시키고 궁극적으로는 생산에 영향을 준다. 그럼에도 불구하고 이 사업이 국내지지감축의무에서 면제될 수 있는 것은 이것이 감축대상 국내지지조치와는 생산에 미치는 효과의 성격에 있어서 차이가 있기 때문이다. 즉, 연구 · 개발이 생산에 미치는 영향은 생산성 향상을 통한 구조적인 변화의 결과이지 정부의 인위적인 시장간섭으로 나타난 변화가 아니며, 따라서 자원의 효율적 배분을 왜곡하는 것이 아니다.

2) 병충해 방제사업

조기경보체제(early warning systems), 검역(quarantine), 박멸(eradication) 등 일반적 및 품목 특정적 방제조치를 포함하는 모든 병충해 방제사업에 대한 지원은 감축대상에서 제외된다. 이 지원사업은 모든 농업부문에 일반적으로 시행하든, 아니면 특정 품목을 대상으로 하든 관계없이 감축대상에서 면제된다.

기본적으로 이 사업은 예측할 수 없는 불확실성이나 위험을 회피하는 수단의 성격이 강하다. 병해충으로 생산자의 손실은 물론 수급 불균형으로 인한 단기적인 가격 급등락은 오히려 자원배분의 효율성을 저해하는 요인이 된다. 이 같은 불확실성에 기인하는 시장실패는 정부가 개입하여 시정할 필요성이 있고, 감축면제는 이런 측면에서 이해되어야 할 것이다. 뿐만 아니라 국민 보건 및 위생보호나 전염성이 강한 질병 및 해충의 확산을 예방하는 것은 국가의 고유 업무영역이라는 측면에서 병충해 방제서비스에 대한 지원은 감축대상에서 면제된다.

3) 훈련서비스

일반인이나 전문가의 훈련에 필요한 시설을 포함한 각종 훈련서비스 사업에 대한 보조도 감축대상에서 제외된다. 훈련을 통한 인력개발이나 전문가의 양성은 개인의 노동생산성을 향상시키기 때문에 생산요소에 대한 보조적 성격을 띠고 있다.

하지만 인간능력의 개발과 전문가의 양성은 국가가 맡아야 할 기능이라는 측면, 그리고 직접 시장을 왜곡하고 생산에 영향을 미치는 것은 아니라는 점에서 연구지원사업과 같은 맥락으로 이해할 수 있다.

4) 현장지도 및 자문서비스

생산자와 소비자에게 정보 및 연구결과의 전파를 용이하게 하는 수단을 제공하는 것을 포함하여 현장에서의 지도(extension)나 자문 등을 위한 보조사업은 감축의무에서 면제된다. 이런 사업들이 결과적으로 생산자의 소득을 증대시키는 데 기여하기는 하지만 기본적으로 가격지지를 통한 시장왜곡효과는 없기 때문이다.

5) 검사서비스

건강, 안전, 등급화(grading) 또는 표준화(standardization) 목적을 위해 수행되는 일반적 검사(inspection)와 특정 품목에 대한 검사에 지출되는 보조는 감축대상에서 면제된다.

국민의 건강과 위생을 보호하고 합리적인 유통질서를 확립하는 일은 국가의 고유 업무영역에 속하는 공공기능이다. 따라서 이를 위한 사업의 결과 생산자의 소득이 지지되는 효과가 있더라도 이는 가격지지의 결과가 아님은 물론 그 업무의 공공성에 비추어 감축대상에서 제외되는 것이다.

6) 마케팅 및 판매촉진 서비스

특정 품목과 관련한 시장정보, 자문을 포함하는 마케팅 활동과 판매촉진(promotion) 사업에 대한 보조는 감축의무에서 면제된다. 다만 여기에는 판매가격을 인하하거나 구매자에게 직접적인 이익을 제공하기 위하여 판매자에 의해 사용될 수 있는 구체화되지 않은 목적을 위한 지출은 포함되지 않는다.

시장의 효율성(market efficiency) 또는 시장성과(market performance)는 가격효율(pricing efficiency)과 운영효율(operating efficiency) 관점에서 평가된다. 가격효율은 가격 메커니즘이 얼마나 잘 기능하는가, 즉 가격이 마케팅 과정에서 자원의 효율적 배분기능을 얼마나 잘 수행하는가 하는 기준이 된다. 가격효율이 높을 때 시장성과가 높아지고 시장지향성이 달성된다.

가격효율을 증대시키기 위해서는 원활한 시장정보의 교환이 필요하다. 시장 참여자 간에 정보가 원활히 순환되지 않는다면 가격이 제 기능을 발휘하지 못하여 시장은 왜곡될 수밖에 없다. 따라서 시장정보 제공을 포함하는 마케팅 서비스와 판매촉진 활동은 원활한 가격기능을 도와주는 역할을 한다. 이에 대한 보조금의 감축면제는 이런 배경에서 그 근거를 찾을 수 있을 것이다.

7) 하부구조서비스

전력공급, 도로 등 수송망, 시장 및 항만시설, 용수 공급시설, 댐 및 배수, 환경계획과 관련된 하부구조 시설을 포함하는 하부구조사업(infrastructural service)에 대한 보조는 감축대상이 되지 않는다. 이 경우 보조금 지출은 자본재 시설의 제공이나 건설에 국한되어야지 직접적인 농업 시설(on-farm facilities)에 대한 보조여서는 안 된다. 다만 이와 같은 농업 시설이라 할지라도 일반적으로 이용가능한 공익 시설의 경우에는 보조금 감축이 면제된다. 또한 생산요소와 운영비용에 대한 보조나 특혜적 이용료(preferential user charges)도 감축면제 보조에 포함되지 않는다.

하부구조 시설의 확충은 농업 생산성 향상에 중요한 역할을 한다. 그렇지만 이런 지원은 직접 농산물시장이나 요소시장에 대한 간섭 또는 시장왜곡조치가 아니기 때문에 감축대상으로서의 국내지지정책은 아니다.

2. 식량안보용 공공비축: 부속서 2의 3

법령에 명시된 식량안보(food security)계획을 추진함에 있어서 필수 불가결한 품목을 비축하고 재고를 유지하는 데 들어가는 재정지출 또는 징수감면(revenue foregone)은 감축면제 국내지지에 해당한다. 이러한 재고물량과 비축은 사전에 결정된 목표치에 합치되어야 하고 오직 식량안보를 위한 것이어야 한다. 또 재고의 비축과 처분과정은 재정적으로 투명하게 이루어져야 한다.

이때 정부의 식량구입은 시장가격에 구매되어야 하며, 판매는 동일 품질의 현행 국내 시장가격보다 낮지 않아야 한다. 현행 시장가격으로 사고팔도록 요구함으로써 식량안보를 위한 공공비축사업이 가격지지효과가 있어서는 안 된다는 점을 명백히 하고 있다.

개도국의 경우에는 그 운용이 투명하고 공표된 객관적 기준에 따라 수행되는 한 이 조항의 적용을 받아 감축의무가 면제된다. 나아가 식량안보 목적의 재고가 정부의 관리가격(administered prices)에 의해 수매 및 판매되는 경우에도 구입가격과 외부 참조가격(external reference prices)의 차이가 AMS에 계상된다면 이 조항의 적용을 받게 된다(동조 각주 5). 다시 말하면, 개도국에 의해 수행되는 식량안보 목적의 재고관리는 시장가격에 의하지 않고 그 이상의 가격으로 수매되는 가격지지효과가 있을지라도 이 조치는 감축대상에서 제외된다. 다만 이것이 AMS에는 포함되어야 한다.

또한 개도국에서 도시 및 농촌의 빈곤계층에게 최소한의 필요한 식량을 제공할 목적으로 보조된 가격에 식량을 제공하는 것도 통상적인 기준에 따라 합리적인 가격으로 이루어진다면, 이 조항의 규정에 합치되는 것으로 간주된다.

3. 국내 식량구호: 부속서 2의 4

빈곤계층을 위해 시행되는 국내 식량구호(food aid)사업과 관련된 지출 또는 징수감면은 감축의무에서 제외된다. 또한 개도국에서 도시 및 농촌의 빈곤계층에게 최소한의 필요식량을 제공할 목적으로 보조된 가격에 식량을 제공하는 것도 통상적인 기준에 따라 합리적인 가격으로 이루어진다면, 이 조항의 규정에 합치되는 것으로 간주된다(동조 각주 6). 이 식량구호사업은 저소득 빈곤계층에 대한 수요 측면에서의 식량안보 확보를 위해 국가가 해야 할 복지 차원의 지원이다.

식량구호의 수혜자격은 영양학적 목적과 관련하여 명백하게 정의된 기준에 따라야 한다. 이 구호사업은 대상자에게 직접 현물을 제공하거나 또는 수혜자가 시장가격이나 보조된 가격으로 구매할 수 있는 수단(구입쿠폰 등)을 제공하여 시행된다. 정부의 식량구매는 현행 시장가격에 의하여야 하며, 이 구호사업의 자금조달과 행정관리는 투명하여야 한다. 정부가 필요한 식량을 시장가격에 구입하도록 함으로써 생산자에 대한 가격지지효과가 나타나지 않도록 고려하고 있다.

농업협정에서 정하고 있는 영세민에 대한 식량구호 방식은 현물을 직접 제공하거나 시장가격 또는 보조된 가격에 식량을 구입할 수 있는 수단을 제공하는 방식을 명시하고 있다. 즉, 보조의 방식은 현물보조(in-kind subsidy), 가격보조, 현금보조 방식을 모두 예상하고 있다. 그런데 동일한 재정지출이라 할지라도 이들 지급방식에 따라 그 효과는 서로 달리 나타난다. 어느 방식이든 농업협정은 그것이 국내 식량구호로 사용되는 한 허용된다.

제5절 직접지불정책

1. 직접지불의 의의

1) 의의

WTO에서 추구하는 시장지향적 농업 개혁은 이상적인 방향임에도 불구하고 현실적으로는 농가소득과 식량안보, 농업의 다원적 · 공익적 기능의 확보 등에 있어서 문제를 초래할 수 있다. 특히, 농업 경쟁력이 약한 농산물 수입국의 경우 시장지향적 농업 개혁으로 인해 부정적 영향이 크게 나타날 수 있다. 직접지불은 이와 같은 시장지향적 농업 개혁 과정에서 생길 수 있는 문제점을 보완하고, 장기적으로는 가격지지를 대신하여 국내지지정책이 나아갈 대안적 방안으로 제시되고 있는 것이다.

넓은 의미에서 직접지불(direct payment)은 농업 생산자의 이익을 위해 정부재정으로부터 직접 개별 농업 생산자에게 지급되는 모든 형태의 지불을 말한다. 가격지지가 시장 메커니즘을 통해 간접적으로 생산자에게 소득을 이전시키는 조치라면, 직접지불은 원칙적으로 시장을 통하지 않고 직접 정부재정으로부터 생산자에게 소득이 이전되는 조치이다. 또 이 지불은 개별 농업 생산자에 대한 지불이란 점에서 일반적 농업 발전이나 농촌개발 등을 위해 지원하는 정부서비스와도 구별된다.

직접지불은 앞에서 논의한 바와 같이 시장을 왜곡시키는 경우와 그렇지 않은 경우로 나누어지며, 왜곡시키는 경우에도 그 설계 방식에 따라 왜곡의 정도가 다양하게 나타날 수 있다.[18] 시장왜곡을 일으키지 않는 직접지불은 정액이전지출(lump-sum transfer)처럼 시장 메커니즘에 영향을 미치지 않는 지불이다. 농업협정 부속서 2는 감축면제 대상으로서 이와 같은 직접지불의 요건을 규정하고 있다. 이 절에서 논의하는 직접지불은 시장왜곡효과가 없거나 매우 미미하여 감축대상이 되지 않는 직접지불을 의미한다. WTO 농업협정 부속서 2는 허용되는 직접지불의 기본요건으로 무역왜곡효과 또는 생산에 미치는 효과가 없거나 최소한(at most minimal)에 그쳐야 할 것을 요구하고 있다(부속서 2의 5).

WTO 체제에서 미래의 국내 농업정책 대안으로 직접지불을 제안하고 있는 이유는 이것이 자원배분과 소득분배 측면에서 갖는 몇 가지 장점 때문이다.

첫째, 직접지불에 의한 농가소득 지원 방식은 시장왜곡을 최소화함으로써 시장지향적 농업 개혁에 부합할 수 있다.

둘째, 저소득계층에 대한 지원이나 환경개선 등 구체적으로 명확히 제시된 정책목표를 달성하기 위해서는, 직접지불 방식에 의할 경우 목표그룹에 맞추어 정책을 시행할 수 있다는 점이다. 이렇게 하면 가격지지와 같이 목표그룹을 특정화시키지 않는 방식보다 자원을 보다 더 효율적으로 배분하면서 지원할 수 있다.

18 시장을 왜곡하는 직접지불로는 결손지불제(deficiency payments program)가 대표적이라는 것도 살펴본 바와 같다. 결손지불제는 목표가격과 시장가격 간의 차이를 정부가 직접 생산자에게 지불한다는 측면에서 직접지불이다. 하지만 이로 인해 생산이 늘어나고 시장가격이 하락하며, 국제무역에 영향을 미치는 시장 왜곡적 직접지불이다. 생산자에 대한 가격지지효과가 명백하다. 농업협정은 이런 종류의 직접지불도 감축대상으로 분류하고 있다. 우리나라 쌀 직접지불제의 변동직불도 같은 성격이다.

셋째, 직접지불은 목표그룹을 특정화시킴으로써 소득재분배 효과를 제고시킬 수도 있다. 정부의 지원이 실제로 필요한 저소득 생산자들에게 집중될 수 있으므로 사회적 형평성에 부합되는 소득재분배 효과를 거둘 수 있다. 가격지지 같이 시장을 통한 지지정책은 시장에 참여하고 있는 모든 경제주체들에게 동일하게 적용되기 때문에 오히려 소득분배구조를 왜곡시키는 경향이 나타나게 된다.

이처럼 직접지불은 농업에서 효율성(efficiency)과 형평성(equity)을 동시에 추구하고 있다. 직접지불이 시장의 효율성과 사회적 형평성을 동시에 지향할 수 있는 것은 산업으로서의 농업과 생산주체로서의 사람, 즉 농민을 분리함으로써 가능해진다. 시장과 산업에서는 가격지지 같은 시장왜곡조치를 제거함으로써 효율성을 도모하면서, 생산자의 소득 문제는 시장(산업)과 직접 연계되지 않는 직접지불 방식을 이용함으로써 사회적 형평성을 확보하고자 하는 것이다.

2) 구성요건 및 특징

WTO 농업협정에서 허용하고 있는, 즉 감축대상에서 제외되는 시장 비왜곡적 직접지불은 다음과 같은 구성요건을 갖추어야 한다.

첫째, 생산자로의 소득이전이 담세자(taxpayers)[19]로부터 이루어져야 한다. 담세자로부터 소득이 이전된다는 의미는 정부를 포함한 공공기관의 재정지출에 의해 지불된다는 것이다. 가격지지 방식에 의한 생산자 지원은 그 부담을 시장거래를 통해 소비자가 진다. 따라서 직접지불의 경우에는 생산자 지원에 드는 비용부담을 소비자로부터 담세자, 즉 정부재정으로 이전시킨다는 데 그 특징이 있다. 정책비용의 부담을 소비자가 아닌 담세자에게 지우는 것은 소득의 공평한 재분배 효과가 있다는 의미이다. 가격지지의 경우에는 저소득 소비자나 고소득 소비자나 모두 동일한 시장가격을 지불해야 하지만, 정부재정에 의한 부담은 누진세제에 의해 거두어들인 재정자금에 의한 지출이므로 소득

19 납세자가 아닌 담세자로 표현한 이유는 세금을 납부하는 자와 실제 부담자가 다른 조세의 전가효과를 고려하여 최종적으로 세금을 부담하는 자를 지칭하기 위함이다.

재분배 효과가 있다.

둘째, 시장을 통하지 않고 직접적으로 지불된 것이어야 한다. 가격지지는 시장을 통한 소비자로부터의 간접적인 소득이전이다. 그럼에 반해 직접지불은 시장을 통하지 않고 정부로부터 생산자로의 직접적인 소득의 이전이다. 시장 메커니즘을 통하지 않기 때문에 시장간섭에 따른 자원배분의 왜곡을 일으키지 않는다는 의미이다. WTO 농업협정은 이것을 무역왜곡효과나 생산효과가 없거나 아주 미미해야 한다고 규정하고 있다.

셋째, 지불액의 크기는 현재나 미래의 생산량이나 생산요소 사용량과 연계되어서는 안 된다. 직접지불의 지급이 생산을 포함한 시장 메커니즘에 영향을 미쳐서는 안 된다는 의미이다. 생산 의사결정에 영향을 미칠 수 있는 요인을 제거함으로써 시장지향성을 제고하기 위함이다. 생산이나 시장 메커니즘과 단절 또는 연계되지 않도록(decoupled) 직접지불제를 설계할 수 있는 방법은 많이 있을 수 있다. OECD에서 농업정책 평가에서 사용하고 있는 방식처럼 과거 고정 시점에서의 생산량 등을 기준으로 지불액을 결정하는 방식을 생각할 수 있다. 이런 경우 생산을 하든 안 하든, 더하든 적게 하든 관계없이 과거의 고정된 실적기준에 의해서만 지불하므로 현재나 미래의 생산에 영향을 미치지 않는다.

3) 문제점

직접지불은 이와 같은 구성요건을 갖고 있기 때문에 그것이 생산자 지원수단으로서는 충분할지 모르지만, 농업 경쟁력이 약한 국가의 경우 농업이라는 산업보호효과는 기대할 수 없다. 생산증대를 통한 식량안보나 국토의 균형적 발전 등 국가적 목표를 달성하는 수단은 되지 못할 수 있다. 특히, 일정 수준의 국내생산이 필요한 농산물 순수입국의 경우에는 직접지불의 도입에 어려움이 예상된다. 직접지불이 유용하게 적용될 수 있는 경제는 재정능력이 충분하고, 농업의 구조조정이 어느 정도 완성되고, 농업의 경쟁력을 갖추고 있는 농업 선진국들일 것이다.[20]

농업 경쟁력이 약한 수입개도국들이 직접지불제를 통해 식량안보, 환경보존, 농촌개발을 포함한 국토의 균형적 발전, 자연경관의 유지 등 농업의 다원적 · 공익적 기능을 확보해 나가기는 매우 어려울 것이다. WTO가 출범한 이후 DDA 협상에서도 개도국들에게는 식량안보를 위한 가격지지정책을 허용해야 한다는 논의가 계속되었던 이유도 여기에 있다. 시장지향성을 추구해야 하는 WTO의 장기 목표와 이와 같은 현실적 문제들을 앞으로 어떻게 조화시켜 나갈 것인지가 중요한 과제가 될 것이다.

2. WTO와 직접지불

WTO 농업협정 부속서 2의 5는 생산자에 대한 직접지불이 감축면제를 받기 위해 필요한 요건들을 규정해 놓고 있다. 그리고 감축면제가 되는 직접지불의 유형을 부속서 2의 6부터 13까지에서 구체적으로 예시하고 있다. 직접지불이 감축면제를 받기 위해서는 우선 농업협정 부속서 2의 1에서 정하는 요건을 충족하여야 한다(부속서 2의 5).

첫째, 기본요건(fundamental requirement)으로서 ① 무역왜곡효과(trade-distorting effects)가 없거나 최소한에(at most minimal) 그쳐야 하고, 또는 ② 생산효과가 없거나 최소한에 그쳐야 한다.

둘째, 세부 기준(basic criteria)으로서 ① 소비자로부터 소득이전이 없는 정부의 재정지출에 의한 정책이어야 하고, ② 생산자에 대한 가격지지효과가 없어야 한다.

이 두 요건은 어떤 형태의 직접지불이건 감축의무가 면제되기 위해서는 공통적으로 충족되어야 한다. 이 요건 외에 부속서 2의 6-13에서 열거하고 있는 직접지불들은 각각 개별적으로 요구하는 요건을 추가로 충족하여야 한다.

여기에 열거된 직접지불 외에도 현존하는 직접지불에 대하여 또는 새로이

20 우리나라처럼 농가 수가 110만이 넘는 중 · 소농의 농업구조 하에서는 한정된 예산으로 직접지불 방식을 통한 농가소득 지원은 한계를 지닐 수밖에 없다.

직접지불을 도입하여 감축면제를 원용할 수 있다. 그러기 위해서는 위 부속서 2의 1이 정하는 요건 외에 부속서 2의 6의 시장 중립적 직접지불, 즉 비연계 소득지원(decoupled income support) 요건 중 (b)~(e)가 정하는 요건[21]을 충족시켜야 한다(부속서 2의 5).[22]

살펴본 바와 같이 WTO 농업협정에서는 원칙적으로 무역왜곡과 생산에 영향을 미치는 국내지지는 그 형태가 어떤 것이든 모두 감축대상에 포함시키고 있다. 이는 무역과 생산에 연계되지 않는 '시장 중립적' 국내지지만이 허용된다는 의미이다. WTO의 국내지지정책에 관한 이런 기본방향은 사람(농업 생산자)에 대한 지지는 허용하되, 산업(농업)에 대한 지지는 제한해 나가고자 하는 취지이다. 사람에 대한 지원은 세계무역과 시장에 영향을 주지 않고 가능하나, 산업에 대한 지원은 이것이 사실상 불가능하기 때문이다. 다시 말하면, 국내지지정책에 관한 WTO의 기본방향은 정책대상으로서 사람과 산업을 분리하는 것이다. 이렇게 할 때만이 농업에서의 시장지향성 확보가 가능하기 때문이다.

3. 직접지불의 유형

WTO 농업협정 부속서 2에서 규정하고 있는 허용되는 정책으로서의 직접지불의 유형은 다음과 같다.

1) 시장 중립적 소득지지(부속서 2의 6)

농업 생산자에게 소득을 지원해 주는 유형을 농업협정은 세 가지로 분류하

21 이 요건에 대해서는 다음 항 '직접지불의 유형' 참조.

22 감축이 면제되는 직접지불로는 이 외에도 산출량을 일정 수준 또는 일정 면적에 고정시켜 제한할 경우에 예외적으로 인정하고 있다(제6조의 5). 그러나 이 직접지불은 부속서 2에서 말하는 직접지불과는 성격이 다르다. 이 조항이 부속서 2가 아닌 본문에서 별도로 감축의무 면제를 인정한 것은 이러한 이유 때문이다. 부속서의 직접지불이 앞으로 세계 농업 개혁의 대안으로 나온 현대적 의미의 직접지불이라면, 본문 제6조 5의 직접지불은 전통적 의미의 가격지지효과가 있는 직접지불의 잔재가 과도기적으로 남아 있는 것이다.

고 있다. 첫째가 소득재분배 차원에서 저소득 영세농가에 대한 소득지지, 또는 가격지지의 폐지 등 농업 개혁 과정에서 발생하는 소득감소를 보전해 주기 위한 소득지지이고, 둘째는 농업 문제(farm problem)로서 농산물의 가격 불안정성에 기인하는 농가소득의 일시적인 감소를 보전해 주기 위한 소득지지이며, 셋째는 불가항력적인 자연재해로 인한 소득 및 재산상의 손실을 보상해 주기 위한 소득지지이다. 여기에서 말하는 시장 중립적 소득지지는 첫 번째 유형에 속하는 일반적인 형태의 소득지지이다.

비연계 소득지지, 즉 시장 중립적 소득지지(decoupled income support)[23]는 시장을 왜곡시키지 않는 순수한 형태의 직접지불로 시장 메커니즘과 완전히 단절된 지불이다. 이 직접지불은 시장 메커니즘과 엄밀히 분리되어(decoupled) 있기 때문에 그것이 농가의 생산 의사결정에 영향을 미치지 않는 것이다. 농산물의 생산은 물론 가격, 그리고 생산요소 등 시장 메커니즘에 영향을 줄 수 있는 요소와 연계되어 있지 않은 정액소득이전(lump-sum transfer)이 그 예이다.

이 지불을 받기 위한 자격은 사전에 정의되어야 하고, 또 고정된 기준기간의 소득, 생산자 또는 토지 소유자로서의 지위, 생산요소 사용량이나 산출량 등과 같이 명백히 정의된 기준에 의해 결정되어야 한다. 또한 이 지불을 받기 위해서는 어떠한 생산활동도 그 전제로서 요구되어서는 안 된다. 직접지불을 받기 위해서는 과거의 특정 기준기간에 있어서의 실적이나 신분을 기준으로 지급되기 때문에 이 지불로 인해 현재나 미래의 생산에는 영향을 미치지 못하도록 하였다. 이렇게 함으로써 이 지불정책이 생산을 포함한 시장 메커니즘과 연결되지 않도록 기준을 엄격히 정하고 있는 것이다.

협정은 또 이 시장 중립적 성격을 관철하기 위해 다음과 같은 지불금액에

23 "decoupled"의 사전적 의미는 "연계되지 않은" 또는 "분리된"의 뜻이다. 무엇으로부터 분리되는 것인가? 일반적으로 정부의 생산자 지지정책은 가격을 매개로 이루어진다. 가격 변화를 통하여 생산은 물론 고용, 생산요소, 소비, 나아가 무역과 국제가격 등 모든 관련 시장변수들에 연쇄적으로 영향을 미친다. 농업협정 부속서 2의 6에서도 생산에 연계되지 않아야 할 것(b)과 함께 가격에 연계되지 않아야 할 것(c), 그리고 생산요소에 연계되지 않아야 할 것(d) 등을 요구하고 있다. 이상을 고려할 때 연계의 대상을 생산에만 국한하는 것은 이 의미를 지나치게 좁게 해석하는 것이다. 따라서 "decoupled income support"는 시장(가격) 메커니즘으로부터 분리된 소득지지의 의미로 보아 이 책에서는 "시장 중립적 소득지지"로 번역하기로 한다.

관한 세부적 요건도 충족시키도록 요구하고 있다. 즉, 지불금액은 그 기준기간 이후의 생산활동에 의한 생산량이나 생산형태, 그리고 거기에 사용된 생산요소, 또는 그 기간 이후의 생산물에 적용되는 국내 및 국제 가격과 연계되거나 이에 기초하여 산정되어서는 안 된다.

2) 소득보험 및 소득안전망(income safety-net) 정책에 대한 지원(부속서 2의 7)

연도별 농업소득의 변화를 관찰해 보면 그 변동폭이 심하게 움직이는 경향을 볼 수 있다. 농업소득의 불안정성은 여러 요인에 의해 발생한다. 그 중에서도 자연재해에 의한 요인과 가격 불안정성에 기인하는 요인이 중요한데, 가격 불안정성에 따른 소득의 불안전성을 보전하기 위한 정책이 이 조항에 의한 직접지불의 대상이다.

농산물 가격은 본질적으로 다른 상품가격에 비해 불안정성이 심하고 이것이 농가소득의 불안정성을 일으킨다. 농산물 가격의 불안정성은 여러 요인에 기인한다. 농업 생산에는 기상조건이나 병해충과 같은 예측하기 어려운 불확실성(uncertainty)이 상존하기 때문이다. 여기에 농산물의 필수재적 특성과 가계비 지출에서 차지하는 비중이 낮아 수요가 비탄력적이고, 생산요소의 고정성(fixity)과 이로 인한 요소 간의 낮은 대체탄력성은 공급의 비탄력성으로 이어진다. 이와 같은 수요 및 공급 구조상의 비탄력적 성격은 공급이나 수요 측의 작은 변화에도 시장가격이 매우 심하게 변동하는 원인이 되고 있다. 특히, 이런 수급구조의 특성으로 말미암아 가격하락시에는 가격하락률 이상으로 소득이 대폭 감소하는 현상이 나타나기 때문에 농업 문제의 심각성이 나타나게 된다. 또 기술적으로나 경제성 면에서 저장하기 어려운 품목도 많고 생산의 계절성(seasonality)으로 인해 가격의 불안정성을 더욱 가중시키고 있다. 이 밖에도 정부의 정책 변화나 수출입 변화, 환율변동 같은 거시경제변수의 불안정성 등 농산물 가격이 불안정한 요인은 많이 찾아 볼 수 있다.

이와 같은 가격 불안정 요인의 상존은 농가소득의 구조적 불안정성의 원인이 되고 있고, 이로 인한 소득의 손실을 정부가 보전해 주기 위한 것이 이 조항의 목적이다.

이 정책에 의해 혜택을 받기 위한 자격은 농업소득의 손실이 직전 3년간의 평균 총소득(gross income) 또는 이에 상응하는 순소득(net income)의 30%를 초과하거나, 또는 직전 5년 중 최고 및 최저소득 연도를 제외한 3개년 평균소득의 30%를 초과하여야 한다.

지불액은 생산자가 수혜자격을 취득한 해의 소득손실의 70% 미만을 지원한다. 또한 지불금액은 오직 소득에만 관련되어야 하며, 생산량이나 생산형태, 국내외 가격, 또는 생산요소와 연계되어서는 안 된다. 동일 연도에 이 조항에 의한 소득보험 지불과 다음 조항에 의한 자연재해 지불을 동시에 받게 될 경우에는 지불총액은 총손실의 100% 이상이 되어서는 안 된다.

3) 자연재해 구호를 위한 지원(부속서 2의 8)

자연재해(natural disaster)란 자연현상에 의해 농업의 물리적 손상을 일으키는 예외적이고도 예측할 수 없는 생산량의 감소나 재산상의 손실을 말한다. 통상적인 주의를 갖고 생산활동을 하는 농민으로서 예측하기 어려운 홍수 또는 가뭄으로 인한 피해, 가축질병으로 인한 피해 등이 여기에 속하는 자연재해의 예이다.

이 지원을 받기 위한 자격은 자연적 재해 또는 이와 유사한 재난이 발생하거나 발생 중이라는 것을 정부당국이 공식적으로 승인하여야 되며, 생산량의 손실이 존재해야 한다. 직전 3년간의 생산량 평균의 30%를 초과하는 생산손실이 있거나, 직전 5년 중 최다 및 최소 생산연도를 제외한 3개년 평균의 30%를 초과하는 생산손실이 있는 경우에 이 지원을 받을 수 있다.

재해발생 이후에 시행되는 지불은 당해 자연재해에 기인하는 소득의 손실이나 가축, 토지 또는 기타 생산요소의 손실에만 적용된다. 이 지불은 당해 손실을 보상하는 데 필요한 총비용을 초과할 수 없고 장래 생산량이나 생산형태를 요구하거나 지정해서도 안 된다.

재해발생 중의 지불은 위 재해발생 후의 지불기준에 의한 손실이 확대되는 것을 방지하거나 경감시키는 데 필요한 수준을 초과할 수 없다. 생산자가 같은 해에 자연재해에 의한 지불과 소득보험에 의한 지불을 동시에 받을 경우에는 지불총액은 총손실의 100% 미만으로 한다.

4) 구조조정 지원

구조조정이라고 할 때 구조(structure)의 경제적 의미는 생산능력을 구성하는 자원(resources), 즉 생산요소와 그 상호 연관적 배분상태를 말한다. 농업에 있어서 구조라고 하면 노동, 자본, 토지 등 농업 생산요소들과 이들이 농업 생산을 위해 사용되고 있는 배분구조라고 할 수 있다. 따라서 구조조정(structural adjustment)이라고 하면, 효율적 생산을 위해 경제적 자원을 인위적인 정책간섭에 의하거나 또는 자율적 시장기능을 통해 재배분(resource reallocation)하는 동태적 과정을 의미한다.

생산물에 대한 가격지지정책이나 생산요소에 대한 보조 등의 농업 보호정책은 필요 이상의 생산자원을 농업부문으로 끌어들임으로써 자원의 합리적 배분을 왜곡하고 경제의 효율성을 떨어뜨리는 결과를 초래한다. 이런 보호정책이 지속되면 과잉 투자된 자원이 생산성이 떨어지는 부문에 고착되어 기술이나 수급 변화 등 경제환경의 변화에 탄력적으로 적응하지 못하고 결국 사회적 손실로 이어지게 된다. 결국 구조조정은 자원배분의 효율성을 향상시키기 위해 생산요소의 산업 간 또는 농업 내의 유동성(mobility)을 강화하고, 농업 생산구조를 개편하는 것이다. 이런 목적에서의 농업 구조조정을 촉진하는 데 직접지불은 중요한 역할을 할 수 있다. WTO 농업협정은 구조조정을 위해 허용되는 직접지불을 세 가지로 나누어 놓고 있다.

(1) 생산자 은퇴정책을 통한 구조조정(부속서 2의 9)

직접지불 수단을 이용하여 생산성이 낮은 농업 생산자, 예컨대 노령 농업 생산자들을 생산활동으로부터 은퇴시키거나, 또는 다른 부문으로의 전업을 유도함으로써 노동력의 이용을 효율화시키고자 하는 정책이다.

이 정책에 의하여 직접지불을 받을 수 있는 자격요건, 즉 적격성(eligibility)은 상업적(marketable) 농업 생산에 종사하고 있는 사람의 은퇴 또는 비농업 활동으로의 전업을 촉진하기 위한 프로그램에 명확히 정의된 기준에 따라 결정된다. 지불은 수혜자가 상업농 생산으로부터 완전히 그리고 영구히 은퇴하는 조건으로 지불된다.

자격요건으로서 상업적 농업 생산에 종사하는 사람에 국한하고 있다는 점이다. 따라서 농업 생산물을 시장에 유통시켜 판매하지 않고 모두 자기 소비에 충당하는 농업 생산자는 수혜자의 범주에서 벗어나 있다. 여기 농업 생산활동에 참여하고 있는 사람은 자영업자로서의 노동자와 고용된 농업 노동자를 모두 포함한다. 그리고 농업 생산활동으로부터 은퇴시키는 경우뿐 아니라 다른 직업으로 전환하는 경우에도 직접지불을 받을 수 있도록 하였다. 부분적인 은퇴나 일시적인 은퇴는 포함하지 않는다. 파트타임으로 농업 활동에 참여한다거나 일정 기간 경과 후 다시 농업 활동에 복귀하는 일시적인 은퇴는 여기의 직접지불 대상이 되지 않는다.

(2) 생산자원 은퇴정책을 통한 구조조정(부속서 2의 10)

토지나 기타 가축을 포함하는 생산자원을 보다 더 효율적인 부문으로 재배분시키기 위해 지급되는 직접지불이다.

이 지불을 받기 위한 자격요건은 이들 생산요소들을 상업적 농업 생산으로부터 탈퇴시키기 위한 프로그램에 명확히 정의된 기준에 의하여 결정된다. 지불은 토지의 경우에는 상업적 농업 생산으로부터 최소 3년간 사용하지 않는 조건으로, 그리고 가축의 경우에는 도살 또는 완전한 처분을 조건으로 한다. 따라서 3년 미만의 기간 동안 토지를 상업적 농업 생산에 사용하는 경우에는 여기의 직접지불 대상이 될 수 없다. 또한 지불은 토지나 기타 자원이 상업적 농업 생산이 포함되는 어떠한 형태의 대체 사용도 요구하거나 구체화해서는 안 된다. 다시 말하면, 농업 생산에서 이탈되는 토지 등 생산자원을 지불을 조건으로 농업 생산과 관련되는 다른 생산활동에 사용되도록 요구하거나 지정해서는 안 된다는 의미이다.

이 직접지불은 생산형태나 생산량과 연계되어서는 안 되며, 또 이탈되지 않고 남아 있는 토지나 기타 자원을 이용한 생산에 적용되는 국내외 가격에도 연계되어서는 안 된다.

(3) 투자지원(investment aids)을 통한 구조조정(부속서 2의 11)

이 직접지불은 구조적으로 불리한 생산자의 활동(operations)을 재정적 또는 물리적(physical)으로 구조조정하기 위한 지원과 농지의 재사유화(reprivatization)를 위한 지원을 포함한다. 이를 위한 자격요건도 프로그램에 명확히 정의된 기준에 따라 정해져야 한다.

지불액은 기준 연도 이후 생산형태나 생산량 그리고 국내외 가격과 관련되거나 이에 근거해서는 안 된다. 지불은 그것으로 인해 투자가 실현되는 데 필요한 기간 동안만 지급되어야 한다. 또 지불액은 수혜자에게 농산물 생산을 의무화하거나 생산할 농산물을 지정할 수 없고, 다만 특정 품목을 생산하지 못하도록 요구할 수는 있다. 지불은 구조적 불리성을 보상하는 데 필요한 금액에 한정된다.

5) 환경정책 수행을 위한 지불(부속서 2의 12)

농업 생산활동은 농업 · 농촌의 아름다운 자연경관과 환경을 훼손하지 않는 방법으로 수행되어야 한다. 그래서 유기농업, 무농약농업, 자연순환형 축산 같은 친환경적 농업이 장려되고 있다. 그런데 친환경 농업은 관행농법에 비해 생산량 감소와 농가소득이 줄고 추가적인 비용도 발생한다. 예를 들면, 축산폐수 정화를 위해서는 많은 시설투자 비용이 들어야 한다.

농업협정은 이때 발생하는 소득감소나 추가비용을 직접지불을 통해 지원해 줄 수 있으며, 이는 환경보전을 위해 허용되는 지불로 인정하고 있다. 이 지불의 자격요건은 명백히 정의된 정부의 환경계획 또는 보존계획의 일환으로 결정되며, 생산방법 또는 생산요소와 관련된 조건을 포함하여 정부계획에 따른 구체적인 조건을 충족시켜야 한다. 또한 지불액은 정부계획을 수행함으로써 발생하는 추가적 비용이나 소득손실에 한정된다.

6) 지역적 지원정책 수행을 위한 지불(부속서 2의 13)

조건불리지역(disadvantaged regions)에 대한 지원은 이 지역에 일정한 인구를 거주시킴으로써 지역공동체와 농촌경관을 유지하고, 나아가 국토의 균형적 발전을 꾀한다는 데 목적을 두고 있다.[24] 산간 오지 같은 조건불리지역에 거주하는 주민들에게는 정책적으로 소득을 보장해 주어 계속 거주하며 농업 생산활동을 영위하게 함으로써 지역발전에 기여하도록 할 필요가 있다.

이 지불을 받을 수 있는 자격요건은 조건불리지역의 생산자에 한정된다. 지역적 불리성은 일시적 사정에 의한 것이 아니어야 하고, 경제적 및 행정적 실체를 갖추고 있어야 한다. 지불액은 생산감소를 제외하고는 생산형태나 양, 그리고 가격과 관련되거나 그에 기초해서는 안 된다. 지불은 해당 지역의 생산자에게만 지급되어야 하나, 그 지역에 있는 모든 생산자에게 일반적으로 지원이 가능해야 한다. 지불은 해당 지역에서 농업 생산을 함으로써 발생되는 추가적인 비용이나 손실에 한정된다.

7) 기타 직접지불

WTO에서 허용하는 직접지불은 농업협정 부속서에 열거되어 있는 정책에만 한정되는 것은 아니다. 위에 열거되지 않은 직접지불이라 할지라도 부속서 2의 1 기본요건과 2의 6 시장 중립적 소득지지의 (b)~(e)에서 정하는 요건을 충족시킨다면 기존의 정책이나 또는 새로이 도입되는 정책에 대해서도 감축대상에서 면제되는 직접지불을 지급할 수 있다(부속서 2의 5 후단).

24 우리나라는 농업 생산성이 낮고 정주 여건이 불리한 지역으로서 농림축산식품부 장관이 경지율 및 경사도 등을 고려하여 조건불리지역으로 지정하고 있다. 육지의 경우 읍·면지역 중 경지율이 22% 이하이고, 경지의 경사도가 14% 이상인 농지면적을 50% 이상 포함하고 있는 법정 리(里)와 도서지역(제주도 포함)은 경지율이나 경사도와 관계없이 읍·면지역의 모든 법정 리가 조건불리지역이다.

제6절 국내지지 수준의 측정

농업협정 부속서 3과 4에서는 감축대상 국내지지조치의 지지수준을 측정하는 방법으로 AMS(Aggregate Measurement Supports)와 EMS(Equivalent Measurement of Support)에 대하여 규정하고 있다. AMS는 지지조치가 시행되고 있는 모든 기초농산물(basic agricultural product)에 대해서 품목별로 계산되며, 이를 품목 특정적(product specific) AMS라고 한다. 특정 품목이 아닌 모든 농산물 또는 농산물그룹이나 농업 일반에 대한 지지조치의 경우에는 이 지지액을 총합하여 하나의 품목 불특정 AMS를 산출한다. 그리고 AMS에 의한 측정이 부적절할 경우에는 EMS를 대신 산출한다. 이렇게 하여 계산된 모든 AMS와 EMS를 합한 연간 지지총액을 총 AMS(Total AMS)로 표시하는데, 이것이 국내지지 감축의 기준이 되는 것이다.

1. AMS(부속서 3)

품목 특정적 AMS는 시장가격지지, 감축대상 직접지불, 기타 감축의무가 면제되지 않는 보조(기타 비면제정책)를 받는 모든 기초농산물에 대하여 품목별 화폐가치로 표시하여 계산한다. 품목 불특정(non-product specific) 지지는 하나의 통일된 품목 불특정 AMS로 계산한다.

이 계산에는 정부나 정부기관에 의한 재정지출 및 징수 감면액을 모두 포함하며, 중앙 및 지방정부 수준에서의 지지가 모두 포함된다. 생산자가 지불하는 농업 부담금이나 수수료는 AMS에서 공제된다. 기준기간(1986~1988)의 AMS가 연도별 지지감축 약속의 이행을 위한 기준이 된다.

AMS는 현실적으로 가장 가까운 최초 판매 시점, 즉 최초 농가 판매단계에서 계산된다. 가공업자에 대한 지원조치는 그것이 기초농산물 생산자에게 이익이 된 만큼 포함된다. 국내지지조치별 구체적인 AMS 산출방법은 다음과 같다.

1) 시장가격지지

고정된 외부 참조가격(external reference price)과 지지가격(administered price)의 차에 지지된 수량을 곱하여 계산한다. 구매비용이나 저장비용과 같이 가격 차이를 유지하기 위해 지출된 예산상의 지불은 AMS에 포함되지 않는다. 고정된 외부 참조가격은 1986~1988년을 기준으로 하되, 순수출국의 평균 f.o.b. 가격 및 순수입국의 평균 c.i.f. 가격으로 한다. 이 가격은 필요한 경우 품질차이를 반영하여 조정될 수 있다.

2) 감축대상 직접지불

가격 차이에 의해 지불되는 감축대상 직접지불의 AMS 계산은 고정된 참조가격과 지지가격의 차이에 지지를 받은 산출량을 곱하여 계산하거나, 아니면 실제의 재정지출 금액을 사용할 수 있다. 이때 고정된 참조가격은 1986~1988년을 기준으로 하되, 일반적으로 지불액을 결정하기 위해 사용되는 실제가격으로 한다. 가격 차이에 따른 직접지불로는 결손지불제가 있다.

가격 차이가 아닌 다른 요소에 근거한 이 형태의 직접지불은 재정지출을 사용하여 측정된다.

3) 기타 비면제 조치

생산요소에 대한 보조, 마케팅 비용 감축조치 등을 포함하는 감축대상이 되는 기타의 지지조치는 정부 재정지출을 이용하여 계산한다. 다만 재정지출이 보조액을 충분히 반영할 수 없을 때는 보조를 받은 상품 또는 서비스의 가격과 그와 유사한 상품 및 서비스의 대표적 시장가격의 차이에 그 수량으로 곱하여 계산한다.

2. EMS(부속서 4)

부속서 3에서 정의한 시장가격지지, 감축대상 직접지불, 그리고 기타 비면제 지지조치가 존재하는 품목에 대해서 AMS의 산정이 가능하지 않은 경우에는 EMS를 대신 산정한다. 이 같은 품목에 대해서 보조감축 약속이행을 위한 기준(base level)은 EMS로 표시된 가격지지, 감축대상 직접지불, 그리고 기타 비면제 지지로 구성된다. 이때에도 중앙 및 지방정부 차원에서의 지지가 모두 포함된다.

EMS는 품목별로 계산되는데, 시장가격지지를 받고 있지만 AMS 계산이 실제로 가능하지 않은 모든 기초품목(basic products)에 대하여 최초 판매 시점에 가장 가까운 시점에서 계산된다. 이때 실제 적용되는 지지가격과 이 가격이 적용되는 산출량을 이용하여 계산하되, 이 방법이 가능하지 않을 경우에는 생산자 가격 유지를 위해 사용되는 재정지출에 기초하여 계산한다.

비면제 직접지불, 즉 감축대상 직접지불이나 기타 비면제 품목 특정적 보조의 경우에는 EMS는 부속서 3의 해당 AMS 산정방식(부속서 3의 10-13)에 따른다.

EMS 측정도 최초 판매 시점에 가장 가까운 시점에서의 보조액을 측정한다. 또 가공업자에 대한 정책은 그것이 기초품목의 생산자에게 이익을 준 만큼만 포함된다. 생산자가 지불한 농업 부과금이나 수수료는 EMS에서 공제된다.

이상에서 WTO 농업협정의 국내지지 수준 측정지표에 대해서 살펴보았다. 어느 경우에나 AMS의 산정에 기준이 되는 가격은 국제가격이다. 국제가격에 비해 국내가격이 높을수록 AMS는 커지고, 국내지지와 보호의 정도가 심하다고 평가될 수 있는 것이다. 국제가격을 기준으로 하여 국내지지를 평가한다는 것은 곧 자유무역이 실현되기 위해서는 국내지지정책이 감축되어야 한다는 점을 의미하고 있는 것이다.

표 5.3 국내지지측정지표

측정지표	세부 내용	산출방법
AMS	품목 특정적 AMS · 시장가격지지 · 감축대상 직접지불(가격차) · 감축대상 직접지불(가격차 외) · 기타 감축대상 조치(생산요소 보조 등) 품목 불특정 AMS	 (지지가격 – 외부 참조가격) × 지지량 상동 또는 재정지출액 재정지출액 재정지출액
EMS	· 시장가격지지 · 감축대상 직접지불 및 기타 조치	
총 AMS	연도별 지지감축의 기준	품목 특정적 AMS + 품목 불특정 AMS + EMS

3. PSE와의 차이점

WTO 농업협정의 AMS는 OECD에서 사용하는 농업 보호수준 측정지표의 하나인 생산자지지추정치(Producer Support Estimate: PSE)와 몇 가지 점에서 차이가 난다.

첫째, OECD의 보호수준 측정지표인 PSE는 국내지지는 물론 국경보호조치를 포함하는 모든 보호조치에 대하여 측정하고 있다는 점에서, 국내지지조치에 대해서만 적용되는 농업협정의 AMS와 다르다.

둘째, AMS는 기본적으로 감축대상이 되는 시장 왜곡적 정책만 포함하지만, PSE는 시장 비왜곡적 정책까지 모두 포함하여 농업정책으로 인하여 생산자에게 이전된 모든 금액을 측정한다.

셋째, 국내지지가격을 외부 참조가격, 즉 국경가격과 비교하고 있다는 점에서는 서로 같다. 하지만 여기에 적용되는 수량에 있어서 차이가 나기 때문에 동일한 국내지지라 할지라도 두 지표에 의한 지지수준은 서로 다르게 산출된다. AMS는 실제 지지조치를 받고 있는 수량만을 대상으로 계산되는데[25] 반하여 OECD의 지표는 모든 산출량에 적용된다. 정부의 수매정책에 의한 가격지지를 예로 들어 보자. 수매정책의 효과는 수매된 양뿐 아니라 수매되지 않은 양을 포함한 시장 전체의 가격상승으로 나타난다. 이때 AMS는 직접 수매된 양만 계산에 고려되지만, OECD의 PSE 계산에서는 가격이 인상된 시장 전체의 공급량이 고려된다.

넷째, AMS는 국내지지조치로 인한 시장왜곡의 측정을 직접 목적으로 하고 있다. 그러나 PSE는 시장왜곡을 측정하는 장치가 아니라 농업정책으로 인한 소득이전, 즉 보호수준을 측정하는 수단이다. 따라서 PSE에는 시장을 왜곡하지 않는 지불정책도 모두 포함되는 것이다.

4. 한국의 총 AMS

1) 감축대상 국내지지

한국의 총 AMS에 포함된 품목은 쌀, 보리, 콩, 옥수수, 유채 등 5개 품목이다. 이들 품목에 사용되고 있는 수매정책은 시장을 왜곡시키는 가격지지정책에 해당하기 때문에 농업협정상 감축대상이 되는 것이다.

각 품목의 AMS는 수매가격, 즉 지지가격과 국제가격(f.o.b.)의 차이에 수매물량을 곱하여 계산된다. 품목별 AMS는 〈표 5.4〉에 나타나 있다. 이들 품목의 AMS는 생산액에 대한 AMS의 비중이 모두 10% 이상이기 때문에 감축대상이 되고, 따라서 총 AMS에 포함된 것이다.[26] 품목별 AMS를 모두 합하면 총 AMS가 산출되고, 이것이 감축기준이 되는 것이다. 개도국의 경우에는 총 AMS로 계산된 지지총액을 1995년부터 10년 동안 선진국의 2/3 수준인 13.3%를 감축해야 하므로 매년 1.33%씩 감축되는 셈이다.

표에서 보는 바와 같이 한국의 총 AMS는 1조 7,186억 원이다. 이 중 쌀이

25 AMS 적용수량에 대해 농업협정은 "the quantity of production eligible to receive the applied administered price"로 규정하고 있다(농업협정 부속서 3의 8).

26 논의한 바와 같이 성격상 감축대상 정책일지라도 계산된 AMS가 생산액에서 차지하는 비중이 10%(선진국은 5%)가 안 될 경우에는 최소허용지지(*de minimis*)로서 감축이 면제된다.

표 5.4 한국의 총 AMS 현황

	AMS(억 원)	생산액 비중(%)	구성비(%)
총 AMS	17,186(22,595)	–	100.0
쌀	15,684(21,093)	24.8	91.3
보리	523	17.4	3.0
콩	729	34.1	4.2
옥수수	226	79.9	1.3
유채	24	53.3	0.1

주: 1989~1991년 기준이며 괄호 내는 쌀 AMS를 1993년을 기준으로 산정한 수치임.
자료: 한국농촌경제연구원(1994. 11).

표 5.5 한국의 연도별 총 AMS 감축계획

총 AMS	1995	2000	2001	2002	2003	2004
17,186억 원 (22,595)	16,957 (21,825)	15,815 (17,978)	15,586 (17,208)	15,357 (16,439)	15,129 (15,669)	14,900 (14,900)

주: 괄호 내는 쌀 AMS를 1993년을 기준으로 산정한 수치임.
자료: Schedule LX-Republic of Korea, Agricultural Products, March, 1994.

91.3%를 차지하고 있어 한국의 국내지지정책은 쌀이 중심이 되고 있다는 것을 알 수 있다.[27] 이 총 AMS 금액을 10년 동안 13.3% 감축하면 2004년에는 1조 4,900억 원으로 줄어들게 된다. 연도별 총 AMS 감축계획은 〈표 5.5〉에 나타나 있다. 2004년 이후 우리나라의 총 AMS는 이 1조 4,900억 원 수준에 머물러 있다. DDA 협상이 제10차 나이로비 각료회의를 계기로 사실상 결렬된 상태이므로 앞으로 우리나라는 이 범위 내에서 시장을 왜곡하는 국내지지조치를 합법적으로 시행할 수 있는 셈이다.

27 1991년 이후 쌀 수매금액이 크게 증가하여 한국은 쌀에 대해서는 1993년을 기준으로 하여 AMS를 산정하고 이를 이행계획서에 병기하였다.

2) 허용되는 국내지지

한국이 WTO 체제에서도 계속해서 현행의 국내지지정책을 유지할 수 있는 것에는, 농업협정 부속서 2에 해당하는 조치, 제6조의 2에 의거 개도국에게 허용되는 보조정책, 그리고 제6조의 4에 의한 최소허용지지(*de minimis*) 등 세 가지이다.

〈표 5.6〉은 허용되는 국내지지 현황을 보여주고 있다. 먼저 농업협정 부속서 2에 의해 허용되는 정부서비스는 총 6,686억 원으로, 이 중 연구, 방제, 교육, 지도, 검사, 유통 및 판매촉진, 하부구조 개선 등 일반서비스가 6,656억 원이다. 이 중에는 농업 하부구조 개선, 농촌생활 개선, 농산물 시장건설 등 하부구조 개선사업에 지원된 금액(6,036억 원)이 대부분을 차지하고 있다.

다음으로 부속서 2에 의해 허용되는 농업 생산자에 대한 직접지불은 총 1조 795억 원이다. 이 중 시장 중립적 소득지지로 영세농가 자녀 학자금 보조와 농가의 부채경감에 1,791억 원이 지원되었고, 자연재해 손실보상 및 피해복구에 354억 원, 구조조정 지원에 7,587억 원이 지원되었다. 구조조정 지원 중에는 농어민 전직훈련 지원 등 생산자 탈농지원(54억 원), 과수폐원보상과 젖소도태장려금 등 생산자원 탈농지원(38.5억 원)이 있다. 투자지원에는 농기계 및 설비투자 지원(882억 원), 농산물 가공시설 현대화 지원(11억 원), 초지개발 투자지원(5억 원), 경영규모 확대 및 시설개선 등 농업 투자자금 지원(6,597억 원) 등이 있다. 환경보전 지원에는 토양침식 및 산성화방지사업(34억 원), 축산폐수처리시설 지원(27억 원) 등이 있다. 이 외에도 부속서 2에 의해 허용되는 직접지불로 농산물 완충재고관리, 생산자단체 운영비 지원 등에 1,001억 원이 지불되었다.

농업협정 제6조의 2에 의거하여 개도국에게 허용되는 면제조치로는 투자보조로서 누에고치 및 견과류 생산기반 조성지원이 있고, 저소득 생산자에 대한 투입요소 보조로는 영세농의 농업 생산자재 지원(68억 원), 조사료생산자재 구입지원(27억 원), 규격포장재 구입지원(26억 원) 등이 있다.

이 밖에도 품목불특정 AMS가 688억 원으로 산출되었으나 총생산액의

표 5.6 한국의 허용대상 국내지지

지지 유형		지지액(억 원)
정부서비스	일반서비스	6,656
	국내 식량지원	30
	계	6,686
직접지불	시장 중립적 소득지지	1,791
	자연재해 구호	354
	구조조정 지원	7,587.5
	· 생산자 탈농지원	54
	· 생산자원 탈농지원	38.5
	· 투자지원	7,495
	환경보전 지원	61
	기타	1,001
	계	10,795
개도국 우대	투자보조	2
	투입요소 보조	121
	계	123

주: 위 지지액은 1989~1991년을 기준으로 산정한 금액임.
자료: 대한민국(1994).

0.38%에 불과한 것으로 나타나 최소허용지지 기준에 따라 감축대상에서 제외되었다.

Chapter 6

수출경쟁과 수출보조

Chapter 6

수출경쟁과 수출보조

제1절 수출보조의 의의 및 유형

1. 수출보조의 의의

수출보조(export subsidy)란 정부가 수출을 촉진할 목적으로 상품수출에 대해 지원해 주는 금액 또는 그런 조치를 말한다. 수출보조를 지급하면 그만큼 해외시장에서 가격을 낮출 수 있기 때문에 가격경쟁력이 향상되어 수출이 늘어나게 된다. 수출이 증가하면서 국내적으로는 가격상승과 함께 생산이 늘어난다. 때문에 수출보조는 국내산업을 보호하기 위한 정책수단으로 많이 활용되어 왔다.

농산물 무역에서는, 특히 1980년대 EU나 미국 등 세계 주요 농업 선진국들이 자국 농업 보호를 위해 수출보조를 경쟁적으로 지급하였다. 그 결과 세계시장의 공급과잉과 가격침체 등 심각한 무역왜곡을 초래하기도 했다.

수출보조는 인위적으로 자국 상품의 국제경쟁력을 향상시키는 정책이기 때문에 국내외 시장의 효율적 자원배분을 왜곡시킴은 물론 공정한 무역질서를 저해하는 대표적인 불공정 무역관행이다. 따라서 수출보조조치에 대해서는 국제규범이 엄격히 규율하고 있으며, 교역 상대국에게 상계관세 같은 합법적인 대응조치를 취할 수 있는 권한도 국제규범으로 허용되고 있다.

2. 수출보조의 유형

수출보조의 일반적인 형태는 수출상품에 대해 직접 보조금을 (수출업자에게) 지급하는 것이다. 이 직접 보조방식은 단위 수출물량에 대하여 일정액을 보조하거나 아니면 국제가격 변화에 따라 보조금액을 달리하기도 한다. 전자를 정액수출보조(specific export subsidy)라 하고 후자를 가변수출보조(variable export subsidy)라고 부른다.[1] 이 외에도 수출상품의 수송비나 마케팅 비용을 지원하는 경우, 수출상품의 투입원료에 대하여 보조를 지급하는 경우도 있다. 또 세금의 환급이나 감면을 해 주거나 또는 수출신용, 수출신용보증, 그리고 수출보험 등을 통해 지원하는 경우도 있다. 간접적인 수출보조 방식으로 마케팅위원회(marketing board)에 보조금을 지급하여 이들이 국내에서 높은 가격에 사들여 해외에서 낮은 가격에 팔 수 있도록 하는 보조도 있다. 그 형태가 어떻든 수출촉진을 위해 정부의 재정적 부담으로 지원하는 정책은 모두 여기에서 말하는 광의의 수출보조정책이라고 할 수 있다.

농업협정에는 수출보조와 관련하여 제8조부터 제12조까지 다섯 개의 조항을 두고 있다. 이 중에서도 수출은 공정한 경쟁이 무엇보다 중요하다는 취지에서 수출경쟁(export competition)에 관한 원칙을 제일 먼저 규정해 놓고 있다. 농업협정 제8조에서 회원국들은 원칙적으로 수출보조를 제공하지 않을 것을 약속한다고 규정하고 있는데, 이것은 세계시장에서의 수출경쟁은 공정하게 이루어져야 한다는 원칙을 전제로 한 것이다.

1 정액수출보조는 일종의 종량방식의 수출보조이다. 세계시장가격에 일정 비율로 지급하는 방식으로 수출보조가 이루어지면 이를 종가수출보조(*ad valorem* export subsidy)라 할 수 있다.

제2절 수출보조의 효과

1. 수출보조의 효과

1) 대국의 경우

단위 수출물량당 일정 금액을 지급하는 방식의 수출보조를 정액수출보조라고 하였다. 〈그림 6.1〉에는 이 정액수출보조의 효과가 그려져 있다. 자유무역 상태에서 수출국의 초과공급곡선 *ES*와 이 나라가 세계시장에서 직면하는 초과수요곡선 *ED*가 교차하는 점에서 국제균형가격과 교역량이 각각 P_0와 Q_0로 균형을 이루고 있다. 수출량의 변화가 세계시장에 영향을 줄 수 있는 대국모형이므로 수출국이 세계시장에서 직면하는 *ED*는 우하향하는 기울기를 갖도록 그려져 있다.

이제 수출국이 단위 수출량에 *s*만큼의 수출보조를 지급한다고 하자. 그러면 수출상품의 단위당 가격이 *s*만큼 싸지므로 *ES*는 이 거리만큼 아래로 평행이동하여 초과공급곡선은 *ES′*이 된다.[2] 이 *ES′*이 초과수요곡선과 교차하는 데서 새로운 세계시장의 균형이 성립할 것이다. 이때 국제균형가격은 P_1으로 하락하고, 수출은 Q_0에서 Q_1으로 늘어난다. 가격이 얼마나 하락하고 수출이 얼마나 증가할지는 국내외 시장구조에 따라 달라진다. 세계시장에서 이 상품의 수요가 탄력적일수록 수출보조의 지급으로 인한 가격하락은 완만해지지만 수출량은 급격히 늘어날 것이다. 한편, 수출보조의 지급으로 수출국의 국내가격은

2 *ES*는 주어진 가격 하에서 최대한으로 수출할 용의가 있는 양, 즉 최적의 수출량을 나타내는 선이다. 그러므로 *ES*의 높이는 결국 최종 한 단위 수출을 위해서 받아야 할 최소 금액이다. 예를 들어, 〈그림 6.1〉에서 P_0 가격 하에서는 최대 Q_0를 수출하고, Q_0 수출을 위해서는 최소 P_0의 가격을 받아야 한다는 의미이다. 따라서 *s*만큼 수출보조가 지급되면 *ES*는 그만큼 아래로 평행이동하게 되는 것이다. 수입관세가 부과되면 *ED*가 그만큼 왼쪽으로 이동하는 반면, 수출보조가 지급되면 *ES*가 그만큼 우측으로 이동하는 것이다.

그림 6.1 수출보조의 효과(대국)

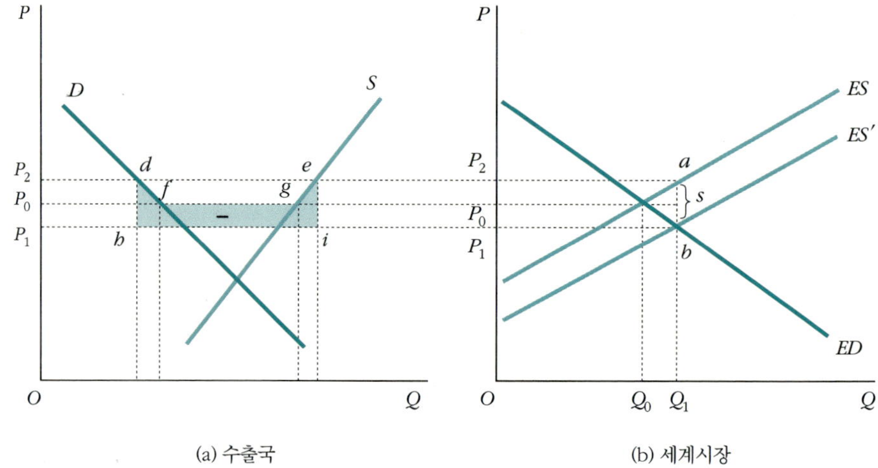

P_0에서 P_2로 상승한다($P_2 = P_1 + s$). 상품이 해외시장으로 빠져 나가면서 국내가격을 상승시키는 효과로 나타난 셈이다. 그리고 가격상승과 함께 국내생산은 증가한다.

후생 변화효과를 살펴보자. 수출보조의 지급은 수출국의 국내가격을 P_0에서 P_2로 상승시키면서 생산증가와 소비감소가 일어난다. 생산자잉여는 면적 P_2egP_0만큼 증가하는 반면 소비자잉여는 P_2dfP_0만큼 감소한다. 수출보조금으로 지급된 정부의 재정지출총액은 패널 (b)에서 $s \cdot Q_1$, 즉 P_2abP_1의 면적이 되는데, 이는 패널 (a)에서 *deib* 면적과 같다. 이들 효과를 모두 종합하면 수출국 전체로는 패널 (a)의 색칠한 면적의 사회적 후생손실이 생긴다.

수입국에서는 국제가격이 P_0에서 P_1으로 하락함에 따라 소비증가로 수입량이 늘고 생산은 줄어든다. 이에 따라 생산자잉여는 감소하지만 소비자잉여의 증가로 전체적으로는 이익을 보게 된다.[3] 즉, 수출국의 수출보조는 수입국

3 수입국 상황이 〈그림 6.1〉에는 그려져 있지 않다.

입장에서 국내산업의 보호 필요성만 없다면 소비자 입장이나 사회후생 측면에서는 좋은 것이다.

결국 수출보조는 국가 간의 소득재분배 측면에서는 수출국이 손실을 보면서 수입국으로 소득이 이전된다고 볼 수 있다(국제가격 하락 전제). 그럼에도 수출국이 보조를 지급하는 이유는 국내적으로는 산업 보호와 해외에서는 수출시장의 확대를 위해서이다. 수출보조가 국제가격의 하락으로 수입국 전체 후생을 증대시키는데도 이를 비난하는 이유도 수입국의 해당 국내산업이 위축되기 때문이다. 따라서 수출보조정책은 경쟁관계에 있는 수출국들과 수입국들로부터 동시에 비난의 대상이 되고 있는 것이다.

2) 소국의 경우

수출보조를 지급하는 나라가 소국이라면 이 수출국이 세계시장에서 직면하는 초과수요곡선은 〈그림 6.2〉에서 보듯이 국제가격 P_0에서 수평선, 즉 완전탄력적으로 그려진다. 수출국은 원하는 만큼 얼마든지 이 가격으로 세계시장에 수출할 수 있다는 의미이다. 그렇게 해도 세계 수출물량에서 차지하는 비중이 매우 적기 때문에 세계시장가격에는 전혀 영향을 미치지 못한다. 자유무역 상태에서 가격은 P_0, 수출은 Q_0이다.

이제 이 나라가 수출물량 한 단위당 s만큼의 수출보조를 지급한다고 해 보자. 그러면 초과공급곡선 ES는 우측(아래) ES'으로 평행이동할 것이다. 새로운 균형은 이것과 수평인 ED가 교차하는 점에서 이루어져 수출은 Q_1으로 늘어난다. 그러나 초과수요곡선이 완전 탄력적이므로 세계시장가격은 변함이 없이 그대로 P_0에 머물러 있게 된다. 국내가격은 수출물량이 세계시장으로 빠져 나가면서 상승압력을 받아 P_1으로 상승한다. 즉, 국내가격은 국제가격보다 보조금만큼 높아진다. 국내가격이 상승함에 따라 생산은 늘고 소비는 감소하게 된다. 국내 소비자는 손실을, 생산자는 이익을 보게 되나 수출국 전체의 후생손실은 대국의 경우처럼 크지는 않을 것이다. 수출가격에 변함이 없어 교역조건이 악화되지 않기 때문이다. 수출국의 순후생손실은 패널 (a)의 파란색의 두 삼

그림 6.2 수출보조의 효과(소국)

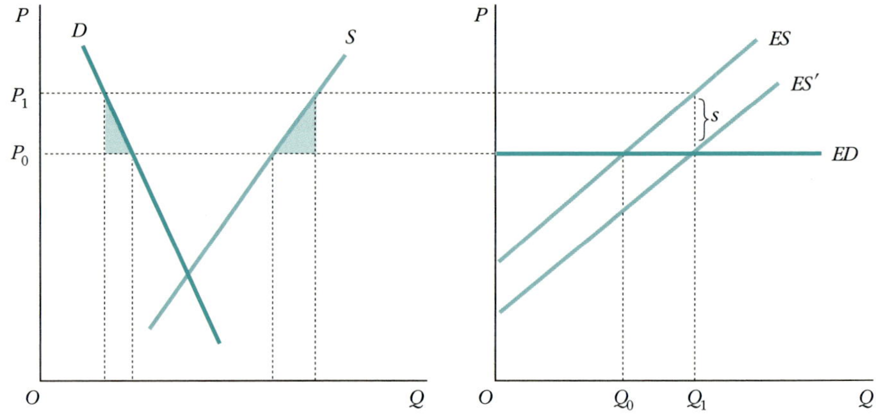

(a) 수출국 (b) 세계시장

각형의 면적이 된다. 한편, 수입국은 세계시장가격의 불변으로 아무런 영향을 받지 않는다.

2. 감축협상에 주는 의미

WTO는 왜 수출보조를 감축하도록 요구하고 있는가? 수출보조가 대표적인 불공정 무역관행이라는 점은 두 말할 나위 없다. 수입국의 입장에서는 국내 동종 산업에 대해 보호조치를 취할 수밖에 없고, 이때 사용되는 조치가 상계관세 제도임은 앞에서 설명한 바와 같다.

그러나 수출보조가 정작 문제가 되는 것은 수입국 입장 외에도 수출국 간, 즉 수출시장 점유율을 더 확보하려고 노력하는 수출경쟁국 간에 일어난다. 수출보조가 수출국 상호간에 공정한 경쟁질서를 무너뜨린다는 점이다. 어느 한 나라에 의한 수출보조의 지급은 경쟁관계에 있는 다른 수출국 상품의 경쟁력을 상대적으로 약화시켜 그 나라의 수출을 감소시킨다. 이때 수출이 줄어든 나라도 경쟁력 회복을 위해 수출보조를 지급하게 되면, 결국 수출보조를 이용한 수출전쟁에 휘말리게 되고 세계 농산물시장은 공급과잉과 가격침체의 늪으로 빠지게 될 것이다.

더욱 문제가 되는 것은 수출보조정책이 수출보조를 지급하지 않는 다른 수출경쟁국들의 교역조건까지 악화시키고 수출을 감소시켜 이들에게 손해를 끼치는 결과가 된다는 점이다. 수출보조에 의존하지 않고 공정하게 경쟁하는 농산물 수출국들의 수출시장을 공격적으로 잠식해 버리는 결과가 되는 것이다. 이들로 하여금 상실한 경쟁력 회복을 위해 새로이 수출보조를 도입하게 하는 유인이 될 수도 있다. 특히, 재정능력이 부족한 개도 수출국들에게는 더욱 불공정한 수출경쟁이 된다.

결국 수출보조는 수입국의 동종 산업에 대한 피해, 다른 수출국들에 대한 피해 외에도 세계시장에서는 과잉공급과 가격침체 등 심각한 시장왜곡을 일으킨다. 이런 부정적 영향들이 수출국의 국내산업 보호라는 이유만으로 정당화되기는 어려울 것이다. WTO가 지향하는 공정한 수출경쟁은 이런 배경에서 농업협정에 구체화되고 있는 것이다.

제3절 수출보조에 관한 WTO 규정

1. 수출경쟁약속

수출은 비교우위(comparative advantage)산업의 상품이 국제 경쟁력(competitiveness)이 향상되면 자연히 확대되게 마련이다. 이렇게 이루어지는 수출경쟁이 공정한 수출이다. 그러나 수출국과 기업들은 인위적인 시장간섭이나 덤핑 같은 방법을 통해 수출을 늘리기도 한다.

세계시장에서 수출확대를 위해 사용되는 대표적인 정책이 수출보조이다. 수출보조가 어떤 효과를 일으키는가는 앞에서 고찰한 바와 같다. 수출보조 외에 기업들은 덤핑을 통해 해외시장을 확대하기도 한다. 동종 상품의 국내시장 가격이나 다른 수출국의 가격보다 낮은 가격으로 수출될 때에 보통 덤핑이라고 한다. 또는 생산비 이하의 낮은 가격으로 수출될 때에 덤핑이라고 한다. 수출보조를 받고 낮은 가격에 수출되는 경우도 넓은 의미의 덤핑수출이라고 할 수 있으며, 이것이 대표적인 불공정 무역관행으로 지목되고 있다. 따라서 이런 경우 수입국은 국제규범에 의해 국내산업 보호를 위해 반덤핑 관세나 상계관세를 합법적으로 부과할 수 있는 것이다.

1980년대는 세계 농산물시장에서 이와 같은 불공정 경쟁과 과열경쟁 현상이 극심하게 나타났던 시기이다. 1970년대 식량위기 이후 국내지지정책의 결과로 쌓인 식량재고를 해결하기 위해 나온 것이 농산물 수출에 대한 보조였다. 수출보조정책은 여러 가지 부작용을 낳았다. 한 나라의 수출보조 지급은 수입국 동종 산업에 대한 피해뿐 아니라 다른 수출경쟁국의 수출보조를 유발시키고, 이에 대해 그 나라는 다시 더 많은 수출보조로 대응하게 되는 과열경쟁 사태를 연출하였다. 이렇게 될수록 국내 재고는 더욱 쌓이고 이는 다시 그 처분을 위해 더 많은 보조를 지급해야 하는 딜레마에 빠지게 되었다. 이로 말미암은 세계 농산물 가격의 침체는 보조에 의존하지 않고 수출하던 경쟁력 있는 국가들에게, 특히 손해를 입혔다. 시장왜곡으로 인한 효율손실 외에도 통상분쟁으로 국제사회의 불안정을 야기하는 부작용을 낳기도 하였다.

수출보조에 관한 WTO 농업협정의 규정은 수출보조의 감축을 통한 공정한 수출경쟁 환경의 확립에 초점이 맞춰져 있다. 농업협정은 수출보조의 감축약속에 관한 제9조와는 별도로 공정한 수출경쟁을 확보하기 위한 제8조의 수출경쟁약속을 먼저 규정하고 있다. 농업협정 제8조에 따라 모든 회원국들은 이 협정과 각국의 양허표에 명시된 약속에 부합되는 경우 외에는 수출보조를 지급하지 않기로 약속하고 있다. 농업협정에서 정하고 있는 감축대상 수출보조 이외의 수출보조를 새로이 도입한다거나, 이 협정의 규정을 근거로 하여 국별로 이행계획서에 구체화시켜 놓은 감축약속 수준을 초과하여 수출보조를 지급하는 것은 금지된다는 것이다.[4] 세계시장에서 벌어지는 수출경쟁은 공정하게 하자는 약속인 것이다.

2. 수출보조의 감축

1) 감축대상 수출보조

농업협정 제8조의 규정에 의해 지급할 수 있는 수출보조는 이 협정과 국별 이행계획서에 명시된 보조에 한정되며, 이것은 약속에 따라 감축되어야 한다. 농업협정에 의해 지급이 가능하되 감축약속에 따라 감축되어야 하는 수출보조는 다음과 같이 여섯 가지 유형이 있다(제9조의 1).

(1) 직접보조

수출이행을 조건으로 정부나 정부대행기관이 지급하는 직접보조(direct subsidies)이다. 지급대상은 개별 기업, 산업, 농산물 생산자, 생산자조합(cooperatives)이나 기타 생산자협회(association), 또는 마케팅위원회(marketing board) 등이다. 이들에게 지급되는 직접보조에는 현금 외에도 현물지급(payment-in-kind)도 포함된다.

(2) 비상업용 농산물 재고의 수출을 위한 판매 또는 처분

정부 또는 정부대행기관이 수출을 목적으로 비상업적 농산물 재고를 국내시장에서 동종의 상품에 적용되는 가격보다 낮은 가격으로 판매 또는 처분하는 경우, 그 차액은 감축약속 대상이 되는 수출보조로 간주된다. 비상업적 농산물에는 원조, 식량구호, 식량안보용 공공비축 등을 들 수 있다.

4 농산물 무역에 있어서의 수출보조는 원칙적으로 사용 금지되는 적색정책(Red Box)적 성격을 띠고 있다.

(3) 정부활동으로 조성되는 자금에 의해 지원되는 지불

공공회계에 포함 여부를 불문하고 정부의 행위에 의해 조성된 재원으로 농산물 수출에 대하여 지급되는 지불은 감축대상 수출보조이다. 여기에는 농산물 또는 수출품의 원료 농산물에 부과되는 부과금 수입을 재원으로 한 지불도 포함된다. 이는 지원자금의 성격에 의한 기준으로 감축대상 수출보조의 재원이 일반 재정자금에 한정되지 않는다는 의미이다.

(4) 수출마케팅 비용에 대한 보조

취급(handling), 품질 고급화(upgrading) 및 기타의 가공비용, 그리고 국제 운송비용 등을 포함하여 농산물 수출에 필요한 마케팅 비용을 줄이기 위해 지급되는 보조금은 감축대상 수출보조이다. 다만 널리 이용되고 있는 수출촉진 및 자문서비스에 대한 보조금의 지불은 여기에 포함되지 않는다.

(5) 수출선적에 대한 국내 운송비 지급

정부가 제공하는 수출선적에 대한 국내 운송비 보조로서, 그것이 국내선적에 대한 것보다 유리한 조건으로 제공되는 경우에는 여기의 감축의무 수출보조에 해당한다.

(6) 혼합 농산물에 대한 보조

수출되는 상품의 혼합물, 즉 가공품의 원료로 사용되는 것을 조건으로 원료 농산물에 지급되는 보조 또한 여기의 감축대상 수출보조이다.

2) 수출보조의 감축 및 양허(제9조의 2)

(1) 수출보조 감축약속과 양허

농업협정 제9조의 1에 규정된 여섯 가지 수출보조에 관하여, 이행기간 중 연간 수출보조 약속(양허)수준은 재정지출액을 감축하는 경우와 수출물량을 감축하는 경우로 나누어져 있다.

재정지출액 감축약속의 경우, 수출보조 약속수준은 당해 연도의 당해 농산물 또는 농산물 그룹에 배정될 수 있는 수출보조 지출액의 최대수준이 된다. 또 수출물량 감축약속의 경우에는 당해 연도 중 수출보조금이 제공될 수 있는 농산물 또는 농산물 그룹의 최대 물량이 된다.

이와 같은 금액 및 물량 두 기준에 의한 연도별 수출보조 지급약속 수준은 회원국의 이행계획서에 명시된다.

(2) 감축수준

이행 마지막 연도의 수출보조액과 보조물량은 기준 연도(1986~1990) 수출보조금과 수출보조 물량의 64%와 79%를 초과할 수 없다. 이 경우 개도국은 각각 76%와 86%를 초과할 수 없다. 다시 말하면, 수출보조액과 보조물량을 감축하는데, 1986~1990년도의 보조금액 및 보조물량을 기준으로 선진국은 각각 36% 및 21%, 개도국은 각각 24%와 14%를 감축하여야 한다(제9조 2의 (b) (iv); 던켈초안 Part B의 제11조 및 부속서 8).

(3) 감축 이행상의 신축성

그러나 다음의 조건을 충족할 경우에는 감축이 이행되고 있는 기간 중(2~5년차)에는 양허표에 명시된 연간 약속수준을 초과하여 수출보조금을 지급할 수 있도록 함으로써 수출보조 감축의 이행에 있어서 융통성을 부여하였다.

① 이행 초년도부터 수출보조를 초과 지급하고자 하는 연도까지의 누적수출보조액이 양허표, 즉 이행계획서상의 연간 지출 약속수준을 그대로 준수했다면 그때까지 누적되었을 수출보조액을 기준기간 수출보조액의 3% 이상 초과하지 않아야 한다.

② 수출물량에 대해서도 위와 동일한 조건이 적용되는데, 다만 이때에는 3%가 아닌 1.75% 이상을 초과하지 않아야 한다. 즉, 이행 초년도부터 수출보조를 초과 지급하고자 하는 연도까지의 누적수출보조 물량이 이행계획서상의 연간 지출 약속수준을 그대로 준수했다면, 그때까지 누적되었을 수출보조 물량을 기준기간 수출보조 물량의 1.75% 이상 초과하지 않아야 한다.

표 6.1 수출보조의 양허 및 감축 내용

	선진국	개도국
양허수준		
· 금액기준	64%(36% 감축)	76%(24% 감축)
· 물량기준	79%(21% 감축)	86%(14% 감축)
이행기간	6년(1995~2000)	10년(1995~2004)
기준 연도	1986~1990	1986~1990

③ 전 이행기간 동안 위와 같은 방법으로 지급된 수출보조액과 수출보조 물량의 총합은 이행계획서상의 연간 지출 약속수준을 그대로 준수했다면 그때까지 누적되었을 각각의 총합을 초과할 수 없다.

④ 그리고 이행기간 최종 연도의 수출보조액 및 수출보조 물량은 각각 기준기간 수출보조액 및 수출보조 물량의 64%와 79%를 초과할 수 없다. 개도국의 경우에는 각각 76%와 86%를 초과할 수 없다.

이상에서 제시한 조건에 합치되는 경우에는 이행기간이 종료되기 전의 기간 동안 수출보조액이나 수출보조 물량이 연간 기준을 다소 초과하더라도 허용된다는 것이다.

3) 수출보조 범위확대의 제한(제9조의 3)

수출보조의 범위확대에 대한 제한과 관련한 약속은 반드시 회원국의 양허표에 명시되도록 하였다.

4) 개도국에 대한 우대(제9조의 4)

개도 회원국은 감축약속을 회피하는 방법으로 적용하지 않는 한 농업협정 제9조 1항의 (d) 및 (e)에 정한 수출보조의 감축의무는 면제된다. 즉, 개도국에 대해서는 정당한 방법으로 지급되는 한 수출 마케팅 비용에 대한 보조와 수출선적에 대한 국내 운송비 보조의 감축의무를 면제하였다.

3. 우회적 수출보조 행위의 방지(제10조)

연도별 수출보조 약속수준을 지키기 위해 농업협정 제9조 1항에 명시된 감축대상 수출보조 이외의 방법으로 수출을 보조하는 행위가 있을 수 있다. 제10조의 규정은 이와 같은 우회적 방법으로 수출보조를 지급하는 행위를 규제하기 위한 것이다.

1) 우회적 수출보조의 금지

농업협정 제9조 1항에 명시되지 않은 수출보조가 수출보조 약속을 회피하거나 회피할 우려가 있는 방법으로 적용되어서는 안 된다. 또한 비상업적 거래도 수출보조 약속을 회피하기 위하여 사용되어서는 안 된다. 이것은 이행계획서에 명시된 제9조 1항 수출보조의 연도별 약속수준을 외형상 준수하면서 실질적으로는 다른 수출보조를 사용하는 우회적인 수출보조는 금지된다는 의미이다.

2) 수출신용, 수출신용보증, 수출보험

회원국은 수출신용(export credits), 수출신용보증(export credit guarantees) 또는 수출보험(export insurance programs)을 규율할 국제적으로 합의된 규칙 개발을 위해 노력할 것을 약속한다. 또 이 규칙에 대한 합의가 이루어진 후에는 수출신용, 수출신용보증 및 수출보험은 여기에 의해서만 제공할 것을 약속한다.

이 조항으로 보아 여기에 관한 국제적 규범이 제정될 때까지는 수출신용, 수출신용보증, 그리고 수출보험은 허용되는 수출보조로 해석된다.

3) 수출보조 감축약속의 입증책임

수출보조 감축약속에 대한 입증책임은 수출국이 진다. 감축약속 수준을 초과하는 수출량에 대하여 보조금이 지급되지 않았다는 사실을 수출국이 입증해야 한다. 감축약속 수준을 초과한 수출물량에 대해 보조금이 지급되지 않았다고 주장하는 회원국은 여하한 보조금도 해당 수출물량에 대해 지급되지 않았다는 점을 입증하여야 한다. 따라서 수입국이 그 초과물량에 보조금이 지급되었다는 것을 입증할 책임을 지지는 않는다.

입증책임을 수출국에게 지움으로써 수출보조의 감축의무를 성실히 이행하도록 촉구하는 장치이다.

4) 국제식량원조

국제식량원조를 제공하는 회원국은 다음 사항을 보장하여야 한다.

① 식량원조의 제공이 수혜국에 대한 농산물의 상업적 수출과 직 · 간접적으로 연계되어서는 안 된다.

② 양국 간의 식량원조를 위한 재정지출을 포함하여 국가 간의 식량원조 거래는 UMR(Usual Marketing Requirement) 체제를 포함한 FAO의 잉여농산물 처분원칙과 협의의무(Principles of Surplus Disposal and Consultative Obligations)에 합치되도록 수행되어야 한다.

③ 이 식량원조는 최대한 무상의 형태로 제공되어야 하며, 1986년 식량원조협약(Food Aid Convention) 제4조에 명시된 조건보다 불리하지 않은 조건으로 제공되어야 한다.

4. 가공 농산물에 대한 보조한도(제11조)

가공을 위해 사용되는 농산물의 경우, 가공품에 혼합된 농산물(incorporated

agricultural primary product)에 지급되는 단위당 보조금은 이것이 가공에 사용되지 않은 상태에서 원료 농산물(primary product)의 수출에 지급되었을 것으로 인정되는 단위당 수출보조금을 초과할 수 없다.

5. 수출금지 및 제한에 관한 원칙(제12조)

수출보조를 통해 인위적으로 수출을 촉진하는 행위가 불공정 무역관행으로 규제대상이 되듯이 수출국이 의도적으로 수출을 제한 또는 금지하는 것도 문제이다. 농업협정 제12조는 이 같은 수출국들의 부당한 수출금지나 제한에 관해 일정한 제약을 가하기 위한 규정이다. 수출금지를 포함한 여러 형태의 수출제한조치는 수입국에 적지 않은 영향을 미친다. 특히, 수출품이 주요 식량인 경우에는 수입국의 식량안보를 위협할 수도 있다. 수출제한도 수입제한과 마찬가지로 자원배분과 무역을 왜곡하는 조치이다. 그럼에도 수출제한조치는 수입제한조치에 비해 국제사회에서 상대적으로 비판을 덜 받아 왔다.

농업협정 제12조의 규정은 경제적 이유에서가 아니라, 농산물 수입국의 식량안보 위협을 완화하고자 하는 목적이 담긴 조항이다. GATT 제11조에서 허용되고 있던 수출제한에 관한 규정을 수입국들의 식량안보 문제를 고려하여 허용요건을 다소 강화한 것이다.

1) 수출금지 및 제한의 원칙

GATT 1994의 제11조 2(a)에 합치되는 방법으로 식량에 대한 새로운 수출금지나 제한을 실시하려는 회원국은 다음 사항을 준수하여야 한다.

① 수출금지나 제한을 실시하는 회원국은 이 조치가 식량수입 회원국의 식량안보에 미치는 영향을 적절히 고려(due consideration)해야 한다.

② 수출금지나 제한조치를 취하기 전에 그 회원국은 미리 서면으로 이 조치의 성격, 유효기간과 같은 정보를 농업위원회에 통보하여야 한다. 요청이 있

을 경우에는 이 조치와 관련한 문제에 대하여 수입국으로서 실질적인 이해관계를 갖고 있는 다른 회원국과 협의를 해야 한다. 또한 요청이 있을 경우 그 회원국에게 필요한 정보를 제공하여야 한다.[5]

2) 개도국에 대한 예외

이와 같은 수출금지 및 제한에 관한 일반원칙은 특정 기초식품의 순수출국이 아닌 한 개도 회원국에게는 적용되지 않는다. 즉, 개도국의 경우에는 식품 순수출국이 아니면 아무런 제한 없이 자국의 필요에 따라 수출을 금지 또는 제한할 수 있지만, 순수출국의 경우에는 선진국과 동일한 의무를 지도록 하였다.

6. 대상 품목

농업협정의 수출경쟁 및 수출보조와 관련한 규정의 적용대상이 되는 농산물은 다른 분야와 마찬가지로 부속서 1에서 정하고 있는 농산물이다. 그러면서도 던켈초안(Part B의 부속서 8)에서는, 특히 감축대상이 되는 수출보조 지급대상 농산물로 다음과 같은 22개 품목 또는 품목군을 예시하고 있다.

밀 및 밀가루, 조곡(coarse grain), 쌀, 채유용 종자(oilseeds), 식물성 기름(vegetable oils), 유지박(oilcakes), 설탕, 버터 및 버터기름, 탈지분유(skim milk powder), 치즈, 기타 유제품, 쇠고기, 돼지고기, 닭고기, 양고기, 산 동물(live animals), 계란, 와인, 과일, 채소, 담배, 면화 등이다.

5 수출국이 수출을 제한함에 있어서 식량수입국의 식량안보에 대한 적절한 고려의무 등 몇 가지 준수사항을 부과하고 있긴 하지만, 수출국은 사실상 필요하면 언제라도 수출을 제한할 수 있도록 되어 있다. 수입국들이 시장접근기회를 확대해야 하는 의무와 비교하면 수출국과 수입국 간 균형상의 문제가 제기될 수 있다.

제4절 수출세와 수출제한정책

수출국이 수출을 제한하는 이유는 주로 국내 농산물 가격을 안정시킬 목적이나, 아니면 개도 수출국의 경우 재정수입 확보를 위해 수출 농산물에 세금을 부과하는 경우가 있다. 또 국내식량이 부족하여 식량안보를 확보하기 위한 목적에서 수출을 제한할 수도 있고, 군사·외교적 목적으로 특정의 수입국에만 선별적으로 수출을 제한하는 경우도 있다. 이와 같이 특정 국가에게 선별적으로 수출을 제한하는 경우를 엠바고(embargo)라고 한다.

수출제한을 위해 사용되고 있는 일반적인 정책수단으로는 수출세와 수출수량제한, 즉 수출쿼터가 있다. 수출세(export tax)는 수출보조와는 반대로 수출상품에 대해 세금을 부과함으로써 자국 상품의 수출을 제한하는 조치이다.

수출세나 수출수량제한조치 등 수출제한정책도 자유무역에 반하는 조치이다. 국내외 시장을 왜곡하는 것으로 국제규범의 규율대상이 됨은 물론이다(농업협정 제12조). 특히, 수출제한조치가 식량수입국의 식량안보를 위협할 수 있기 때문에 더욱 중요한 논의대상이 되고 있다. 앞서도 언급한 바와 같이 농업협정 제12조는 자원의 합리적 배분이나 무역왜곡의 방지를 위해서가 아니라 식량안보를 고려하여 정하고 있는 규정이다.

그림을 통하여 수출세를 포함한 수출제한정책의 효과에 대하여 고찰해 보자. 〈그림 6.3〉에서 패널 (a)는 수출국 시장을, 패널 (b)는 이 수출국이 직면하고 있는 세계시장 상황을 그려놓았다. 수출국이 직면하는 세계시장의 초과수요곡선 *ED*는 대국모형을 전제로 우하향하도록 그려져 있다. 자유무역시 이 나라는 국제균형가격 P_0에서 Q_0만큼 수출한다.

수출세

먼저 수출세 부과의 효과를 살펴보자. 수출상품에 대해 세금 t가 부과되면 초과공급곡선은 t만큼 위로 평행이동하게 된다(ES').[6] 새로운 시장균형은 이

그림 6.3 수출세와 수출수량제한의 효과

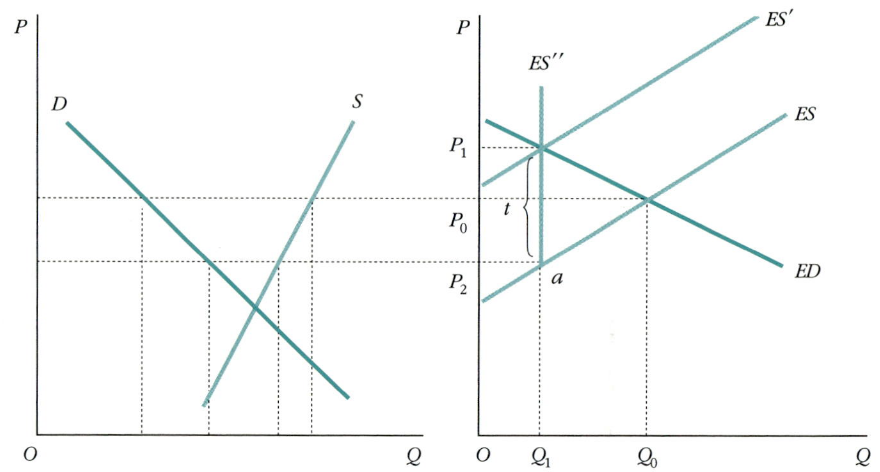

초과공급곡선 *ES′*과 *ED*가 교차하는 곳에서 생긴다. 따라서 수출은 Q_1으로 줄어들고 국제가격은 P_1으로 상승한다. 반면 국내시장에서는 수출물량이 줄어들면서 가격이 하락한다. 국내가격과 국제가격은 t만큼의 차이가 생겨 P_2로 하락한다($P_1 = P_2 + t$). 가격하락으로 수출국의 국내생산은 줄고 소비는 늘어난다. 따라서 생산자잉여는 감소하고 소비자잉여는 증가하게 된다. 또 정부 입장에서는 $(P_1 - P_2)Q_1$만큼의 세수입이 늘어난다.

수출국이 소국이라면 이 나라가 세계시장에서 직면하는 *ED*는 외생적으로 결정되는 국제가격(P_0)에서 완전 수평이 될 것이다. 이때 동일한 수출세의 부과는 세계시장가격에 전혀 영향을 미치지 않을 것이다. 다만, 수출량이 대국모형과 비교하여 더 감소하고 국내가격 또한 더 하락하게 될 것이다.

6 수출보조가 *ES*를 아래로 이동시킨 것과 반대로 수출세는 *ES*를 부과된 관세만큼 위로 평행이동시킨다.

수출쿼터

다음으로 수출국이 사전에 수출량을 정하여 제한하는 경우를 생각해 보자. 같은 그림에서 만일 수출국이 Q_1으로 수출량을 제한했다고 하자. 그러면 가격이 아무리 높아져도 이 쿼터량 이상으로 수출이 늘 수는 없으므로 초과공급곡선은 점 a에서 위로 꺾인 ES''이 될 것이다. 새로운 국제균형은 이 초과공급곡선과 ED가 교차하는 곳에서 형성되어 국제가격은 P_1으로 상승하게 될 것이다. 수출국의 국내가격은 수출물량이 다시 국내시장으로 유입됨에 따라 P_2로 하락한다.

이와 같이 수출수량제한정책의 효과는 수출세와 동일하다.[7] 다만 수출세의 경우에는 부과된 세금만큼 정부의 재정수입이 늘어나지만 수량제한의 경우에는 반드시 그렇지는 않다는 점이다. 만일 수출 쿼터량에 대한 수출권리가 국영무역기관에 있다면 수출세와 동일한 재정수입이 생기게 된다. 그러나 이것이 수출업자에게 있다면 그만큼 쿼터렌트가 수출업자의 이익으로 돌아가게 될 것이다.[8]

7 수입에 있어서의 관세-쿼터의 동등성(equivalence) 원리가 수출의 경우에도 동일하게 적용된다.
8 수출쿼터에 대해서도 소국의 경우의 효과를 동일하게 분석할 수 있다. 이때는 ED가 국제가격에서 완전 수평이 되고 수출국의 정책은 국제가격에 아무런 영향을 미치지 못한다.

Chapter 7

비교역적 관심사항과 식량안보

제1절 농업의 비교역적 기능과 시장의 실패

제2절 농업과 환경

제3절 농업과 식량안보

Chapter 7

비교역적 관심사항과 식량안보

제1절 농업의 비교역적 기능과 시장의 실패

1. 비교역적 기능의 의의

WTO 농업협정은 서문에서 세계 농업 개혁을 추진함에 있어서 식량안보와 환경보호의 필요성을 포함한 국가의 비교역적 관심사항(non-trade concerns)을 고려해야 한다고 규정하고 있다. 제20조에서도 앞으로 지속적으로 농업 개혁을 추진하는 데 있어서 고려해야 할 요소 중 하나로 비교역적 관심사항을 들고 있다.

농업이 다른 산업과 다른 특징 중 하나는 통상의 경제적 기능 외에 다양한 비경제적 기능을 수행한다는 점이다. 농업은 식량안보는 물론 농촌사회 유지를 통한 국토의 균형적 발전, 대기정화, 생태계 및 환경보존, 수자원 보존과 홍수조절, 자연경관과 휴양처 제공, 전통 문화유산의 계승 · 보존 등 다양한 경제외적, 공익적 기능을 수행한다. 이것이 농업협정에서 말하는 국가의 비교역적 관심사항이다. 이런 기능들은 농업 생산 과정에서 결합생산물(joint products)로 부수적으로 생기는 것이기 때문에 일정 수준의 농업 생산이 있어야만 가능해진다. 더구나 이 비교역적 기능은 경제성장과 함께 국민의 생활수준 그리고 교육 · 문화수준이 향상됨에 따라 그에 대한 수요와 중요성은 더욱 커지는 경향이 있다.

농업 생산 과정에서 부수적으로 발생하는 이 같은 무형의 자산은 국가 간 교역의 대상이 될 수 없는 비교역재(non-tradables)이다. 때문에 이것이 무역을 왜곡시킨다는 것도 생각할 수 없다. 자유무역은 농업 경쟁력이 약한 국가에서는 자연히 농업 생산의 감소와 함께 비교역적 기능의 축소를 초래할 수밖에 없다. 농산물 수입국들에게는 시장개방이 확대되면 생산액 감소에 따른 경제적 손실뿐 아니라, 앞에서 예시한 다양한 비교역적 기능의 축소로 인한 사회적 손실이 추가로 발생한다. 비교역적 기능이 주는 가치는 수입될 수 없다. 따라서 교역을 전제로 하는 무역규범에서는 그 중요성과 특성을 감안하여 무역 자유화를 추진하는 과정에서 별도로 고려되어야 할 필요성이 있다.

WTO 농업협정 서문은 이런 점을 염두에 두고 관세감축 등 농업 개혁 과정에서 나타날 수 있는 비교역적 관심사항에 대한 부정적 영향을 고려해야 한다는 것을 규정하고 있다. 장기 목표를 시장지향적 무역체계의 확립에 두고 있는 농업협정에서 비교역적 관심사항을 고려하도록 규정하고 있는 것은 농업을 시장원리에만 맡겨 놓을 수 없다는 점을 인정하고 있는 것이다.[1]

농업이 수행하는 이 같은 특성을 나타내기 위해 흔히 농업의 다원적 기능 내지 다원적 기능성(multifunctionality) 개념을 사용하기도 한다. 경제적 기능은 이윤동기에서 생산되고 또 시장을 통해 거래되는 경제재로서의 농산품을 생산하는 기능을 말하는 것으로 그 성과는 효율성 기준에 의해 평가된다. 이 기능에 의해 생산되는 농산물은 교역재(tradable goods)이고 WTO 농업협정상 자유무역의 대상이 되는 상품이다. 그럼에 반해 비경제적 또는 비교역적 기능은 앞서 논의한 비교역적 관심사항의 대상으로서 무형의 자산을 생산해 내는 농업의 기능이다. 따라서 이런 기능은 효율성 기준에 의해서만 판단할 수 없는 것이

1 다만 농업협정에서는 선언적 기술에 그치고 실효성 있는 구체적 내용이 없다. 또한 명백히 제시된 장기 목표에 비추어 볼 때 농업협정의 정신상 이를 확대 · 해석하기는 어려울 것이다. 예를 들어, 부속서 2의 3에서도 식량안보를 위한 정부의 구매정책에 있어서 현행 시장가격에 구매하여야 한다는 조건을 정한 것을 보면, 비교역적 기능에 관한 정책이라도 정부간섭에 의한 시장왜곡은 원칙적으로 허용하지 않는 것으로 볼 수 있다.

다. 최근 농업의 다원적 기능성이 강조되고 있는 것은 농업의 문제를 전자의 효율성 기준의 대상으로가 아니라 후자의 역할에 중점을 두고 접근하자는 것이다.[2]

2. 농업의 외부성과 시장의 실패

농업의 비교역적 기능은 전형적인 외부효과의 예이다. 외부성(externality) 또는 외부효과(external effect)란 한 경제주체의 행위가 시장기구(market mechanism)를 통하지 않고 의도하지 않게 다른 경제주체의 효용이나 생산에 영향을 주는 현상을 일컫는다.[3] 생산자의 행위가 다른 생산자나 소비자에게 영향을 줄 수도 있고, 또는 소비자의 행위가 다른 소비자나 생산자에게 영향을 줄 수도 있다. 그리고 그 효과는 긍정적일 수도 또는 부정적일 수도 있다.

이렇게 생기는 외부효과는 그것이 거래되는 시장이 존재하지 않기 때문에, 즉 시장 밖에서 나타나기 때문에 그에 대한 대가를 받을 수도 없고 지불할 필요도 없다. 긍정적 외부효과를 발생시켰다고 해서 이익을 받은 사람이 대가를 지불할 필요가 없고, 부정적 외부효과를 일으켰다고 해서 피해를 본 사람에게 보상할 필요도 없는 것이다. 그렇기 때문에 긍정적 외부효과가 생기는 경우에는 사회적으로 최적 수준보다 적게 생산되는 경향이 있고, 반대로 부정적 외부효과가 존재할 경우에는 최적 수준보다 많이 생산되는 것이다. 외부효과가 존재하는 상황에서 시장기능에만 맡겨 놓으면 사회적으로 자원의 최적배분이

2 농업이 제공하는 다양한 비교역적 기능의 경제적 가치를 정확히 평가하기는 매우 어렵다. 하지만 그동안 환경경제학의 발달로 농업의 다원적·공익적 기능의 가치를 화폐단위로 측정하려는 노력이 시도되어 왔다. 참고로 한국농촌진흥청 자료에 의하면 1994년 기준 한국 농업의 공익적 가치는 9조 7,000억 원에 이르는 것으로 나타났다. 이는 당시 우리나라 국민총생산의 3.2%, 농업 총생산액의 45.2%에 해당한다. 이 중 가장 큰 부분은 농업이 제공하는 상징적 가치로서 전체의 52.9%를 차지하는 것으로 평가되었다. 이는 농업과 농촌이 존재함으로써 인간이 누릴 수 있는 아름답고 풍요로운 자연경관과 고유의 전통 문화유산을 제공하는 무형의 효용가치를 말한다. 다음으로는 토사의 유실방지와 수자원 보존기능이 각각 19.6%와 10.4%, 농업·농촌의 휴양처로서의 기능이 13.9%, 대기정화기능이 3.2%를 차지하고 있다(농촌진흥청, 1996).

3 시장 또는 시장기구를 통하지 않고, 즉 시장(기구) 밖에서 영향을 준다는 데서 외부효과라고 부른다.

달성되지 못한다는 의미이다. 이것이 시장의 실패(market failure)이다. 외부효과가 존재할 때에 시장은 제 기능을 다하지 못하고 시장실패에 이르게 된다. 사회적으로 가장 바람직한 (효율적) 자원배분 상태, 즉 파레토최적(Pareto optimum) 상태의 달성에 실패한다는 의미이다. 긍정적 외부효과를 일으켰다고 해서 그 대가를 받지도 못하고, 부정적 외부효과를 초래했다고 해서 그 비용을 지불하지도 않는다는 것은, 이 외부효과의 발생이 그 생산주체의 생산 의사결정에 영향을 미치지 못한다는 의미이다. 즉, 생산 의사결정에 있어서 외부효과의 내부화(internalization)가 이루어지지 못한다는 의미이다. 그렇기 때문에 효율적인 자원배분에 이르지 못하고 시장실패 현상이 나타나는 것이다.[4]

농업은 생산 과정에서 많은 외부효과를 발생시키는 대표적인 분야이다. 특히, 사회적으로 이익을 주는 긍정적 외부효과를 많이 일으킨다. 이른바 농업의 다원적 기능이다. 사회적으로 이익을 준다고 해서 공익적 기능이라고도 부른다. 농업협정에서 규정하고 있는 비교역적 관심사항 내지 비교역적 기능이 이것이다. 환경보존, 생태계 유지, 아름다운 자연경관 제공, 수자원 보존과 홍수조절, 농촌지역사회 유지와 국토의 균형발전 등 많은 사회적 이익이 농업 생산과정에서 부수적으로 생긴다. 이런 농업의 비교역적 기능에 의해 제공되는 무형의 자산(서비스)은 시장에서 그 가치가 평가되지 않는다. 따라서 농업 생산을 순전히 시장에만 맡겨 놓으면 이런 외부효과로 말미암아 자원의 효율적 배분과 최적 생산수준에 도달하지 못하는 시장의 실패에 이르게 된다. WTO가 지향하는 시장지향적 무역체계가 비교역적 관심사항 같은 외부성이 존재할 때에는 자원배분의 효율성을 달성할 수 없다는 것이다. 농업부문에 정부간섭이 정당화되는 주요 배경이 여기에 있다.[5]

4 농업의 긍정적 외부효과에는 공공재(public goods)에 가까운 외부효과도 있다. 예를 들면, 식량안보, 아름다운 환경과 자연경관 유지, 국토의 균형발전 등이다. 배제불가능성(non-excludability)과 비경합성(non-rivalry)을 특징으로 하는 공공재 역시 시장실패를 일으키는 주요 원인이다.

5 물론 농업협정이 비교역적 관심사항을 고려한다고 명시적 규정을 둔 배경이 반드시 이런 경제적 효율성 준칙에 따른 것은 아닐 것이다. 환경보존이나 식량안보 등 비경제적 기능의 중요성을 인식하고 개혁 과정에서 이 기능이 훼손될 것을 우려한 것이다.

제2절 농업과 환경

1. 환경과 외부성

농업이 갖고 있는 중요한 비교역적 기능의 하나인 환경 문제 역시 대표적인 외부성의 예이다. 그런데 농업 생산에서 나타나는 환경의 외부성은 양면적 성격을 띠고 있다. 농약이나 비료 투입, 축산폐수의 방류 등에 따른 상수원의 오염, 생태계 및 환경 파괴, 토양의 산성화, 식품 안전성 위협, 타 농업 생산에의 악영향 등은 부정적 외부효과의 예다. 그럼에 반해 앞서 언급한 농촌지역사회 유지와 국토의 균형발전, 홍수조절과 수자원 보존, 자연경관 유지, 대기정화 등 농업의 다원적 · 공익적 기능은 긍정적 외부효과를 일으키는 예이다.

봄날의 푸르른 보리밭 풍경이나 가을 들판의 황금물결, 그리고 과수원의 평화로운 정취는 농업이 우리에게 주는 무형의 이익이다. 사람들은 이런 것들로부터 즐거움과 행복감을 느끼지만 이것을 생산한 농부에게 그 대가를 지불하지는 않는다. 이것의 가치를 평가하고 거래하는 시장이 존재하지 않기 때문이다. 그렇기 때문에 외부효과가 존재할 때에는 사회적으로 최적의 생산수준보다 적게 생산되고, 이것이 곧 시장의 실패이다. 이 환경재 거래를 위한 시장이 존재하고 이에 대한 가치를 지불할 수 있도록 한다면, 즉 이 외부효과가 내부화(internalization)될 수 있다면 농업 생산은 더 늘어났을 것이다. 이것이 농업의 긍정적 외부효과이다.

한편, 축산폐수의 방류는 주변의 상수원을 오염시킬 수도 있고 악취로 인해 대기오염과 주위의 환경을 해치게 된다. 그러나 이와 같은 사회적 비용이 축산업을 하는 농민의 생산비용으로 내부화되지는 않는다. 다시 말하면, 외부적으로 일으키는 피해에 대해 그 대가를 지불하지 않는다는 것이다. 그렇기 때문에 축산물은 사회적으로 바람직한 수준보다 과다하게 생산되는 경향이 생기고 시장의 실패를 초래한다.

농업협정 서문에는 비교역적 관심사항으로서의 환경보존 문제를 규정하고, 부속서 2에서는 환경보존을 위한 직접지불이 허용되는 지불임을 명시하고 있다. 환경개선과 보존을 통한 환경 친화적 지속가능한 농업(sustainable agriculture)을 지향하자는 뜻이다.

2. 외부성의 효과

이제 외부성이 존재하는 경우 어떤 효과가 나타나는지 고찰해 보자. 여기서는 농업의 공익적 · 다원적 기능을 고려하여 긍정적 외부성이 존재할 경우의 효과를 살펴본다.

〈그림 7.1〉은 쌀 시장에 나타나는 외부효과의 예를 보여주고 있다. *MPB*는 한계사적편익(marginal private benefit) 곡선으로 외부성이 없을 경우 쌀에 대한 수요곡선과 같다. *MPC*는 한계사적비용(marginal private cost)으로 역시 외부성이 없을 경우 경쟁시장에서의 공급곡선을 나타낸다.[6] 이때 이 쌀 산업에 존재하는 외부효과를 한계외부편익 *MEB*(marginal external benefit) 곡선으로 나타낼 수 있다. 외부효과는 생산량이 증가할수록 커지지만 그 증가속도는 일정하다는 가정하에 *MEB*는 수평선으로 그려져 있다. 예를 들어, 쌀 생산이 늘어남에 따라 수자원 보존과 홍수조절, 농촌사회 유지, 대기정화, 아름다운 자연경관 제공 등 사회적으로 발생하는 외부편익은 이 시장에 반영되어 있지는 않지만 생산량 증가와 함께 증가할 것이다. 그리고 그 이익은 쌀 한 단위를 추가적으로 생산할 때마다 *MEB* 높이만큼 일정하게 생긴다고 가정하고 있다.

이 사회적 편익을 쌀시장에 참여하는 소비자들의 한계사적편익과 수직으로 합하면 한계사회편익 *MSB*(marginal social benefit)가 되는데, 이것이 쌀에 대한 사회적 수요곡선이다. 한계사회편익과 한계사적편익의 수직거리가 한계외부

6 수요곡선의 높이는 최종 한 단위를 소비할 때 소비자의 최대 지불의사(willingness to pay), 즉 한계효용(marginal utility) 내지는 한계편익(marginal benefit)을 나타내며 공급곡선의 높이는 기업의 한계비용(marginal cost)을 나타낸다. 따라서 *MPB*와 *MPC*는 각각 수요곡선 및 공급곡선과 같은 것이다.

그림 7.1 외부성의 효과

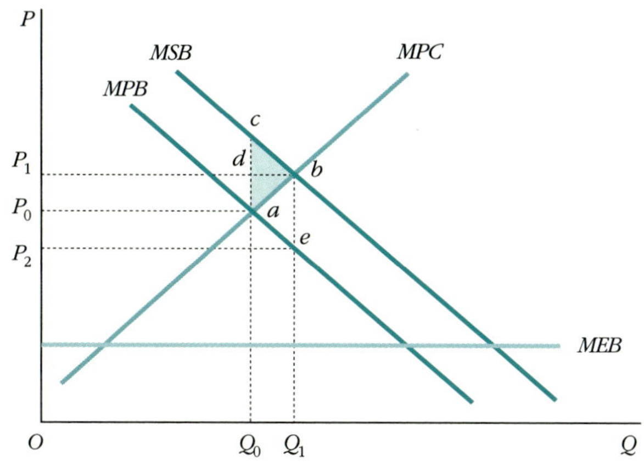

편익이 된다. 여기서는 불변으로 가정했지만 증가할 수도, 또는 감소할 수도 있다.

외부성이 존재하는 경우 시장균형은 어디에서 일어날 것인가? 시장의 자율적 기능에 맡길 때 경쟁시장에서의 시장균형은 (사적) 수요 및 공급곡선인 *MPB*와 *MPC*가 교차하는 점에서 생겨 가격 P_0에서 Q_0만큼이 생산된다. 이때의 균형은 외부효과가 고려되지 않은 균형이다. 외부편익을 거래하는 시장이 존재하지 않기 때문에 이때는 순전히 쌀시장에 참여하여 쌀을 소비하고 공급하는 사적 수요 · 공급에 의해 시장균형이 생기는 것이다. 그러나 외부효과를 고려하면 산출량 Q_0에서는 한계사회편익이 한계비용을 수직거리(*ca*)만큼 초과하므로 생산량이 더 늘어나야 사회적 후생이 증가하게 된다. 결국 사회수요곡선인 *MSB*와 공급곡선 *MPC*가 교차하는 점에서 사회후생수준이 극대화되는 균형이 발생하고,[7] 따라서 가격은 P_1으로 상승하고 산출량은 Q_1으로 증가하게 된다. 사회적으로 최적의 산출량은 Q_0가 아니라 Q_1이 되는 것이다. 경쟁시장에

7 여기서 *MPC*는 한계사적비용이면서 동시에 한계사회비용이다.

서 결정되는 수준과 비교하여 생산량이 Q_0Q_1만큼 더 늘어난다.

균형점이 a에서 b로 이동함에 따라 생산자잉여는 P_0abP_1만큼 증가하고, 소비자잉여와 외부수혜자(external beneficiaries) 편익의 총합은 $bcd-P_0adP_1$만큼 증가한다. 결과적으로 삼각형 abc 면적에 해당하는 만큼 사회후생이 증가하게 된다. 외부효과가 존재하는 상태에서 시장에 의해 자원배분이 결정된다면 한계사적비용과 한계사적편익에 의해 균형이 발생하므로 사회후생은 이 면적만큼 줄어들게 되는 것이다. 사회적 관점에서 볼 때 자원이 이 산업에 덜 배분됨으로써 최적의 산출량에 이르지 못하고 있다는 뜻이 된다. 비록 점 a가 완전 경쟁 상태에서 발생하는 시장균형이라 할지라도 사회적으로 파레토최적(Pareto optimum)이 달성되지 않는 시장의 실패 현상이 나타나는 것이다.[8] 시장실패는 정부 간섭 등의 방법으로 시정되어야 한다. 사회적으로 가장 효율적인 생산수준이 되도록 만들어야 한다는 의미이다. 농업의 공익적 · 다원적 기능을 고려한다면 이 생산수준이 되도록 하는 정부정책이 필요한 것이다.

피구보조

그러면 어떻게 점 b에서 균형이 일어나도록 만들 수 있을까? 이때 사용될 수 있는 정책이 (생산)보조정책이다. 생산자에게 한계외부편익, 즉 MEB의 높이에 해당하는 만큼의 단위당 보조금을 지급함으로써 시장균형은 a에서 b로 옮겨갈 수 있다. 이때 정부의 시장간섭은 시장실패를 시정하기 위한 간섭이며, 이 보조를 피구세(Pigouvian tax)에 대응하여 피구보조(Pigouvian subsidy)라고 부른다. 보조금의 지급은 생산자에게 그만큼 한계비용을 줄여 주어 MPC를 우측으로 평행이동시킨다. 생산은 이것이 MPB와 교차하는 Q_1까지 늘어나면서 시장가격은 P_2로 하락한다. 이때 생산자는 소비자가 지불하는 시장가격 P_2에 보조금을 더한 P_1을 받게 되는 것이다. 결국 생산자가 사회에 기여했으나 시장에서

8 지금까지 우리는 긍정적 외부효과가 존재하는 경우 파레토 효율적 자원배분을 보장하는 최적 산출량은 경쟁시장에서 결정되는 수준보다 크다는 것을 알았다. 또 이 사회적으로 최적 상태의 산출량은 한계외부편익의 크기에 의존한다는 사실도 확인하였다. 한계외부편익의 측정방법에 대해서는 R. E. Just, D. L. Hueth, and A. Schmitz(1982), pp. 286~295 참조.

평가되지 않은 만큼을 보조정책을 통해 가격인상으로 지원해 주는 셈인데, 이렇게 함으로써 사회적으로 최적의 효율적 자원배분 상태에 이르게 되는 것이다.

이때 P_0abP_1에 해당하는 면적의 생산자잉여가 증가하고 소비자잉여도 P_0aeP_2만큼 증가한다. 보조금으로 지출되는 정부재정은 P_1beP_2가 되고, 외부수혜자들의 총편익은 $aebc$만큼 증가한다. 따라서 사회 전체적으로는 앞에서와 마찬가지로 삼각형 abc 면적만큼의 후생이 증가하게 되는 것이다.

살펴본 바와 같이 외부성이 존재하는 경우 정부의 시장간섭은 오히려 사회의 효율성을 증대시킨다. 외부성으로 인해 이미 시장실패의 상태에 있었기 때문이다. 또한 생산자가 저소득계층이라면 소득재분배 효과도 거두게 된다. 나아가 식량안보, 환경보존, 국토의 균형적 발전 등의 목표를 동시에 추구할 수 있다. 더욱 중요한 사실은 이런 소득재분배나 식량안보, 환경개선 등의 비경제적 목표를 달성하게 되는 것이 정부의 정책간섭으로 경제적 효율성을 더욱 제고시키면서 가능해진다는 점이다.[9]

3. 개방경제 하의 외부효과

이제 외부효과가 개방경제에서는 어떻게 나타나는지 살펴볼 차례다. 여기서는 앞에서 고찰한 바와 같이 농업의 공익적 기능을 고려하여 긍정적 외부효과가 존재하는 경우를 상정한다. 〈그림 7.2〉는 〈그림 7.1〉을 그대로 개방경제로 확장시켜 놓은 것이다.

먼저 외부효과를 고려하지 않을 경우 폐쇄경제 하에서 균형가격과 산출량은 각각 P_0, Q_0이다. 이 상황에서 시장개방으로 자유무역이 실현될 때 시장에 어떤 영향이 나타나는가 보자. 소국 가정 하에 이 나라가 직면한 국제가격을 P_w라고 하면 자유무역이 이루어질 경우 국내가격은 P_w로 하락하고 생산은 Q_1

9 그런데 농업협정에서 규정하고 있는 국내지지나 관세의 감축은 이런 효과를 고려하고 있지 않다. 만일 농업의 외부효과를 충분히 고려할 수 있다면 효율성 기준을 전제로 하는 국내지지의 감축 모댈리티(modality)도 수정될 필요가 있을 것이다.

그림 7.2 개방경제 하의 외부효과

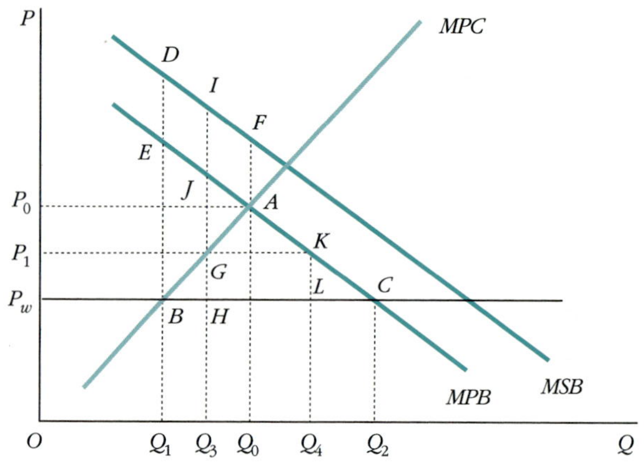

으로 감소할 것이다. 수입량은 Q_1Q_2가 되고, 이때 사회후생은 삼각형 *ABC* 면적만큼 증가한다. 무역이 주는 이익이다.

그러나 외부효과를 고려하면 상황은 많이 달라진다. 생산이 Q_1Q_2만큼 감소함에 따라 면적 *DEAF*만큼의 외부편익도 함께 줄어 사회후생수준은 이만큼 감소하게 된다. 시장개방이 시작되어 가격이 P_0에서 점차 하락함에 따라 후생증가분을 나타내는 삼각형의 면적은 점차 증가하지만, 동시에 생산감소에 따라 외부편익을 나타내는 사다리꼴의 면적도 커진다. 만일 전자가 후자보다 작다면 개방으로 인해 사회적 후생수준은 오히려 감소하는 결과가 될 수도 있다. 예를 들어, 농업 생산의 감소로 홍수피해나 대기오염 증가, 농촌 들녘이 황폐화됨에 따른 자연경관의 훼손, 식량안보의 위협 등이 매우 크면 이런 결과가 가능해질 것이다.

외부효과를 고려하지 않는다면 가격이 P_w까지 하락해야 효율이 극대화된다. 그렇지만 외부효과가 고려되면 이보다 높은 가격에서도 극대효율이 달성될 수 있다는 것을 의미한다. 즉, 외부효과가 존재할 경우 사회적으로 자원의 최적배분이 되는 상태는 앞에서 본 두 면적의 합이 극대가 될 때에 달성된다.

이때의 가격을 P_1이라고 해 보자. 국내가격을 이 수준으로 유지하는 데는 두 가지 방법을 생각해 볼 수 있다. 보조금 방법과 관세부과가 그것이다.

먼저 P_1-P_w만큼의 단위당 생산보조금을 지급하면 생산자가 받는 가격은 P_1으로 상승하고, 따라서 산출량은 Q_3로 증가하게 될 것이다. 그러나 이때 수입제한조치가 없는 상태이므로 소비자는 세계시장가격 P_w에서 Q_2만큼 소비할 수 있고, 따라서 수입량은 Q_2-Q_3가 될 것이다. 소비자 후생에는 변함이 없으나 생산자잉여는 P_1GBP_w만큼 증가하고 정부지출은 P_1GHP_w 만큼 지급된다. 국민들의 환경이익의 변화는 $DIJE$만큼 늘어나 결국 보조금 지급 이전과 비교하여 $DIJE-GHB$만큼의 사회적 후생이 증가한다.

다음으로 관세를 부과하여 최적수준 P_1을 유지하는 방안이다. P_1-P_w만큼 관세를 부과하면 생산은 Q_3에서 일어나고 소비자는 Q_4만큼 소비하게 된다. 따라서 생산자잉여와 외부편익의 변화는 보조금의 경우와 동일하다. 그러나 소비자잉여는 소비자가 직면하는 가격의 상승과 이에 따른 소비량 감소로 P_1KCP_w만큼 감소한다. 또 관세수입이 $GKLH$만큼 발생한다. 따라서 이 경우에는 관세부과 이전의 P_w 상태와 비교하여 $DIJE-(GHB+KCL)$만큼의 사회적 후생이 증가하게 된다.

이상의 분석으로부터 우리는 WTO 농업협정에 주는 시사점을 얻을 수 있다. 농업협정이 궁극적으로 지향하고 있는 점은 〈그림 7.2〉에서 자유무역 상태인 P_w와 같은 점일 것이다. 그러나 고찰한 바와 같이 농업은 다양한 비교역적 기능들을 수행하고 있다. 다른 산업의 가치가 생산된 상품의 시장가치에 의해서만 평가되는 것과 다르다. 농업의 이런 기능들을 우리의 모형 내에 도입하면 원래의 수요곡선 MPB 위에 MSB와 같은 한계사회편익곡선을 얻게 된다. 농업의 비교역적 기능이 주는 사회적 가치가 크면 클수록 MSB는 더욱 위로 이동할 것이다. 이런 외부효과를 충분히 고려한다면 사회후생을 극대화시키는 점은 농업협정이 지향하고 있는 완전 자유무역 상태의 가격 P_w보다 높아진다. 농업협정은 시장지향성을 추구하고 있지만, 외부성에 의한 시장실패 요인을 고려한다면 관세와 국내지지의 감축은 국제가격이 P_w에 이를 정도로 크지는 않을 것이다.

제3절 농업과 식량안보

식량안보는 환경보호 문제와 함께 국가의 중요한 비교역적 관심사항 중의 하나이다. 그렇기 때문에 농업협정은 서문과 제20조에서 이런 비교역적 관심사항을 개혁 과정에서 고려해야 할 요소로 명시하고 있는 것이다.

식량안보 서비스는 국방이나 사회질서 유지 등과 같이 공공재로서 국가의 고유 업무영역에 속한다. 공공재도 앞에서 살펴본 외부성과 마찬가지로 시장실패의 전형적인 예에 속한다. 개인이 이윤동기에서 국가의 식량안보 문제를 나서서 해결하려 들지는 않을 것이므로 이를 경쟁시장에 맡긴다면 국가는 심각한 식량위기에 처하게 될 수 있다. 이 절에서는 이와 같은 성격의 식량안보 문제를 농업협정의 규정과 관련하여 살펴보고자 한다.

1. 식량안보의 의의

FAO는 식량안보(food security)를 "모든 사람이 활동적이고 건강한 삶을 위해 필요한 식량과 식품선호를 충족시킬 수 있는 충분하고 안전하며, 영양가 있는 식량에 언제라도 물리적 · 경제적 접근을 보장받을 수 있는 상태"로 정의하고 있다.[10] 식량안보를 이같이 정의할 때 여기에는 네 가지 구성요소가 내재되어 있다.

첫째, 식량의 이용가능성(availability)이다. 증가하는 세계 인구와 소비자들의

10 FAO 세계식량정상회의(World Food Summit, 1996)가 식량안보에 관해 내린 정의는 다음과 같다. "Food security exists when all people, at all times, have physical and economic access to sufficient, safe and nutritious food to meet their dietary needs and food preferences for an active and healthy life." 로이트링거(Shlomo Reutlinger)도 비슷하게 정의를 내리고 있다. 즉, "모든 사람이 활동적이고 건강한 삶을 살아가는 데 충분한 식량을 필요할 때에는 언제나 획득가능한 상태"(Food security, though interpreted in many way, is defined here as access by all people at all times to enough food for an active, healthy life), S. Reutlinger(1987).

변화하는 식품선호에 부응할 수 있는 충분한 식량공급이 지속적인 방법(sustainable manner)으로 확보될 때 식량의 이용가능성 요건이 충족된다.

둘째, 식량에 대한 접근성(accessibility)이다. 식량에 대한 물리적이고 경제적인 접근이 보장되어야 식량안보는 확보될 수 있다. 전쟁 같은 예측할 수 없는 사태의 발발, 도로 · 철도 등 수송 시스템이나 효율적인 유통 시스템의 미비, 수출입의 제한 등이 식량에 대한 물리적 접근성을 약화시키는 요인들이다. 경제적 접근성은 실질소득, 즉 구매력에 의해 확보된다. 빈곤은 국민들의 식품에 대한 경제적 접근성을 저해하는 주요 요인이다. 따라서 경제적 접근성의 문제는, 특히 저소득 개도국들에게 심각한 영향을 미친다.

셋째, 식량공급의 안정성(stability)이다. 식량은 장기 안정적으로 적정한 가격에 공급되어야 한다. 식량가격은 그 속성상 불안정하게 움직이는 경향이 있다. 수요 및 공급의 가격에 대한 비탄력성 때문이다. 이 같은 가격 변동의 불안정성을 방지하여 안정적으로 공급할 때 식량안보는 확보된다.

넷째, 식품 안전성과 선호(food safety and preference)이다. 식품의 질적 안전성이 보장되도록 소비자들의 욕구(needs)와 기호, 즉 선호(preference)를 만족시킬 수 있는 안전하고 좋은 품질의 식품이 제공되어야 식량안보가 확보된다. 식량안보는 인간 생존의 기초식량을 충족한다는 양적 확보뿐 아니라 식품의 질적 안전성 문제도 이에 못지않게 중요하다. 소득이 증대되고 인간의 건강과 위생에 대한 인식이 제고되면서, 또한 무역 자유화 추세에 따라 식량의 국가 간 이동이 자유로워짐에 따라 식품안전(food safety)에 관한 중요성이 크게 대두되고 있다.

이상과 같이 FAO가 내린 식량안보 정의에 의하면 식품 안전성을 포함해 네 가지 요건이 충족되어야 한다. 식품 안전성 문제를 당연한 전제로 한다면 식량안보를 위해서는 결국 두 가지 기본요건이 충족되어야 한다. 하나는 공급 측면에서 모든 사람에게 활동적이고 건강한 삶을 영위하는 데 필요한 충분한 식량을 공급할 수 있는 능력이 확보되어야 하고, 또 하나는 수요 측면에서 개인이 필요한 식량을 제때에 구입할 수 있는 능력이 확보되어야 한다. 전자가 생산능력에 관한 문제라면 후자는 구매력(purchasing power), 즉 실질소득에 관한 문제이다.

특히, 공급 측면의 요건은 세계적 또는 국가적 관점에서 식량공급이 모든 사람에게 필요한 양을 충당할 수 있을 정도로 충분해야 한다는 것이다. 여기에서 말하는 공급은 구매력이 뒷받침되는 수요 이상으로, 모든 인간이 건강한 생활을 영위하는 데 필요한 양, 즉 모든 인간의 식량에 대한 기초적 욕구(need)를 충족시킬 정도의 양을 뜻한다. 이와 같은 식량을 확보하기 위해서는 경지면적, 생산기술, 생산요소의 획득 등 생산능력이 확보되어 있어야 함은 물론이다. 그리고 전쟁이나 홍수, 가뭄 등의 자연재해에 의한 생산감소, 또는 국내정책 등으로 인한 인위적인 생산감축 등이 존재하지 않아 실제로 필요한 만큼의 식량이 생산되어야 한다. 이상의 공급 및 수요 측면 두 요건 중 어느 하나라도 충족되지 못하면 식량안보는 위협을 받게 된다.

영국의 경제학자 맬서스(T. R. Malthus)는 인구론[11]에서 인구는 기하급수적으로 증가함에 반해 식량생산은 산술급수적으로 증가하기 때문에 인류는 심각한 식량위기에 직면할 것으로 예측한 바 있다. 그러나 인류 미래에 대한 그의 비관적 예언은 다행스럽게도 빗나갔다는 것이 지금까지의 경험이다. 그는 20세기 들어 농업 생산기술이 급속히 발전하리라는 것을 알지 못하였다. 뿐만 아니라 그가 사용한 인구통계 자료는 인구증가 속도가 가장 빠른 시대의 것이었다. 인구론은 기술혁신에 대한 과소평가를 포함하여 몇 가지 오류를 내포하고 있었다. 그럼에도 불구하고 200년 전 빗나간 한 고전학파 경제학자의 예언이 지금까지도 우리들에게 자주 회자되고 있는 이유는, 그만큼 식량안보의 문제가 중요하다는 사실을 말해주는 것이다.

식량안보 문제와 관련하여 1970년 3월 발족한 로마클럽(Rome Club)은 100년 후 세계 인구의 증가는 식량생산을 초과하게 되고, 환경악화와 자원고갈로 인류는 결국 파멸될 운명에 처하게 될 것이라고 전망한 바 있다.[12] 로마클럽의 전망이 시사하는 것은 아무리 생산기술이 발전한다 해도 자원고갈과 인구의 증가로 인류는 식량부족에서 벗어나기 어렵다는 것이다.

11 Thomas R. Malthus(1798).
12 The Limits to Growth(1972).

2. 세계의 식량안보와 인구 전망

1) 세계의 식량안보 현황

현실 세계의 식량안보 문제는 실제로 어떤 상황에 놓여 있는가? 세계의 곡물생산은 19세기 전기부터 꾸준한 증가 추세를 이어 오고 있어 세계의 인구증가율을 능가하고 있다. 또 세계 곡물생산의 변동계수(coefficient of variation)[13]는 지속적으로 감소하였다. 공급 측면에서 세계의 식량안보는 더 향상되고 있다는 의미이다. 그렇다고 이것이 개별 국가의 생산 변동성(variability)이 감소했다는 것을 의미하지는 않는다.

세계 전체로 보아 식량공급이 부족하지 않다면, 식량안보의 문제는 주로 수요 측면에서 필요한 식량을 구입할 수 있는 실질소득 부족의 문제, 분배의 문제로 귀착된다. 지구상에 기아나 영양실조로 활동적이고 건강한 삶을 영위할 수 없는 상태에 있는 사람들 중의 80% 이상이 남아시아와 사하라사막 이남의 아프리카 국가에 살고 있다는 사실은, 식량안보의 위협이 수요 측면에서 소득의 부족에 기인하고 있다는 점을 보여주고 있는 것이다.

UN 식량농업기구(FAO)의 보고에 의하면 약 8억 명의 개도국 국민이 식량부족에 허덕이고 있고, 선진공업국 및 체제전환국의 1,500만 명의 인구가 만성적인 식량안보 문제에 직면하고 있다.[14] 지역적으로 보면 이 중 3분의 2 정도가 아시아 및 태평양의 저소득 개발도상국에 집중되어 있다. 〈표 7.1〉을 보자. 인도만 해도 2억 명 정도가 영양부족으로 시달리고 있고, 중국도 1억 3,000만 명 이상이 식량부족 사태에 빠져 있다. 아프리카는 가장 심각한 식량부족 사태를 겪고 있는 지역이다. 사하라사막 이남의 아프리카 지역에는 2억 2,000만 명이 식량안보의 문제를 겪고 있다.[15] 선진공업국 및 체제전환국의 영양결핍 인구

13 변동계수는 표준편차(σ)를 평균(μ)으로 나눈 값(σ/μ)으로 해당 변수의 평균으로부터의 편차의 정도, 즉 안정성을 평가하는 지표로 사용된다.

14 FAO, *The State of Food Insecurity in the World*, 2015.

15 FAO 보고에 의하면 2010~2012년 중 전체 인구의 30% 이상이 영양결핍 상태에 있는 나라는 다음과 같다(FAO, 2015). 이디오피아(36.0%), 차드(40.1%), 잠비아(50.3%), 중앙아프리카공화국(33.7%), 탄

표 7.1 세계의 지역별 영양결핍 인구

(단위: 백만 명, %)

	2000~2002		2014~2016	
	영양결핍자 수	인구 대비 비중	영양결핍자 수	인구 대비 비중
세계	929.6	14.9	794.6	10.9
개도국	908.4	18.2	779.9	12.9
아프리카	210.2	25.4	232.5	20.0
• 서브사하라	203.6	30.0	220.0	23.2
아시아	636.5	17.6	511.7	12.1
• 중국	211.2	16.0	133.8	9.3
• 인도	185.5	17.5	194.6	15.2
라틴아메리카 · 카리브 해	60.4	11.4	34.3	5.5

주: 2014~2016년 자료는 잠정 추정치임.
자료: FAO(2015).

1,500만 명 중의 대부분은 동유럽의 체제전환국과 구소련 지역의 사람들이다. UN은 결국 식량안보의 문제는 저성장과 구매력 부족에 근본적인 원인이 있다고 진단하고 있다. 성장의 문제, 국가나 지역 간 분배의 문제, 그리고 필요할 때 쉽게 수입이 가능할 수 있는 세계무역체제의 문제인 것이다.[16]

2) 세계의 인구 전망

수요 측면에서 식량안보를 제약하는 요인은 소득 외에 인구이다. 인구가 지속적으로 증가하면 그만큼 식량생산도 증가하여 이를 뒷받침해야 하는 것이다.

UN이 최근 발표한 자료[17]에 의하면 2015년 7월 현재 세계 인구는 73억 명이다.[18] 2003년 이후 10억 명이 늘어났고, 1990년 이후 20억 명이 늘었다. 2016년

자니아(34.7%), 마다가스카르(31.7%), 짐바브웨(33.5%), 르완다(35.4%), 나미비아(39.4%), 라이베리아(34.7%), 타지키스탄(36.8%), 북한(42.0%), 티모르-레스트(31.2%), 아이티(49.3%)

16 1996년 세계식량정상회의(World Food Summit)에서는 2015년까지 세계의 식량부족 상태에 있는 인구를 4억 명으로 감축시키려는 목표를 설정한 바 있다.

17 United Nations(2015).

표 7.2 세계 인구 변화 추이 장기전망

(단위: 백만 명)

	2015	2030	2050	2100
세계	7,349	8,501	9,725	11,213
아프리카	1,186(16.1%)	1,679	2,478	4,387(39.1%)
아시아	4,393(59.8%)	4,923	5,267	4,889(43.6%)
유럽	738(10.0%)	734	707	646(5.8%)
라틴아메리카/카리브	634(8.6%)	721	784	721(6.4%)
북아메리카	359(4.9%)	396	433	500(4.5%)
오세아니아	39(0.5%)	47	57	71(0.6%)

자료: United Nations(2015).

표 7.3 인구 수 상위국가 현황 및 장기전망

(단위: 백만 명)

순위	2015		2050		2100	
	국가	인구 수	국가	인구 수	국가	인구 수
1	중국	1,376	인도	1,705	인도	1,660
2	인도	1,311	중국	1,348	중국	1,004
3	미국	322	나이지리아	399	나이지리아	752
4	인도네시아	258	미국	389	미국	450
5	브라질	208	인도네시아	321	콩고	389
	세계	7,349	세계	9,725	세계	11,213

자료: United Nations(2015).

한 해에만 8,300만 명이 늘어날 것으로 예상하고 있다. 장기적으로 세계 인구는 2030년에 85억 명으로 증가하고, 2050년에는 97억 명, 그리고 2100년에는 112억 명으로 증가할 것으로 전망하고 있다. 2015년 현재 세계 인구 중 아프리카 인구가 전체의 16.1%를 차지하며, 아시아가 59.8%, 유럽이 10.0%를 차지하고 있다. 라틴아메리카와 카리브 국가들도 8.6%를 차지하고 있다. UN은 장기적으로 대부분 지역의 인구는 감소 추세를 보일 것으로 전망하고 있는 반면, 아프리카

18 이 중 성비 구성은 남성이 50.4%, 여성이 49.6%이다.

지역의 인구는 매우 빠른 속도로 증가할 것으로 전망하고 있다. 2100년 세계 인구 중 아시아의 비중은 43.6%로 감소하는 반면 아프리카 인구는 39.1%를 차지할 것으로 유엔은 전망하고 있다. 아프리카가 세계에서 가장 빠른 인구증가율을 보일 것으로 전망하고 있다.

개별 국가로 보면 현재 중국과 인도가 13억 명이 넘는 인구를 갖고 있으며, 이들 두 나라의 비중이 전체의 36.6%를 차지하고 있다. 2022년쯤에는 인도 인구가 중국을 추월하여 1위 자리가 바뀔 것으로 UN은 예상하고 있다. 또한 2050년경에는 인도의 인구는 17억 명을 넘어서고, 아프리카의 나이지리아가 미국을 추월하여 제3위 인구대국으로 부상할 것으로 전망하고 있다.

3. 식량안보에 관한 WTO 규정과 무역정책

1) 무역정책과 식량안보

무역정책이 식량안보에 미치는 영향에 대해서는 상반된 견해가 존재한다. 자유무역이 식량안보에 도움이 된다는 주장과 보호무역이 오히려 식량안보를 위해 필요하다는 입장이 그것이다.

자유무역이 식량안보 문제를 완화하고 해결할 수 있다는 입장에서는 다음과 같은 이유에 근거를 두고 있다. 첫째, 자유무역이 경제성장을 촉진시켜 개도국의 구매력 부족에 의한 식량안보의 문제해결에 긍정적인 역할을 할 수 있다는 것이다. 둘째, 자유무역은 식량의 가격변동을 완화시키고 가격폭등에 따른 식량안보의 위협을 완화시킬 수 있다. 셋째, 보호무역정책은 식량순수입국에게 국내생산이 부족할 경우 수입을 어렵게 만들어 식량안보를 오히려 위태롭게 할 수 있다.

이에 반해 자유무역이 식량안보에 부정적인 영향을 미친다는 주장의 논거는 다음과 같다. 첫째, 자유무역은 농업에 비교우위가 없어 국제경쟁력이 떨어지는 농산물 순수입국의 국내 공급능력을 감소시킨다는 것이다. 즉, 농지감소가 초래되고 한 번 농지가 타 용도로 전환되면 다시 회복되기 어렵다는 것이다. 이렇게 국내 공급능력이 축소된 상태에서 세계 공급의 부족이나 수출제한에 직면하게 되면 수입국의 식량안보는 심각한 위협을 받게 된다는 것이다. 이런 이유로 수입국의 입장에서는 일정 면적의 경지를 포함한 공급능력이 유지되면서 필요할 때에 자유로운 수입이 보장되어야 한다는 주장을 하게 되는 것이다. 둘째, 자유무역은 역진적인 소득재분배를 초래하여 영세민 또는 저소득계층의 실질소득을 감소시키고, 결국 이들의 식량안보 문제를 더욱 심각하게 만들 수 있다는 것이다.

2) 식량안보 관련 WTO 규정

식량안보에 관한 농업협정의 주요 규정으로는 서문과 제12조 및 부속서 2의 3항이 있다. 농업협정 서문에서는 농업 개혁이 회원국 간 공평한 방법으로 이루어지되 식량안보를 포함하는 비교역적 관심사항에 대한 고려를 해야 한다는 점을 명시하고 있다. 농산물 무역 자유화 추진으로 회원국의 식량안보가 위협을 받아서는 안 된다는 의미이다. 식량안보를 위한 방안으로 농업협정은 제12조와 부속서 2의 3항의 규정을 제시하고 있다. 제12조에서는 수출국이 수출제한을 할 경우에는 수입국의 식량안보에 대한 적절한 고려(due consideration)를 하도록 정하고 있다. 또 부속서 2의 3항에서는 식량안보를 목적으로 하는 공공 비축사업은 정부서비스로서 허용되는 국내지지조치로 분류해 놓고 있다. 그리고 저성장과 실질소득 부족으로 식량안보의 위협에 직면할 수 있는 개도국에 대해서는 개도국 우대(제15조 및 16조)와 식량원조에 관한 규정(제10조 4)을 두고 있다. 또 저소득 영세민을 위한 구호조치도 허용되는 국내지지조치로 분류하고 있다(부속서 2의 4항).

그러나 이들 조항만으로는 농산물 수입국의 식량안보를 담보하기에는 부족하다. 첫째로 앞에서 살펴본 바와 같이 자유무역이 경제성장을 촉진하고 가격변동을 완화시켜 식량안보에 기여한다는 점을 인정하면서도, 현 농업협정의 규정으로는 세계 식량공급 측면에서 문제가 될 수 있다. 농업협정은 관세의 감축과 국내지지 및 수출보조의 감축을 요구하고 있다. 이 같은 조치는 보호정책에 의존해 국내생산을 유지해 왔던 국가의 생산감소는 물론 장기적으로는 경지면적을 축소시키는 촉진제 역할을 하게 될 것이다. 결국에는 수출국의 생산증가가 충분하지 못하거나 생산성 향상이 활발히 이루어지지 않는다면 세계 식량공급이 부족해지는 사태로 발전할 수 있다. 둘째는 제12조의 문제이다. 이 조항에 의해 수출국은 일정한 의무, 즉 수입국 식량안보에 대한 적절한 고려를 해야 하는 부담을 안고 있긴 하지만 자국 내의 공급이 부족하면 얼마든지 수출을 제한할 수 있다. 이때 수입국의 식량안보 문제는 어떻게 해결해야 하는지 농업협정은 답을 제시하지 않고 있다. 이런 경우를 대비해서라도 일정 수준 이상의 국내생산 유지가 필요하다는 주장이 설득력을 얻고 있는 것이다. 셋째, 부속서 2의 3항은 정부의 비축사업을 통해 식량안보를 확보할 것을 예상하고 있다. 그러나 이 비축도 국내생산이 많이 부족한 나라의 경우에는 외국으로부터의 수입에 의존해야 한다는 것인데, 위와 같이 수출국의 금수조치가 취해지는 경우에는 비축사업이 효과적으로 진행될 수 없는 상황이 발생할 수도 있다. 뿐만 아니라 이 조항에 의한 정부지출은 비록 식량안보를 위한 것일지라도 식량을 시장가격에 구매하도록 규정함으로써 이로 인한 생산증대효과를 봉쇄시키고 있다. 이는 결국 수입국의 경우 식량안보 문제를 해외수입으로 해결할 수밖에 없도록 한 조치이다.

하지만 세계시장의 신뢰성 문제로 어떤 경우에도 식량안보의 문제가 완전히 해결된다고 보기는 어려울 것이다. 따라서 일정 수준의 국내생산이 이루어져야 한다는 주장이 제기된다. 이는 결국 식량순수입국의 경우에는 국내지지 조치를 사용해야 하는 문제와 연결되고 있다. 농업협정은 수입국의 식량안보 문제를 위해서는 충분치 않은 규정으로 향후 추가적인 다자간 무역협상에서 이를 보완해야 할 것이다.

4. 한국의 식량안보

한국의 식량안보 문제는 구매력 부족에 기인하는 다른 개도국들의 식량안보 문제와는 다르다. 주식인 쌀에 대한 지출비중은 전체 가계비의 2%에 불과할 정도로 매우 낮다. 이런 상황에서는 수요 측면에서 실질소득의 부족에 기인하는 식량안보의 문제는 거의 없다고 할 수 있다. 소수 영세민의 영양결핍 문제를 제외한다면, 한국의 식량안보의 문제는 공급 측면에서 5,000만 인구에게 어떻게 안정적으로 필요한 식량을 공급할 수 있을 것인가의 문제, 그리고 식품안전의 문제로 귀착될 것이다. 소수 저소득 영세민에 대한 문제는 한국의 경제력이나 재정능력에 비추어 분배구조의 개선을 포함한 사회복지정책으로 해결할 수 있는 문제이다.

세계 어느 나라도 모든 식량공급을 완전히 국내생산에만 의존하고 있는 곳은 없다. 농업부문에 비교우위를 지니고 있는 농산물 수출국들일지라도 일부의 농산물은 수입으로 조달하고 있다. 한국은 특히 식량의 해외의존도가 높을 수밖에 없는 구조적인 요인이 존재한다. 첫째, 인구에 비해 필요한 경지면적이 절대적으로 부족하다는 점이다.[19] 좁은 국토의 20%만이 식량생산에 활용되고 있기 때문에 식량수입은 사실상 불가피하다. 둘째, 상대적 경지면적 부족과 깊은 관련성을 갖고 있는 농업의 비교열위(comparative disadvantage)에서 찾을 수 있다. 식량은 토지집약적 산업이기 때문에 한국의 상황에서, 특히 토지집약적 품목에 있어서는 농업 선진국들과 경쟁이 될 수 없다. 따라서 농산물 무역 자유화 추세에서 수입의존도가 늘어날 수밖에 없는 또 다른 구조적 원인이 되고 있는 것이다.

그렇다고 불확실성과 불안정성이 상존하는 국제시장에 의존하여 식량안

19 통상 한 국가가 식량을 자급하려면 국민 1인당 농지면적이 2모작을 할 수 있는 아열대와 난대지역에서는 500평, 온대지역은 700평, 한대지역은 1,000평을 확보해야 한다(『상업농경영』 243호, (재)국제농업개발원, 2008. 4. 1). 동 자료에 의하면 세계 주요국의 국민 1인당 농지면적과 해외확보 농지면적은 다음과 같다. 한국 100평(해외 20평), 일본 105평(해외 1,400평), 대만 113평(해외 200평), 중국 300평(해외 50평), 미국 1,770평, 러시아 9,700평, 이스라엘 172평, 네덜란드 166평(해외 3,000평), 덴마크 1,260평(해외 300평), 스위스 616평(해외 1,500평).

표 7.4 한국의 곡물자급률

(단위: %)

	식량 합계	쌀	보리쌀	밀	옥수수	두류
1970	80.5(86.2)	93.1(93.1)	106.3(115.1)	15.4(15.9)	18.9(82.9)	86.1(92.3)
1980	56.0(69.6)	95.1(95.1)	57.6(62.2)	4.8(4.8)	5.9(27.1)	35.1(64.3)
1990	43.1(70.3)	108.3(108.3)	97.4(97.4)	0.05(0.05)	1.9(8.2)	20.1(64.9)
2000	29.7(55.6)	102.9(102.9)	46.9(49.7)	0.1(0.1)	0.9(3.7)	6.4(28.2)
2010	27.6(54.0)	104.6(104.6)	25.1(25.4)	0.9(1.7)	0.9(3.8)	10.1(32.4)
2011	24.3(45.3)	83.1(83.1)	22.3(23.3)	1.0(1.9)	0.9(3.6)	7.9(26.0)
2012	23.7(45.7)	86.6(86.6)	16.5(17.3)	0.7(1.7)	0.9(3.4)	10.4(30.8)
2013	23.3(47.5)	89.2(89.2)	19.3(20.5)	0.4(0.9)	1.0(4.5)	9.7(29.6)
2014	24.0(49.8)	95.7(95.7)	24.8(26.0)	0.7(1.1)	0.8(4.2)	11.3(35.9)

주: ( ) 내는 사료용을 제외한 자급률(식량자급률)이며, 2014년 자료는 잠정치임.
자료: 농림축산식품부(2015).

보의 문제를 전적으로 시장원리에 맡길 수는 없다. 또 반대로 이런 한국 농업의 구조적 취약성을 안고 있는데도 불구하고 100% 국내 자급에 집착해서도 곤란할 것이다. 〈표 7.4〉는 한국의 연도별 식량(곡물)자급률 변화 추이를 보여주고 있고, 〈표 7.5〉는 주요 식품에 대한 세계 주요국들의 자급률을 비교해 주고 있다.

현재 한국의 전체 식량자급률은 약 23%(사료용 제외시 47%)로 1970년대 이후 급속한 감소 추세를 보여 왔다.[20] 주식인 쌀은 정부의 지지정책에 힘입어 거의 완전 자급을 유지해 오고 있으나 다른 품목의 경우에는 높은 해외의존도를 보이고 있다. 쌀 소비량의 절반을 소비하고 있는 밀의 자급률은 1%에 못 미치고 있고 옥수수의 자급률 역시 1%에 머무르고 있다. 국내에서 소비되고 있는 밀과 옥수수는 거의 전량 해외수입에 의존하고 있음을 보여주고 있는 것이다.

20 좀 더 정확한 용어는 곡물자급률이다. 식량자급률은 사료용을 제외한 순전히 인간의 식량용만 고려할 때 자급률을 가리킨다. 이 경우 식량자급률은 47%이다. 이 외에 정부는 최근 자급률 개념을 확대하여 국내기업의 해외 농업 개발과 국가곡물조달 시스템(곡물유통회사)을 통해 생산 · 유통되는 물량까지 포함하는 곡물자주율 지표를 사용하고 있다. 정부는 2020년까지 곡물자급률 32%, 식량자급률 60%, 곡물자주율 65%, 주식자급률(쌀+밀(+보리)) 72%, 칼로리자급률 55% 목표를 설정한 바 있다(농림수산식품부 보도자료, 2011. 7. 8).

표 7.5 국별 주요 식품자급률 비교

(단위: %)

	곡류	서류	두류	채소류	과실류	육류
한국	23.0	95.7	15.5	89.8	76.1	77.3
일본	21.2	74.9	5.1	86.6	44.6	54.6
미국	118.0	97.3	155.3	96.8	69.6	112.1
영국	103.6	88.5	86.6	43.3	5.2	67.3
캐나다	202.8	138.7	234.0	58.3	17.1	133.2
덴마크	108.3	124.3	78.6	46.7	9.7	355.6
프랑스	179.3	155.8	106.1	90.3	62.6	99.6
독일	106.2	142.8	36.8	45.5	33.2	108.3
이탈리아	75.3	54.7	69.9	153.0	108.0	76.2
스페인	73.0	69.4	73.7	208.1	156.6	119.8
스웨덴	113.1	79.9	55.9	36.9	3.4	72.1
스위스	46.9	85.8	41.9	49.6	54.2	79.8

주: 한국은 2013년, 나머지 국가는 2011년 기준임.
자료: 농림축산식품부(2015).

콩도 10% 이하로 떨어졌다.

〈표 7.5〉의 국가 간 자급률을 비교해 보면 농산물 수입국과 수출국의 구분을 쉽게 파악할 수 있다. 한국, 일본 등 대표적인 농산물 수입국들의 자급률은 매우 낮은데 비해 미국, 캐나다, 프랑스 등 선진 농업 국가들의 자급률은 대부분의 품목이 100%를 넘어 상당 부분이 해외로 수출되고 있음을 알 수 있다. 연간 농림축수산물 수입액이 360억 달러 수준에 달하는 우리에게 식량안보 문제는 무엇보다 중요하다.[21] 외환이 부족해지고 국제가격과 환율마저 급등한다면 심각한 식량 문제가 도래할 수 있다. 나아가 남북한 통일 후의 필요 식량도 고려해야 한다.

21 2014년 기준 우리나라 농림축수산물 수입액은 361.4억 달러이다. 이 중 농축산물이 249.3억 달러(농산물 193.1억, 축산물 56.2억), 임산물 67.1억 달러, 수산물 45.0억 달러이다. 이에 반해 같은 해 농림축수산물 수출은 82.5억 달러(농산물 52.2억, 수산물 20.7억, 축산물 4.7억, 임산물 4.9억)로 농림축수산물 무역수지 적자가 278.9억 달러에 달하였다. 농업 분야 부가가치(GDP)가 약 200억 달러 수준인 점과 국가 전체 무역수지 흑자가 471.5억 달러인 점을 고려하면 농업 분야에서 엄청난 무역적자를 보이고 있는 셈이다(농림축산식품부, 2015).

Chapter 8

개발도상국 우대

Chapter 8

개발도상국 우대

제1절 개발도상국의 의의와 우대 배경

농업협정 서문에는 농업 개혁을 추진하면서 몇 가지 고려해야 할 사항들을 규정해 놓고 있다. 그 중 하나가 개발도상국, 최빈개발도상국, 그리고 식량 순수입 개발도상국들에 대한 특별하고도 차별적인 대우에 관한 것이다. 이들 경제적으로 후진 상태에 있는 국가들에게는 관세와 국내지지, 그리고 수출보조를 감축해 나가는 데 있어서 선진국들과 동일한 의무와 조건을 부과할 수 없다는 것을 명시하고 있다.

개발도상국(developing countries), 즉 개도국이란 경제적 발전 정도가 상대적으로 낮은 단계에 있는 나라로 선진국(developed countries)에 대응되는 개념으로 사용되고 있다. 하지만 국제기구에서 개도국에 대해 정확한 개념 정립이 되어 있는 것은 아니고, 따라서 개도국과 선진국을 구분하는 명확한 기준이 있는 것도 아니다. 또 개도국 중에는, 특히 국민소득 수준이나 경제발전의 정도가 극도로 낮은 나라들을 최빈개도국(least-developed countries: LDCs)으로 구분하여 별도로 취급하고 있다.[1]

이처럼 개도국을 구별하는 기준이 아직 명확히 정립되어 있지 않기 때문에

WTO에서는 스스로의 선택과 선언으로, 즉 자기선택(self-selection)과 자기선언(self-declaration)에 의하여 개도국의 지위를 인정받는 것이 관례로 되어 있다. 그렇다고 자기선택에 의해 스스로 개도국으로 인정받기를 원하는 나라가 모든 WTO 기구에서 자동적으로 승인되는 것은 아니고, 자기선언에 대해 다른 회원국들의 이의제기가 없어야 한다.

GATT 다자간 무역협상의 역사를 보면 우루과이라운드 이전까지는 주로 선진국을 중심으로 한 무역협상이었다. 이때에도 개도국의 참여와 개도국 우대에 관한 논의가 있기는 했지만, 개도국들이 무역협상에 본격적으로 참여하기 시작한 것은 우루과이라운드부터이다.

국제규범이 개도국을 특별히 차별적으로 우대하는 배경은, 첫째 개도국에 대한 지원을 통해 세계경제 발전과 인류 공동의 번영에 기여하게 한다는 의미가 있다. 개도국의 성장이 다른 개도국들은 물론 선진국들의 성장에도 매우 중요해졌다는 의미이다. 개도국의 경제성장을 위해서는 개도국 상품에 대한 선진국의 수입확대가 중요하다. 따라서 농업협정에서도 개도국의 주요 수출품인 열대농산물에 대해서는 선진국에게 완전한 시장접근을 허용하도록 규정하고 있다.

둘째, 개도국의 수나 경제규모, 그리고 국제사회에서의 입지가 강화되었다는 점이다. 개도국은 WTO 전체 회원국 중 약 80%에 가까울 정도로 수적으로 압도적인 비중을 차지하고 있다. 뿐만 아니라 세계 무역량에서 차지하는 비중 등 경제적 위상 외에도 국제사회에서의 정치 · 외교적 역할도 점차 증대되고 있다. 그만큼 국제사회에서 차지하는 개도국의 위상이 강화되었다. 이들의 목소리를 무시하고는 국제적 협조가 원만히 이루어질 수 없게 되었다. 특히, 농업은 개도국의 중심 산업이며 개도국의 주요 수출품목은 농산물이기 때문에, 개도국에 있어서의 농업은 경제성장과 국가발전에 막중한 역할을 하고 있다.

1 WTO에서 분류한 선진국은 모두 9개국으로 미국, 캐나다, 일본, 호주, 뉴질랜드, 스위스, 노르웨이, 아이슬란드, EU가 포함된다. EU(28개국)에는 영국, 프랑스, 독일, 이탈리아, 벨기에, 네덜란드, 룩셈부르크, 덴마크, 아일랜드, 그리스, 스페인, 포르투갈, 오스트리아, 핀란드, 스웨덴 등 기존 EU 15개국 외에 체코, 슬로바키아, 폴란드, 헝가리, 슬로베니아, 라트비아, 에스토니아, 리투아니아, 몰타, 키프로스, 불가리아, 루마니아, 크로아티아가 포함된다(안병일, 2015. 6. 12).

따라서 농업협상에 있어서 개도국 문제가 다른 어느 분야보다 중요하게 취급되고 있는 것이다. 또한 이런 상황에서 개도국의 입장을 제대로 반영하는 것이 협상 전체의 타결에도 직접적으로 영향을 미칠 수 있다.

셋째, 개도국에 대한 특별하고 차별적인 배려는 그들의 경제규모나 교역규모가 작다는 점이 고려된 측면도 있다. 모든 개도국이 다 그런 것은 아니지만 대부분의 개도국, 특히 최빈개도국은 경제규모나 무역량이 세계시장에서 차지하는 비중이 매우 작은 이른바 소국경제라고 할 수 있다. 그렇다면 이들의 수출입정책이나 국내정책이 국제가격 등 세계시장에 미치는 영향은 무시할 수 있을 정도로 미미할 것이다. 따라서 그로 인한 세계시장에서의 무역왜곡효과나 교역상대국에 대한 영향이 아주 작다는 점이 이들에 대한 우대조치를 정당화시키는 배경이 될 수도 있다.

제2절 WTO 농업협정의 개도국 우대

농업협정은 그 서문에서 농업 개혁을 추진함에 있어서 개도국에 대한 우대의 필요성을 선언적으로 규정하고, 제15조와 제16조에서는 개도국에 대한 특별대우와 최빈개도국 및 식량순수입개도국에 대한 예외 조치에 관한 원칙을 정하고 있다. 개도국 우대에 관한 보다 세부적인 사항들은 이 협정과 던켈초안의 관련 조항에 명시되어 있다.

개도국에 대한 우대방식은 크게 보면 두 가지이다. 하나는 개도국에게 감축의무를 면제 또는 경감시켜 주는 방법이고, 다른 하나는 선진국이 개도국의 수출 등 적극적 조치에 대해 다른 나라보다 더 유리한 대우를 해 주어야 할 선진국의 의무를 부과하는 방법이다. 관세나 국내지지, 그리고 수출보조의 감축의무를 경감 또는 면제시켜 주는 것이 전자의 예라면, 선진국이 개도국의 수출농산물에 대해 더 유리한 시장접근기회를 부여해야 하는 의무를 부과하는 것은 후자의 예이다.

1. 서문의 개도국 우대원칙

농업 개혁을 추진해 나가는 데 있어서 개도국에 대한 대우를 어떻게 할 것인가에 관한 원칙과 기본방향은 농업협정 서문에 나타나 있다. 크게 세 부분으로 나누어지는데 개도국 일반에 대한 우대원칙, 최빈개도국 및 식량순수입개도국에 대한 우대, 그리고 시장접근 분야에 있어서 선진국의 개도국에 대한 의무가 그것이다.

이 협정 서문에서는 감축약속의 이행 등 농업 개혁은 모든 회원국이 공평한 방법으로 추진되어야 한다는 점을 명시하고 있다. 동시에 개도국에 대한 특별하고 차별적인 대우(special and differential treatment)가 협상의 중요 요소라는 합의를 고려하도록 규정하고 있다. 이는 관세나 국내지지 등의 감축이행이 개도국에게는 보다 유리하게 적용될 수 있다는 점을 의미하는 것이다. 이 같은 개도국 우대에 관한 원칙을 근거로 농업협정에서 개도국에게 선진국과 다른 차별적인 대우를 인정하고 있는 것이다.

서문은 또 이 협정에 의한 농업 개혁의 이행이 최빈개도국과 식량순수입개도국에 부정적인 영향을 미칠 수 있다는 점을 고려해야 한다고 밝히고 있다. 개도국 중에서도, 특히 경제발전의 정도가 매우 낮은 최빈개도국에 대해서는 일반 개도국과도 다른 그 이상의 대우가 필요할 것이다. 농업 개혁에 의한 의무의 이행이 이들 국가의 경제성장이나 고용의 확대 등 국가발전에 악영향을 미친다면 이는 바람직하지 못하다는 점을 협정에서 명문화시키고 있는 것이다.

또한 일반 개도국 중에는 농산물의 수출보다 수입이 많아 기본적으로 식량의 해외의존도가 높은 나라들이 있을 수 있다. 이런 나라들도 식량의 국민경제에서 차지하는 중요성에 비추어 일반 개도국과는 달리 별도의 차별적인 대우를 해 주어야 할 필요성이 있다. 개도국의 중심 산업은 농업이고, 식량순수입국가는 농업의 국제경쟁력이 떨어지는 나라이다. 이런 나라들이 보호와 국내지지감축을 통한 농업 개혁을 추진할 경우 농업의 급격한 위축으로 인한 경제성장의 후퇴, 실업의 증가, 소득감소 등 심각한 문제를 야기하고 식량안보를 위협할 수 있다. 농업협정은 이와 같은 특수한 사정을 고려해 주고자 하는 것이다.

다음으로 서문은 시장접근약속을 이행하는 데 있어서 선진국이 개도국에게 제공해야 할 의무를 규정하고 있다. 선진국은 개도국이 특별히 관심을 갖고 있는 농산물에 대해서는 더 유리한 시장접근기회와 조건(terms)을 제공하여야 하며, 이렇게 함으로써 개도국에게 특수한 필요(needs)와 사정(conditions)을 충분히 고려해야 한다는 것이다.

개도국의 중심 수출품인 농산물을 선진국으로 수출할 경우 해당 선진국은 다른 수입상품에 비해 유리한 시장접근기회를 제공하여야 한다. 나아가 개도국에 의해 수출되는 열대농산물에 대해서는 중간평가회의(Mid-Term Review)에서 합의된 바와 같이 선진국은 완전한 수입 자유화(fullest liberalization)를 이행하여야 한다. 열대농산물이 주로 최빈개도국들의 중심 수출품목이기 때문이다. 협정은 또 개도국이 불법적 마약작물의 생산을 전환시키는 데 특별히 중요한 품목을 수출하는 경우에도, 선진국은 위와 같이 보다 더 유리한 시장접근기회와 조건을 제공하여 개도국의 특수한 필요와 사정을 충분히 고려하도록 하였다.

2. 개도국에 대한 특별대우

서문의 기본정신을 이어받아 농업협정 제15조에서는 개도국 우대에 관한 일반원칙을 정하고 있다. 개도국에 대한 차별적이고 보다 유리한 대우를 인정하는 것이 협상의 핵심적 요소(integral part)라는 점을 인식하고, 이 협정의 관련 조항에 규정되고 각국의 양허표에 구체화된 바와 같이 감축약속에 있어서 특별하고 차별적인 대우를 제공하여야 한다(제15조 1항).

또 개도국에게는 시장접근, 국내지지, 수출보조의 감축약속을 이행함에 있어서 최대 10년 동안 이행할 수 있도록 이행기간에 탄력성을 부여하였으며, 최빈개도국은 이런 감축약속 의무를 지지 않도록 완전히 면제하였다(제15조 2항). 여기에서의 개도국 우대는 개도국이 농업 개혁을 이행하는 데 있어서 수행할 일정한 국제적 의무를 면제 또는 경감시켜 주는 형태의 우대이다.

1) 시장접근 분야에서의 우대

관세감축 의무에 있어서 개도국은 감축수준과 이행기간의 우대를 받고 있다. 감축의무 이행기간을 선진국은 6년으로 정하였지만 개도국의 경우에는 10년까지 연장할 수 있도록 하였고, 감축수준에 있어서도 개도국의 감축률은 선진국의 2/3 수준으로 낮게 정하였다.

따라서 관세감축의 경우 선진국은 1995~2000년 동안 36%를 감축해야 하지만, 개도국은 1995~2004년 동안 24%만 감축하도록 우대하고 있다. 개별 품목의 최저 감축수준도 선진국은 15%인데 반하여 개도국의 경우에는 10%이다. 최빈개도국은 관세화는 물론 관세감축 의무에서 완전히 면제된다.

2) 국내지지조치 분야에서의 우대

국내지지조치의 총 AMS를 기준으로 선진국은 6년 동안 20%를 감축해야 하지만, 개도국의 경우에는 10년 동안 13.3%를 감축하도록 배려하였다. 최소허용지지(*de minimis*)도 선진국은 5%를 기준으로 하고 있으나 개도국은 10%까지 완화하고 있다.

3) 추가로 허용되는 국내지지

농업 발전과 농촌개발을 촉진시키기 위한 정부의 지원조치는 개도국 개발프로그램의 핵심적 부분이라는 중간평가 합의에 따라 개도국에게 다음과 같은 지원조치는 그것이 직접적이든 간접적이든 불문하고 허용되는 지지조치로 간주된다. 따라서 이들 조치에 대한 AMS는 현행 총 AMS의 산정에 포함되지 않는다. 즉, 개도국 농업 일반에 지원되는 일반적 투자보조, 저소득 생산자나 자원빈곤 생산자에게 일반적으로 지원되는 농업 투입재 보조, 그리고 불법적 마약작물 재배로부터 다른 작물로의 생산전환을 촉진시키기 위해 생산자에게 지원되는 국내지지는 감축의무를 면제하고 있다(제6조의 2).

4) 수출보조 분야에서의 우대

수출보조 감축에 있어서 선진국은 금액기준 36%, 물량기준 21%를 감축해야 되지만, 개도국의 경우에는 각각 선진국의 2/3 수준인 24%와 14%만 감축하도록 배려하였다.

또 농업협정 제9조는 감축대상 수출보조를 예시해 놓고 있는데, 이 감축대상인 수출보조 중 다음 두 가지 수출보조를 개도국에게는 감축의무에서 면제하고 있다(제9조의 4).

첫째는 취급, 등급화, 가공을 포함하여 농산물 수출 마케팅 비용을 경감시키기 위해 지급되는 보조와 국제운송 및 화물비용을 절감시키기 위해 지급되는 보조는 개도국의 경우 감축의무에서 면제된다. 둘째로 국내운송보다 유리한 조건으로 정부에 의해 수출선적에 지원되는 국내수송 및 화물비용은 개도국의 경우에는 감축의무에서 면제된다.

5) 수출제한조치 규율상의 우대

농업협정 제12조는 식량수출을 제한하는 조치를 취할 경우 수입국의 식량안보 문제를 고려하여 일정한 제약조건을 따르도록 의무화하고 있다. 그러나 이와 같은 수출제한조치가 특정 식품의 순수출개도국에 의해 취해지는 것이 아닌 한 개도국에게는 이런 의무사항을 면제시키고 있다(제12조의 2). 다시 말하면, 식량순수출국이 아니면 개도국은 아무런 제약 없이 식량수출을 제한할 수 있다는 의미이다.

표 8.1 WTO 농업협정에 나타난 주요 개도국 우대사항

(단위: %)

	선진국	개도국	비고
감축수준			
• 관세	36	24	
(품목별 최저)	(15)	(10)	
• 국내지지(총 AMS)	20	13.3	최빈개도국은 감
(*de minimis*)	(5)	(10)	축의무 완전 면제
• 수출보조(금액)	36	24	
수출보조(물량)	21	14	
감축 이행기간	6년(1995~2000)	10년(1995~2004)	
관세화 예외시 MMA	4~8	1~4	
기타 허용 국내지지	–	투자보조, 투입재 보조, 마약작물 전환지지는 허용	

6) 관세화 예외시 우대

관세화 조치에서 제외된 품목은 최소시장접근 물량을 수입하여야 한다. 이 의무수입에 있어서 선진국은 기준 연도 소비량의 4~8%를 6년 동안 수입하도록 하였으나, 개도국의 경우에는 10년 동안 1~4%를 수입하도록 우대하고 있다(부속서 5의 B).

3. 최빈개도국[2] 및 식량순수입개도국에 대한 선진국의 의무

일반적으로 개도국에 대한 우대라고 하면 앞에서 살펴본 바와 같이 개도국

2 2015년 말 현재 UN에 의해 정의된 세계의 최빈개도국(Least-Developed Countries: LDCs) 수는 48개국으로 이 중 34개국이 WTO 회원국으로 가입되어 있다. 이들 국가는 다음과 같다. 앙골라(Angola), 방글라데시(Bangladesh), 베닌(Benin), 부르키나 파소(Burkina Faso), 부룬디(Burundi), 캄보디아(Cambodia), 중앙아프리카 공화국, 차드(Chad), 콩고(Congo), 지부티(Djibouti), 갬비아(Gambia), 기니아(Guinea), 기니아 비소우(Guinea Bissau), 아이티(Haiti), 라오스(Lao People's Democratic

의 국제적 의무를 경감 또는 면제시켜 주는 형태이다. 그러나 여기에서 논의할 개도국 우대는 개도국의 행위에 대해 선진국이 적극적으로 협조하도록 의무를 부여하는 방식이다. 농업협정이 정하는 이와 같은 유형의 개도국 우대는 두 가지가 있다.

첫째로 농업협정 서문은 선진국이 시장접근약속을 이행하는 데 있어서 개도국의 특수한 필요와 사정을 충분히 고려해야 한다고 의무사항을 정하고 있다. 개도국이 특별한 이해관계를 갖고 있는 농산물이나 불법적 마약작물을 전환하는 데 중요한 품목을 선진국으로 수출할 경우에는 보다 나은 시장접근기회와 조건을 제공해야 한다. 개도국에게 특별히 이해관계가 있는 농산물이 무엇인지 명시하고 있지는 않지만 개도국의 주요 수출 농산물을 지칭하는 것이다. 또 개도국이 열대농산물을 선진국으로 수출할 경우, 선진국은 관세는 물론 어떤 형태의 인위적인 수입장벽을 설치해서도 안 되도록 하였다.

둘째, 농업협정 제16조에서는 서문 끝 부분의 내용을 이어받아 또 다른 개도국에 대한 선진국의 의무사항을 규정하고 있다. 개도국 중에서도, 특히 최빈개도국과 식량순수입개도국에 대해서는 식량안보를 위해 선진국이 특별히 배려해야 할 의무사항을 정하고 있다. 선진 회원국들은 "개혁 프로그램의 최빈개도국 및 식량순수입개도국에 대한 부정적 효과에 관한 조치에 관한 결정"(Decision on Measures Concerning the Possible Negative Effects of the Reform Program on Least-Developed and Net Food-Importing Developing Countries)의 틀 내에서 정한 조치들을 취하여야 한다. 그리고 농업위원회(Committee on Agriculture)가 이 결정의 후속 조치를 감시하도록 하였다. 이 결정에는 다음과 같은 최빈개도국과 식량순수입개도국에 대한 고려사항을 규정하고 있다.

농산물 무역 자유화 확대를 위한 개혁 과정에서 최빈개도국과 식량순수입

Republic), 레소토(Lesotho), 마다가스카르(Madagascar), 말라위(Malawi), 말리(Mali), 모리타니아(Mauritania), 모잠비크(Mozambique), 미얀마(Myanmar), 네팔(Nepal), 니제르(Niger), 루완다(Rwanda), 세네갈(Senegal), 시에라리온(Sierra Leone), 솔로몬도(Solomon Islands), 탄자니아(Tanzania), 토고(Togo), 우간다(Uganda), 바누아투(Vanuatu), 예멘(Yemen), 잠비아(Zambia). 현재 WTO 가입절차가 진행 중인 최빈개도국들은 아프카니스탄(Afghanistan), 부탄(Bhutan), 라이베리아(Liberia), 수단(Sudan), 에디오피아(Ethiopia) 등 8개국이 있다(WTO 웹사이트).

개도국들은 해외로부터 충분한 기초식량을 확보하는 데 있어서 동등한 조건에 의할 경우(on reasonable terms and conditions), 재원조달의 문제를 포함한 부정적 영향을 경험할 수 있음을 모든 회원국들은 인정한다. 따라서 이들 국가가 식량수요를 충족시키는 데 충분한 수준의 식량원조에 부정적 영향을 미치지 않도록 적절한 장치를 확립하여야 한다. 첫째, 식량원조협약(Food Aid Convention)에 따라 설치된 식량원조위원회(Committee on Food Aid)에 의해 주기적으로 결정되는 식량원조 수준을 검토하고, 또 개혁 과정 중에 개도국의 식량수요를 충족시키기에 충분한 식량원조 약속수준을 확립하기 위한 협상을 개시한다. 둘째, 최빈개도국 또는 식량순수입개도국에게 증가하는 기초식량 부분이 완전 무상 또는 식량원조협약 제4조에 따른 유리한 조건으로 제공되도록 보장하는 지침을 채택한다. 셋째, 최빈개도국 및 식량순수입개도국의 농업 생산성 및 하부구조를 개선하기 위해 기술적 및 재정적 원조 제공을 식량원조계획의 일환으로 요청할 수 있는 온정적 고려를 한다.

이 밖에도 농산물 수출신용과 관련된 협정은 최빈개도국 및 식량순수입개도국에게 유리한 차별적 대우를 제공하도록 하였다. 또 일부 국가는 식량의 수입에 있어서 단기적으로 재정적 문제에 직면할 수 있음을 고려하여 이 국가들이 IMF 등 국제금융기관의 자금지원을 요청할 수 있도록 하였다.

Chapter 9

동 · 식물 위생조치

Chapter 9

동 · 식물 위생조치

제1절 동 · 식물 위생조치의 의의 및 배경

국제무역의 양상이 복잡해지고 교역량이 확대됨에 따라 동 · 식물의 병해충, 식품첨가제, 농약잔류물질 등 인간과 동 · 식물의 생명 및 건강에 유해한 물품의 거래도 점차 증가하는 추세에 있다. 더구나 관세의 감축이 빠른 속도로 진전되고, 수입쿼터 같은 전통적인 비관세장벽이 무너지면서 인간과 동 · 식물의 위생과 건강, 식품안전, 그리고 환경 등의 문제가 국제무역의 흐름에 중요한 변수로 등장하게 되었다.

그러나 동 · 식물 위생 문제를 규율하는 규범이나 기준, 그리고 기술수준은 나라마다 각기 달라 국제무역에 있어서 문제가 되어 왔다. 상품의 국가 간 거래에 있어서 서로 다른 동 · 식물 위생규범의 적용은 산업 보호를 위한 새로운 형태의 무역장벽으로 이용될 수 있기 때문이다. 따라서 이를 규율하기 위한 새로운 국제규범의 정립 필요성이 대두되었다. 상품의 수출입과 관련한 동 · 식물 위생조치의 합리적이고 통일된 국제기준을 마련함으로써 인간과 동 · 식물의 생명 및 건강을 보호하는 동시에, 이것이 위장된 무역장벽이 될 수 없도록 한다는 것이다.

하지만 이 분야는 각국의 과학기술의 발달 정도가 다를 뿐 아니라 국가마다 위험에 대한 평가도 다르기 때문에 국제적 논쟁이 매우 심하다. 그만큼 국제적으로 통일된 기준과 규범을 정립하기가 매우 어렵다는 의미이다.

특히, 이런 문제들은 그 특성상 주로 농산물 무역과 관련하여 자주 발생하게 된다. WTO 농업협정 서문에서는 이와 관련하여, 회원국은 동·식물 위생 문제에 관한 합의에 도달할 것을 중요한 약속사항의 하나라고 규정하고 있다. 또 농업협정 제14조에서는 동·식물 위생조치에 관한 협정(Agreement on the Application of Sanitary and Phytosanitary Measures),[1] 즉, SPS 협정을 실행할 것을 합의한다고 규정하고 있다. 우루과이라운드에서 새로 제정된 동·식물 위생조치에 관한 협정을 농산물 무역에 적용하도록 농업협정에 근거 규정을 마련해 놓은 것이다. WTO 체제에서는 이 SPS 협정을 농업협정과 별도로 상품무역에 관한 다자간협정의 일부로 포함시켜 놓고 있다.

SPS 협정이 제정되기까지는 이런 문제들이 GATT에 의해 규율되어 왔다. GATT 규정에 대한 일반적 예외를 정하고 있는 GATT 제20조는 (b)항에서 체약국에 의한 동·식물 위생조치를 허용하고 있다. GATT 제20조는 다음과 같이 규정하고 있다. 즉, 인간과 동·식물의 생명 또는 건강의 보호를 위하여 취해지는 필요한 조치는 그것이 자의적이고 불공평한 차별적인 수단으로 사용되거나 국제무역을 제한하기 위한 위장된 조치로 사용되지 않는 한 허용된다고 명시하고 있다.[2] 그러나 이 규정만으로는 인간의 건강과 식품안전, 그리고 환경 문제와 관련하여 점점 복잡하고 다양해지는 국제통상 문제들을 효과적으로 규율할 수 없었다.

이에 1979년 도쿄라운드에서는 무역에 대한 기술장벽협정(Agreement on

1 이 책에서 'Sanitary and Phytosanitary Measures'는 '동·식물 위생조치' 또는 '위생 및 식물위생조치' 두 용어로 번역하여 혼용하고 있다.

2 GATT 제20조(General Exceptions)는 다음과 같이 규정하고 있다. "Subject to the requirement that such measures are not applied in a manner which would constitute a means of arbitrary or unjustifiable discrimination between countries where the same conditions prevail, or a disguised restriction on international trade, nothing in this Agreement shall be construed to prevent the adoption or enforcement by any contracting party of measures: (a) necessary to protect public morals; (b) necessary to protect human, animal or plant life or health; (c) … "

Technical Barriers to Trade: TBT), 일명 표준코드(Standards Code)를 39개국의 비준을 얻어 채택하기에 이르렀다. 이 표준코드는 공산품 및 농산품을 포함하는 모든 상품에 적용되는 것이었다. 여기서는 체약국들에게 무차별의 원칙으로서 내국민대우 의무를 부과하였고, 나아가 기술적 규제(technical regulations)와 표준(standards)은 국제무역에 장벽을 설치할 목적으로 사용될 수 없다는 점을 분명히 하였다. 또 체약국은 표준의 국제적 조화를 위해 노력하고, 국제적으로 승인된 표준은 그것이 국가안보와 인간 및 동 · 식물의 건강보호, 기술적 문제(technical problems), 기후와 지리적 요인 등에 비추어 부적절한 것이 아닌 한 그 국제적으로 승인된 표준을 채택할 의무를 지도록 하였다.

우루과이라운드에서는 더 나아가 도쿄라운드에서 채택된 표준코드를 다시 두 개의 협정으로 분리하여 새로운 제정 작업을 추진하였다. 그 하나가 여기서 논의하고 있는 SPS 협정이고, 다른 하나가 TBT 협정이다. SPS 협정이 인간과 동 · 식물의 생명과 건강보호를 위한 조치에 관한 사항을 규정하고 있는데 반하여, TBT 협정은 기타의 기술적 표준과 SPS에서 다루지 않는 조치들에 관하여 규정하고 있다. TBT 협정은 공산품과 농산품을 포함한 모든 상품에 적용되지만 동 · 식물 위생조치와 관련되는 사항은 제외된다. 이 협정은 기술적 규제와 표준 및 적합판정 절차 등에 관한 사항을 규정하고 있다. 예를 들면, 제품의 포장, 재활용 및 처리, 환경라벨링(eco-labelling) 기준, 가전제품에 대한 수도 및 전기 효율성 기준, 제품의 소음규제, 장난감의 특성 등에 관한 사항들을 규율하고 있다.

살펴본 바와 같이 SPS 협정은 GATT 제20조를 모태로 하여 도쿄라운드의 표준코드를 거쳐 우루과이라운드에서 독립된 협정으로 제정되었다. 주로 농산물을 대상으로 한 규정이지만 규율 내용이나 성격은 농업협정과는 많은 차이가 있다.

제2절 동 · 식물 위생조치에 관한 WTO 규정

농산물 무역에 적용되는 SPS 협정은 인간과 동 · 식물의 건강 및 위생에 관한 사항을 규율하고 있는 국제규범이다. SPS 협정의 서문에는 동 · 식물 위생조치를 도입하는 의의를 다음과 같이 명시하고 있다.

어떤 회원국도 인간과 동물 또는 식물의 생명이나 건강을 보호하기 위하여 필요한 조치를 도입하고 시행하는 것을 방해 받아서는 안 된다. 다만 이런 조치가 동일한 조건을 갖춘 회원국 간에 자의적 또는 부당한 차별의 수단으로 사용되거나 국제무역에 대한 위장된 제한의 수단으로 사용되어서는 안 된다.

위생 및 식물위생조치는 양자의 합의나 의정서에 기초하여 적용되는 경우가 있다. 때문에 이 조치가 무역에 미치는 부정적 효과를 최소화하기 위해 그 조치의 개발, 도입 및 시행에 지침이 되는 다자간 규범들의 확립에 노력하여야 한다. 따라서 국제적인 표준(standards), 지침(guidelines) 및 권고(recommendations)가 여기에서 중요한 역할을 하게 된다. 국제식품규격위원회(Codex Alimentarius Commission),[3] 국제수역사무국(International Office of Epizootics: OIE),[4] 그리고 국제식물보호협약(International Plant Protection Convention: IPPC)[5]의 틀 내에서 운영되는 관련 국제기구에 의해 개발된 국제적 표준, 지침 및 권고를 기초로 회원국 간에 조화된 위생 및 식물위생조치의 사용을 강화하여야 한다.

3 국제식품규격위원회는 소비자 건강보호 및 식품의 공정한 무역을 보장할 목적으로 1962년 설립되었다. 회원국 수는 188개국이며 식량농업기구(FAO)에 사무국을 두고 있다. 국제적인 식품기준의 개발과 식품기준의 국제적인 조화 및 조정 작업을 담당하고 있다(CODEX 웹사이트).

4 국제수역(獸疫)사무국(Office international des épizooties: OIE) 또는 세계동물보건기구(World Organization for Animal Health)는 가축위생과 동물복지의 증진을 위해 1924년 설립된 국제기구이다. 프랑스 파리에 본부를 두고 있으며 현재 180개 회원국이 가입해 있다. 1995년 동물검역에 관한 국제기준을 수립하는 국제기관으로 공인되었고, 국제적 동물 및 축산물 교역 표준규범인 '동물위생규약'과 '가축전염병진단 및 백신 매뉴얼'의 제 · 개정을 담당한다(OIE 웹사이트).

5 국제식물보호협약은 식물 병해충의 유입 및 만연을 방지하기 위해 1952년 설립된 식량농업기구(FAO) 산하기구이다. 회원국은 177개국이다. 회원국은 식물검역과 식물위생증명서 발급업무를 위한 식물검역기관을 설치하여야 하며, 식물 병해충의 유입방지를 위하여 특정 식물의 수입금지 또는 제한의 권한을 보유한다(위키백과).

또 개도국에 대해서는 이들이 수입국의 위생 또는 식물위생조치를 따르는 데 있어서 특별한 어려움에 직면할 수 있고, 따라서 시장접근뿐 아니라 자국 영토에서 위생 또는 식물위생조치를 제정하고 적용하는 데 특별한 어려움에 직면할 수 있음을 인식하여 이와 관련한 그들의 노력을 지원해 주도록 하였다. SPS 협정이 규정하는 주요 내용을 살펴보자.

1. 적용 범위와 개념 정의(제1조 및 부속서 A.1)

SPS 협정은 국제무역에 직 · 간접적으로 영향을 미치는 모든 동 · 식물 위생조치에 적용된다. 여기의 동 · 식물 위생조치(sanitary and phytosanitary measure)란 다음과 같은 조치들을 말한다.

① 해충, 질병, 질병매개체, 또는 질병원인체(disease-causing organisms)의 유입, 정착 또는 확산으로 말미암아 발생하는 위험으로부터 회원국 영토 내의 동 · 식물의 생명 또는 건강을 보호하기 위하여 취해지는 조치

② 식품, 음료 또는 사료에 들어 있는 첨가제, 오염물질, 독소 또는 질병원인체로 인하여 발생하는 위험으로부터 회원국 영토 내의 인간이나 동물의 생명 또는 건강을 보호하기 위하여 취해지는 조치

③ 동물, 식물 또는 이들 제품에 의해 옮겨지는 질병으로 야기되는 위험이나 해충의 유입, 정착 또는 확산으로 야기되는 위험으로부터 회원국 영토 내의 인간의 생명 또는 건강을 보호하기 위하여 취해지는 조치

④ 해충의 유입, 정착 또는 확산으로부터 회원국 영토 내의 다른 피해를 방지 또는 제한하기 위해 취해지는 조치

여기의 동 · 식물 위생 '조치'에는 관련된 모든 법률, 명령, 규정, 요건 및 절차를 포함하며, 특히 다음과 같은 사항을 포함한다. ① 최종제품기준, ② 가공 및 생산방법, ③ 시험, 검사, 증명 및 승인절차, ④ 동 · 식물 수송이나 수송 중 생존에 필요한 물질과 관련된 요건을 포함한 검역처리, ⑤ 관련된 통계방법,

표본추출 절차 및 위험평가방법에 관한 규정, ⑥ 식품안전과 직결된 포장 및 상표부착 요건 등을 포함한다.

2. 기본적 권리 및 의무(제2조)

회원국은 이 협정에 합치되는 한 인간과 동 · 식물의 생명 또는 건강의 보호를 위해 필요한 동 · 식물 위생조치를 취할 권리를 보유한다. 동 · 식물 위생조치는 인간과 동 · 식물의 생명 또는 건강의 보호를 위해 필요한 범위 내에서만 적용되어야 한다. 또한 이 조치는 과학적 원리(scientific principles)에 근거를 두고 있어야 하며, 충분한 과학적 증거 없이는 유지되어서는 안 된다. 또 회원국은 동 · 식물 위생조치를 취함에 있어서 유사한 조건을 갖추고 있는 나라 사이에 차별적으로 적용해서는 안 되며, 나아가 이것이 국제무역을 위장적으로 제한하는 방법으로 사용되어서도 안 된다.

3. 국제적 조화(제3조)

동 · 식물 위생조치를 국제적으로 조화시키기 위해 회원국들은 자국의 조치를 국제적인 표준(standards), 지침(guidelines), 또는 권고(recommendations)에 기초를 두도록 하여야 한다. 여기서 말하는 조화(harmonization)란 서로 다른 회원국들이 공통된 위생 및 식물위생조치를 수립하고 인정하며 적용하는 것을 의미한다. 이같이 국제적인 기준에 합치되는 동 · 식물 위생조치는 인간과 동 · 식물의 생명 또는 건강을 보호하기 위해 필요한 조치로 간주되고, 이 협정과 GATT 1994에 합치되는 것으로 추정된다.

그러나 과학적 정당성이 있거나 회원국이 제5조의 규정에 합치하여 정당하다고 결정하면 국제적인 기준보다 높은 수준의 동 · 식물 위생조치를 취하는 것도 가능하다. 다만 이 경우에도 동 · 식물 위생조치는 이 협정의 다른 규정에 위배되어서는 안 된다.

여기서 말하는 국제적 표준, 지침, 권고는 다음과 같이 정의된다(부속서 A.3).

① 식품안전의 경우: 식품첨가제, 동물약품 및 농약잔류물, 오염물질, 분석 및 표본추출방법, 위생관행의 규약 및 지침에 관하여 국제식품규격위원회에 의해 확립된 표준, 지침 및 권고

② 동물위생 및 동물성 전염병의 경우: 국제수역사무국 주관 하에 개발된 표준, 지침 및 권고

③ 식물위생의 경우: 국제식물보호협약의 틀 내에서 운용되는 지역적 기구와의 협력과 국제식물보호협약 사무국의 후원 하에 개발된 국제표준, 지침 및 권고

④ 위 기구에 의하지 않은 경우: 이 협정의 모든 회원국에게 가입이 개방된 기타의 관련 국제기구에 의해 공표된 적절한 표준, 지침 및 권고로서 동 · 식물 위생조치위원회(Committee on Sanitary and Phytosanitary Measures)에 의해 확인된 것

4. 동등성의 원칙(제4조)

수출국이 자국의 동 · 식물 위생조치가 수입국의 동 · 식물 위생보호 수준을 달성하고 있다는 사실을 수입국에게 객관적으로 입증해 보이면, 비록 수출국의 이 조치가 수입국 또는 동일 품목을 거래하는 다른 회원국의 조치와 다를지라도 이것을 동일한 동 · 식물 위생조치로서 수락하여야 한다. 이 같은 목적을 위해 수입국에게 조사, 시험, 기타 필요한 절차를 수행하기 위한 합리적인 접근이 보장되어야 한다.

이 같은 동등성(equivalence) 원칙을 적용함으로써 수입국에 의한 SPS 조치가 불필요한 무역제한조치로 이용되지 못하도록 하였다. 나아가 중복된 SPS 조치에 따른 행정비용을 줄이고 수출입 절차의 간소화를 도모하였다.

5. 위험평가와 동 · 식물 위생보호의 적정수준 결정(제5조)

동 · 식물 위생조치는 국제기구에 의해 개발된 위험평가 기술을 고려한 인간과 동 · 식물의 생명 또는 건강에 대한 위험평가(assesement of risk)를 기초로 하여 취해져야 한다. 이런 위험평가를 함에 있어서는 다음과 같은 사항이 고려되어야 한다. ① 이용가능한 과학적 증거, ② 가공 및 생산방법, ③ 검사, 표본추출 및 시험방법, ④ 특정 질병이나 해충의 발생, ⑤ 병해충 안전지역의 존재, ⑥ 생태적 및 환경적 조건, ⑦ 검역 또는 기타 조치를 고려하여야 한다.

동 · 식물의 생명이나 건강에 대한 위험을 평가하고 이런 위험으로부터 적절한 보호수준을 달성하기 위해서 적용할 조치를 결정함에 있어서는, ① 병해충의 유입, 정착, 또는 확산으로 입게 될 생산이나 판매상의 손실로 측정된 잠재적 피해, ② 수입국 영토에서 방제나 박멸에 드는 비용, ③ 위험을 관리하는 대안적 조치들의 상대적인 비용 및 효과를 고려해야 한다.

적절한 동 · 식물 위생보호 수준을 결정함에 있어서는 무역에 미치는 부정적 효과를 최소화하는 목표를 고려해야 한다. 또한 일관성을 유지하기 위해서 서로 다른 상황에서 적절하다고 판단되는 수준에 대한 자의적이거나 정당화될 수 없는 구별은 이것이 차별이나 무역제한을 초래한다면 피해야 한다. 또 이런 조치가 기술적 및 경제적 실현가능성을 고려하여 적절한 보호수준을 달성하는 데 필요한 이상으로 무역 제한적이어서는 안 된다.

과학적 증거가 불충분한 경우에는 타 회원국의 동 · 식물 위생조치는 물론 국제기관으로부터의 정보를 포함한 이용가능한 관련 정보에 기초하여 잠정적으로 동 · 식물 위생조치를 채택할 수 있다. 타 회원국에 의해 취해진 동 · 식물 위생조치가 수출을 제약하고 있거나 제약할 가능성이 있고, 또 이 조치가 관련 국제적 표준, 지침 또는 권고에 근거하지 않았거나, 또는 그런 국제규범이 존재하지 않는다고 회원국이 믿을 만한 이유가 있을 경우에는 이 동 · 식물 위생조치를 취한 이유에 대한 설명을 요구할 수 있고, 요구를 받은 회원국은 이에 대한 설명을 제공하여야 한다.

6. 지역적 조건에의 적응(제6조)

동 · 식물 위생조치는 상품의 원산지 및 목적지 – 국가 전체, 국가의 일부, 다수 국가의 전체 또는 일부 여부에 관계없이 – 의 동 · 식물 위생상의 지역적 특성에 맞도록 취해져야 한다. 이런 지역적 특성을 평가함에 있어서는 특정 병해충 발생률, 박멸 또는 방제계획의 존재, 그리고 관련 국제기구에 의해 개발될 수 있는 적절한 기준 또는 지침을 고려하여야 한다.[6]

특히, 병해충 안전지역(Pest- or disease-free area)과 병해충 저발생지역(Area of low pest or disease prevalence)의 개념을 인정하고, 이런 지역에 대한 결정은 지리적 여건, 생태체계(ecosystems), 역학적 감시(epidemiological surveillance) 및 동 · 식물 위생관리의 효과성 등의 요소에 근거하여 이루어져야 한다.

자국 영토 내의 지역이 병해충 안전지역이나 병해충 저발생지역이라고 주장하는 수출회원국은 이를 객관적으로 입증하기 위한 필요한 증거를 수입회원국에게 제시하여야 한다. 요청이 있을 경우에는 조사나 시험 및 관련 절차를 위해 수입회원국에게 합리적인 접근이 허용되어야 한다.

여기서 말하는 병해충 안전지역이란 적법한 관계 당국에 의해 특정의 해충이나 질병이 발생하지 않는 것으로 확인된 지역을 말한다. 특정 국가의 전체나 그 일부 지역, 또는 다수 국가의 전체 또는 그 일부 지역을 불문한다. 병해충 저발생지역이란 적법한 관계 당국에 의해 특정의 해충이나 질병의 발생이 적고 또한 효과적인 감시, 방제 또는 박멸조치가 이루어지는 지역으로 확인된 지역을 말한다. 지역적 구분이나 범위는 관계없음은 병해충 안전지역의 경우와 같다.

6 지리적으로 같은 국가의 영역 내라 할지라도 지역에 따라 동 · 식물 위생의 위험 정도는 다를 수 있다. 따라서 이 같은 지역적 특성을 고려하여 동 · 식물 위생조치를 지역적으로 달리 적용함으로써 동 · 식물 위생 문제가 수입국에 의해 불필요하게 무역을 제한하지 않도록 해야 한다는 취지이다. 이를 지역화 문제라고 한다.

7. 투명성(제7조)

회원국은 투명성을 확보하기 위해 동 · 식물 위생조치의 변경을 통보해야 하고, 또 이에 관한 정보를 제공해야 할 의무를 진다. 채택된 모든 동 · 식물 위생규정은 이해 당사 회원국이 숙지할 수 있는 방법으로 즉시 공표하여야 한다. 긴급한 경우를 제외하고는 수출회원국, 특히 개도회원국의 생산자가 상품 및 생산방법을 수입국의 요건에 적응시킬 수 있는 시간을 갖도록 하기 위해 규정의 공표와 발효 사이에 합리적인 시간적 간격을 두도록 하였다.

국제적 표준, 지침 또는 권고가 존재하지 않거나 동 · 식물 위생규정의 내용이 국제규범에 실질적으로 부합하지 않을 때, 그리고 이 규정이 타 회원국의 무역에 상당한 영향을 미치는 경우에는 다음과 같은 조치를 취하도록 하였다.

첫째, 이해 당사국이 이 규정의 도입을 위한 제안을 숙지할 수 있도록 조기에 이를 공고하여야 한다. 둘째, 동 규정의 목적과 배경에 관한 설명과 함께 이 규정의 대상 품목을 사무국을 통해 타 회원국에 통보하되, 수정이 가능하고 다른 의견이 고려될 수 있도록 초기단계에 이루어져야 한다. 셋째, 요청이 있을 경우에는 제안된 규정의 사본을 타 회원국에 제공하고, 가능한 경우 언제나 국제적 표준, 지침 또는 권고와 실질적으로 부합하지 않는 부분이 어디인지 확인해 주어야 한다. 넷째, 타 회원국이 서면으로 의견을 제시하고 이 의견에 대해 토의하고, 또 이 제시된 의견과 토의 결과가 고려될 수 있도록 차별 없이 합리적인 시간을 허용하여야 한다.

그러나 건강 보호상 긴급한 문제가 발생하거나 발생할 우려가 있어 필요하다고 판단될 경우에는 이런 절차를 생략할 수 있다. 다만 이때 긴급한 문제의 성격을 포함하여 이 규정의 목적 및 배경과 함께 동 규정 및 대상품목을 사무국을 통해 타 회원국에게 즉시 통보하여야 하고, 또 타 회원국이 서면으로 의견을 제시하도록 허용하고 토론하며, 이 의견과 토론 결과를 고려하여야 한다.

8. 통제, 검사 및 승인절차(제8조)

식품, 음료 또는 사료의 첨가제 사용에 대한 승인이나, 오염물질 허용치 설정에 관한 국내제도를 포함한 통제, 검사 및 승인절차의 운용은 이 협정의 규정에 합치되어야 하고, 다음 사항을 준수해야 한다.

위생 및 식물위생조치의 이행을 확인하기 위한 절차와 관련하여 회원국은 다음 사항을 보장하여야 한다.

① 이 절차는 부당하게 지체됨이 없이, 또한 수입상품이 국내 동종 상품에 비해 불리하지 않은 방법으로 진행되고 완료되어야 한다.

② 모든 절차의 기준 처리기간은 미리 공표되거나 또는 예상 처리기간을 요청에 의해 신청인에게 통보하여야 한다. 신청서가 접수되면 주무관청은 구비서류의 완비 여부를 신속히 검토하여 서류상의 하자를 신청인에게 정확하게 통보한다. 주무관청은 가능한 신속히 절차상의 결과를 신청인에게 전달함으로써 필요시 수정조치를 취할 수 있도록 한다. 신청상의 하자가 있더라도 신청인이 요청하면 현실적으로 가능한 모든 절차를 진행시켜야 한다. 요청이 있으면 진행절차의 단계를, 지연이 있을 경우 지연사유와 함께, 신청인에게 알려 주어야 한다.

③ 요구되는 정보는 첨가제 사용승인이나 오염물질 허용치의 설정을 포함하여 적절한 통제, 검사 및 승인절차를 위해 필요한 사항에 한정된다.

④ 수입상품에 대한 통제, 검사 및 승인에 관련된 정보의 기밀은 국내상품보다 불리하지 않도록, 또 정당한 이익이 보호될 수 있도록 존중되어야 한다.

⑤ 개별 견본품에 대한 통제, 검사 및 승인을 위한 요건은 합리적이고 필요한 사항에 국한된다.

⑥ 수입상품의 절차에 부과되는 수수료는 동종의 국내상품 또는 타 회원국에서 수입되는 상품에 부과되는 수수료와 비교하여 형평에 맞아야 하며, 실제 서비스 비용보다 높아서는 안 된다.

⑦ 절차에 사용되는 시설물의 위치 선정 및 수입상품의 샘플 선정시에는

국내상품에 대한 것과 동일한 기준이 적용됨으로써 수입업자, 수출업자 또는 그 대리인에 대한 불편을 최소화시켜야 한다.

⑧ 통제 및 검사 후에 품목명세가 변경된 경우 그 절차는 이 품목이 여전히 해당 규정의 요건을 충족시키고 있다는 충분한 확신이 존재하는지 여부를 결정하는 데 필요한 사항에 국한된다.

⑨ 절차의 운용에 관하여 제기되는 이의를 검토하고, 이 이의가 정당할 경우 수정조치를 취할 수 있는 절차가 마련되어야 한다.

수입국이 식품첨가제 사용 승인이나 식품, 음료 또는 사료의 오염물질 허용치 설정에 관하여 승인받지 못한 상품의 국내접근을 금지 또는 제한하는 제도를 운용하고 있는 경우에는, 최종 결정이 날 때까지는 국내접근에 관한 기초로서 관련 국제기준의 사용을 고려하여야 한다.

위생 및 식물위생조치가 생산단계에서의 통제를 명시하고 있는 경우에는 생산이 이루어지는 영토의 회원국은 통제 및 통제 당국의 작업 편의를 제공할 수 있는 필요한 지원을 하여야 한다.

9. 기술적 지원(제9조)

회원국은 양자 간에 또는 국제기구를 통하여 타 회원국, 특히 개도회원국에 대한 기술지원 제공을 촉진하는 데 동의한다. 이 지원은 특히 가공기술과 연구 그리고 국가 규제기구의 설치 등 하부구조 분야에서 있을 수 있다. 지원형태는 이들 국가가 수출시장에서 적절한 위생 및 식물위생 보호수준을 달성하는 데 필요한 자문, 신용공여, 기부 및 무상원조의 형태를 취할 수 있다.

수출개도회원국이 수입회원국의 위생 및 식물위생 요건을 충족시키기 위해 상당한 투자가 필요한 경우에는 수입회원국은 수출개도국이 당해 품목의 시장접근기회를 유지 · 확대시킬 수 있는 기술지원 제공을 고려하여야 한다.

10. 특별하고 차별적인 대우(제10조)

위생 및 식물위생조치를 준비하고 적용함에 있어서 회원국은 개도회원국, 특히 최빈개도회원국의 특별한 요구를 고려하여야 한다.

위생 및 식물위생보호의 적정 수준이 새로운 위생 및 식물위생조치의 단계적 도입을 가능하게 하는 경우에는 개도회원국에게는 그들의 수출기회를 유지할 수 있도록 적응에 필요한 보다 장기간이 부여되어야 한다.

개도회원국이 이 협정을 준수할 수 있도록 하기 위하여 위원회는 그들의 재정, 무역 및 개발의 필요성을 고려하여 이 협정상의 의무사항의 전부 또는 일부에 대하여 구체적이고 한시적인 예외를 허용할 수 있다. 회원국은 개도회원국이 국제기구에 적극적으로 참여할 것을 권장하고 촉진한다.

최빈개도회원국은 WTO 효력 발생일로부터 5년 동안, 기타 회원국은 2년 동안 이 협정의 적용을 연기할 수 있다.

11. 협의 및 분쟁해결(제11조)

이 협정에 명시적으로 달리 규정된 경우를 제외하고는 분쟁해결양해(Dispute Settlement Understanding)에 의해 구체화되고 적용되는 GATT 1994의 제22조(협의) 및 제23조(무효화 및 침해)는 이 협정상의 협의 및 분쟁해결에 적용된다.

과학적 및 기술적 문제를 포함한 이 협정상의 분쟁에 있어서, 패널은 분쟁 당사국과 협의하여 패널이 선정한 전문가로부터 자문을 구하여야 한다. 이 목적을 위하여 패널은 적절하다고 판단되는 경우에는 분쟁 당사국의 요청에 의하여, 또는 직권으로 기술전문가 자문단을 구성하거나 관련 국제기구와 협의할 수 있다.

이 협정의 어느 규정도 다른 국제기구 또는 국제협정의 주선 또는 분쟁해결제도를 이용할 수 있는 권리를 포함하여, 다른 국제협정상 회원국의 권리를 침해하지 않는다.

12. 관리(제12조)

정기적인 협의의 장을 제공하기 위하여 이 협정에 의하여 동 · 식물 위생조치위원회(Committee on Sanitary and Phytosanitary Measures)가 설치된다. 위원회는 이 협정의 이행을 위해 필요한 기능을 수행하고, 또 협정의 목적, 특히 조화와 관련된 목적의 증진을 수행한다. 위원회는 전원합의제(consensus)에 의해 의결한다.

위원회는 특정의 위생 및 식물위생 문제에 관하여 회원국 간 특별(*ad hoc*) 협의 또는 협상을 장려하고 촉진한다. 위원회는 회원국의 국제표준, 지침 또는 권고의 사용을 장려하고, 이와 관련하여 식품첨가제의 사용승인, 또는 식품, 음료 또는 사료 내의 오염물질 허용기준 설정에 관한 국내외 제도와 접근방법의 조정 및 통합을 증진할 목적으로 기술적 협의와 연구를 후원한다.

최선의 과학적 및 기술적 자문을 확보하고 불필요한 중복을 피하기 위해 위원회는 위생 및 식물위생보호 분야의 관련 국제기구, 특히 국제식품규격위원회, 국제수역사무국 및 국제식물보호협약사무국과 긴밀한 접촉을 유지한다.

위원회는 국제적 조화 과정 및 국제표준, 지침 또는 권고의 이용을 감시하기 위한 절차를 개발한다. 이 목적을 위해 위원회는 무역에 중요한 영향을 미치는 것으로 판단되는 위생 및 식물위생조치에 관한 국제표준, 지침 또는 권고 목록을 관련 국제기구와 협조하여 작성하여야 한다. 이 목록은 회원국이 수입의 조건으로 적용하거나 또는 그 기준에 적합한 수입상품이 시장접근을 가질 수 있는 국제표준, 지침 또는 권고 표시를 포함하여야 한다. 회원국이 수입조건으로서 이 국제기준을 적용하지 않는 경우에는 그 이유를 적시하여야 한다. 특히, 이 기준이 위생 및 식물위생보호의 적정 수준을 제공하기에 충분히 엄격하지 못하다고 판단하는지 여부를 적시하여야 한다. 회원국이 수입조건으로서 국제기준의 사용의사를 표명한 후 입장을 변경하는 경우에는 이에 대한 설명을 해야 하고, 이는 부속서 B의 절차에 따라 행해지지 않는 한 사무국과 관련 국제기구에 통보하여야 한다.

불필요한 중복을 피하기 위해 위원회는 관련 국제기구에 의해 운용되고 있는 절차에 의한 정보, 특히 통보를 위한 정보사용을 결정할 수 있다.

위원회는 어느 회원국의 발의에 의해 관련 국제기구 또는 그 보조기구로 하여금 비사용(non-use)에 대한 설명의 근거를 포함하여 특정의 표준, 지침 또는 권고에 관한 구체적 사안을 조사하게 할 수 있다.

위원회는 WTO 협정 발효 3년 후 이 협정의 운영 및 이행을 검토하고, 그 이후에는 필요에 의해 검토한다. 위원회는 상품무역위원회에 협정의 개정을 제안할 수 있다.

Chapter 10

약속이행 감시 및 분쟁해결

Chapter 10

약속이행 감시 및 분쟁해결

제1절 약속이행의 감시

관세, 국내지지 그리고 수출보조의 감축을 포함하는 각종 약속사항은 각 회원국의 이행계획서에 정해진 바에 따라 성실히 이행되어야 한다. 농업협정 제18조는 농업위원회(Committee on Agriculture)에 회원국의 약속이행의 진행상황을 검토하고 감시할 수 있는 권한을 부여하고 있다.

농업위원회에 의한 검토 과정은 결정될 사안과 주기에 따라 회원국이 제출하는 통고(notifications)에 기초하여 시작되고, 또 검토 과정의 진행을 수월하게 하기 위하여 사무국이 준비하는 문서에 기초하여 수행된다. 또한 이와 같은 통고 외에도 감축의무 면제를 주장하는 새로운 국내지지조치나 기존 지지조치의 변경도 동 위원회에 즉시 통보되어야 한다. 이때 새로운 조치와 변경된 조치에 관한 통고에는 그 조치의 세부 사항과 함께 그 조치가 농업협정 제6조 또는 부속서 2에 정한 기준에 합치되는 근거를 포함하여야 한다.

농업위원회에 의한 검토 과정에는 회원국이 약속이행과 관련한 어떠한 문제도 제기할 수 있는 기회가 제공된다. 따라서 회원국은 다른 회원국이 마땅히 통고했어야 한다고 판단되는 어떠한 조치도 농업위원회에 주의를 촉구할 수 있다. 다시 말하면, 다른 회원국이 통고의무를 태만히 할 경우에는 이해관계가 있는 회원국은 이 사실을 동 위원회에 알려 정식 검토 과정을 거치도록 할 수 있다.

이 조항은 또 과도한 인플레율이 국내지지 감축약속을 지키는 능력에 미치는 영향을 적절히 고려하도록 규정하고 있다. 감축기준으로서의 총 AMS는 명목화폐가치로 계산한 것이다. 따라서 인플레이션이 진행되는 기간에는 현행 총 AMS도 물가상승률만큼 증가할 가능성이 높다. 이런 경우에는 정해진 감축률에 따라 감축한다 할지라도 총 AMS가 이행계획서 상의 연간 최종양허약속 수준을 초과할 수 있지만 이를 고려해 준다는 의미이다. 이 조항으로 총 AMS를 실질가치로 계산해야 할 필요성을 어느 정도는 충족시키게 되었다고 할 수 있다.

마지막으로 회원국은 수출보조 감축약속의 틀 내에서 세계 농산물 무역의 정상적 증가에 참여하는 것과 관련하여 농업위원회에서 매년 협의하도록 하였다. 즉, 수출보조의 성실한 감축을 통하여 세계 농산물 무역 증대에 공동으로 협력할 것을 촉구하고 있다.

제2절 적절한 자제: 상계관세 적용의 제한

농업협정 제13조는 농업 관련 국내지지와 보조를 다른 일반적 보조와 구분하여 이 협정에 합치되는 것에 대해서는 국내지지든 수출보조든 GATT 1994의 보조금 관련 조항과 보조금협정(Agreement on Subsidies and Countervailing Measures)의 관련 조항의 적용을 배제시키고 있다. 또한 이 경우에는 일반적인 분쟁해결 절차에 바로 돌입할 수 없도록 일정한 제약을 두고 있다.

이와 같이 농업 분야의 국내지지 및 수출보조와 관련한 조치와 분쟁에 있어서 상당한 예외를 인정하고 있는 이유는, 농업 개혁을 효과적으로 수행하기 위한 것이다. 회원국이 국내지지와 수출보조를 감축약속에 따라 성실하게 이행하는 한 자국의 조치로 인해 야기될 수 있는 무역분쟁의 소지를 없애줌으로써 농업 개혁을 효과적으로 추진해 나갈 수 있는 것이다. 국내지지와 수출보조의 감축 이행기간 동안에는 농업협정에 합치되는 기존의 국내지지조치와 수출보조는 설령 그것으로 교역 상대국의 무역이익이 침해된다 할지라도 잠정적으로 그 합법성을 인정해 준다. 따라서 상계관세조치 등 상대국의 대응조치에 적절한 자제(due restraint)를 요구함으로써 이에 대하여 일정한 제한을 둔다는 것이다.

이런 의미에서 농업협정 제13조를 일명 평화조항(peace clause)이라고 부르고 있다. 이 조항의 적용기간은 1995년부터 2003년까지 9년으로 정하고 있다(제1조 f). 따라서 농업협정 제13조는 이 기간 동안만 한시적으로 적용되는 일종의 일몰조항(sunset clause)이다.

1. 국내지지조치에 관한 제한

1) 부속서 2의 국내지지조치

농업협정 부속서 2의 규정에 완전히 합치되는 국내지지조치는 상계관세 적용에 있어서 다음과 같은 예외를 인정한다.

첫째, 부속서 2의 국내지지정책은 허용보조(non-actionable subsidies)로 간주되어 GATT 1994의 제6조(반덤핑 및 상계관세)와 보조금협정 제5부(상계조치)에 의한 상계관세 부과대상에서 면제된다.

상계관세란 수출국에 의해 상품의 제조, 생산 및 수출에 직·간접으로 지급된 보조를 상쇄시킬 목적으로 수입국에 의해 부과되는 특별관세로, 지급된 보조액의 한도 내에서 부과할 수 있다(GATT 1994, 제6조의 3). 보조금협정 제5부는 조사 개시로부터 최종적인 상계관세 부과 판정에 이르기까지 상계관세 부과에 필요한 제반 절차를 상세히 규정하고 있다. 농업협정 부속서 2의 국내지지정책은 이러한 상계관세조치의 대상에서 제외되는 허용보조조치라는 것을 명백히 하고 있는 것이다.

둘째, 부속서 2에 합치되는 국내지지정책은 GATT 1994의 제16조(보조금)와 보조금협정 제3부(조치가능 보조금)에 의한 조치대상에서 면제된다.

GATT는 수출확대 목적이든 수입을 제한하기 위한 목적이든 어떠한 형태의 보조를 지급하거나 유지하는 회원국은 보조액, 보조의 성격, 수출입에 미치는 효과, 그리고 보조가 필요한 근거를 서면으로 체약국단에 통고하도록 의무화하고 있다. 나아가 이 보조가 다른 체약국의 이익에 중대한 손실을 야기하거나 그럴 위험이 있다고 결정될 때에는, 보조금을 지급한 체약국은 요청에 따라 다른 이해 당사 체약국 또는 체약국단과 그 보조를 제한할 가능성에 대하여 협의하여야 한다(GATT 1994, 제6조의 1).

보조금협정 제3부는 조치가능보조(actionable subsidies)에 관하여 규정하고 있다. 조치가능보조는 금지되는 보조는 아니지만 이로 말미암아 다른 회원국의 이익에 부정적 효과를 미치게 되면 이에 대응조치가 허용되는 보조이다. 보조금협정 제5조에서는 다른 회원국의 국내산업에 대한 피해 등 3가지의 부정적 효과를 열거하고 있는데, 농업협정 제13조의 규정에 따라 이 조항이 농산물에 지급되는 보조에는 적용되지 않는다는 점을 명시하고 있다. 이 같은 보조금이 다른 회원국에게 부정적인 효과를 미쳤을 때에는 그 다른 회원국은 보조금 지급 회원국에게 협의를 요청할 수 있으며, 이에 따라 양국 사이에 협의절차가 개시된다. 당사국 간 협의를 통하여 60일 이내에 해결이 되지 않을 때에는 분쟁해결기구에 회부되어 패널 설치와 상소 등 정식 분쟁해결 절차를 밟게 된다. 그러나 농업협정 부속서 2의 규정에 합치되는 국내지지정책은 이상과 같은 조치들로부터 면제된다는 것이다.

셋째, GATT 1994의 제2조(양허표)에 따라 회원국에 주어진 관세양허의 이익이 농업협정 부속서 2에 합치되는 국내지지조치에 의해 무효화(nullification) 또는 침해(impairment)되었다는 이유로 GATT 1994의 제23조 1(b) 분쟁해결 조항에 따른 조치를 취할 수 없다. GATT 1994의 제23조 1(b)는 그 조치가 협정의 규정을 위반했는지 여부와는 관계없는, 즉 비위반(non-violation) 무효화와 침해를 규정하고 있다. 따라서 국내지지조치가 농업협정 부속서 2에 합치되기만 한다면 GATT 규정 위반 여부를 불문하고, 그로 말미암아 다른 회원국의 관세양허에 의한 무역의 이익이 침해되었다고 해서 상대국은 통상의 분쟁해결 절차에 들어갈 수 없는 것이다.

2) 제6조의 국내지지조치

농업협정 제6조 5항에 의한 생산통제 하의 직접지불, 4항의 최소허용지지(*de minimis*) 및 제6조 2항에 따라 개도국에 허용된 국내지지를 포함하여 동 협정 제6조에 합치되는 감축대상 국내지지는 상계관세 적용에 있어서 다음과 같은 예외를 인정한다.

첫째, GATT 1994의 제6조(반덤핑 및 상계관세) 및 보조금협정 제5부에 근거한 피해(injury) 또는 피해의 위협에 대한 결정이 없는 한 상계관세 부과로부터 면제되며, 또한 여하한 상계관세 조사를 개시함에 있어서도 적절한 자제가 이루어져야 한다.

둘째, 특정 품목에 대한 지지가 1992 유통 연도 중 결정된 수준을 초과하여 지급되지 않는 한 GATT 1994의 제16조 1항(보조금 일반)에 의한 조치와 보조금협정 제5조(부정적 효과) 및 제6조(심각한 피해)에 근거한 조치, 즉 분쟁해결조치로부터 면제된다.

셋째, 특정 품목에 대한 지지가 1992 유통 연도 중에 결정된 수준을 초과하여 지급되지 않는 한, GATT 1994의 제23조 1(b)의 의미에서, GATT 1994의 제2조에 따라 다른 회원국에 주어지는 관세양허의 이익에 대한 비위반 무효화 또는 침해에 기초한 조치로부터 면제된다. 즉, 국내지지조치에 이해관계를 갖고 있는 상대국은 관세양허 이익에 관한 비위반 무효화와 침해를 이유로 통상의 분쟁해결 절차에 의존할 수 없다는 것이다.

2. 수출보조에 관한 제한

농업협정 제13조는 수출보조가 동 협정 제5부(제8~11조)의 규정에 합치되는 경우에는 이 수출보조는 다른 일반보조와는 달리 상계관세 부과에 상당한 제한을 두고 있다.

첫째, 여기에 해당하는 수출보조는 GATT 1994 제6조 및 보조금협정 제5부에 따라 물량, 가격에 미치는 효과, 또는 부수적인 악영향 등에 기초한 피해 또는 피해의 위협에 의해서만 상계관세가 부과된다. 그리고 상계관세 부과를 위한 여하한 조사가 개시되는 경우에도 사전에 적절한 자제가 발휘되어야 한다.

둘째, GATT 1994 제16조에 의한 조치 또는 보조금협정 제3조(금지보조), 제5조, 제6조에 근거한 분쟁해결조치로부터 면제된다.

제3절 WTO 분쟁해결

1. 농업협정의 분쟁해결

농업협정 제19조는 농산물을 대상으로 한 통상분쟁의 해결절차와 방법에 관한 근거규정이다. 이 조항에 의하면 농산물 무역분쟁도 다른 상품의 무역분쟁에 적용되는 일반적인 분쟁해결 절차와 동일한 방법에 의하도록 규정하고 있다. 무역분쟁에 일반적으로 적용되는 GATT 1994의 제22조(협의) 및 제23조(무효화 또는 침해)의 규정이 농업협정에 의한 협의 및 분쟁해결에 그대로 적용된다는 것이다. GATT 1994의 제22조 및 제23조는 우루과이라운드 협상의 결과 새로 제정된 분쟁해결양해(Understanding on Rules and Procedures Governing the Settlement of Disputes)에 의해 구체화되어 있으므로, 결국 이 분쟁해결양해가 농산물 무역분쟁에 적용되는 것이다. 따라서 농산물 무역과 관련하여 발생하는 분쟁은 WTO의 일반적인 분쟁해결 절차에 따라야 한다.

WTO 분쟁해결 절차는 GATT와 비교하여 훨씬 강화되고 체계화되었다. 공정한 세계 교역질서 확립을 위한 사법적 기초가 마련된 것이다. 경제적 강국에 의해 일방적인 무역보복이나 불공정 무역관행이 자행된다 해도 GATT에서는 이를 방지할 수 있는 효과적인 방법이 없었다. 그러나 WTO 체제에서는 패널의 설치는 물론 상소가 허용되고, 상설 분쟁해결기구에 의해 분쟁 당사국의 권익이 보장될 수 있는 절차가 마련되어 있다. 나아가 분쟁해결기구의 감시 하에 합법적 보복조치도 가능해졌다.

특히, GATT에서의 결정은 전원합의, 즉 총의(consensus)에 의해서만 채택될 수 있었기 때문에 한 나라라도 판결에 불복할 경우 그 결정은 효력을 발생할 수 없었다. 그러나 WTO에서는 소송 상대국을 포함한 전 회원국에 의하여 판정에 불복하는 총의가 이루어지지 않는 한 판정은 자동으로 채택되도록 함으로써 패소한 국가가 판정의 채택을 거절할 수 없도록 하였다. 그만큼 WTO의 분쟁해결 절차는 실효성이 강화된 것이다. 판정에 불복하는 강대국의 힘에 의한 해결을 원천적으로 봉쇄할 수 있게 되었다. 또한 이와 같은 분쟁해결 절차의 강화는 세계경제의 안정성 제고에 기여하고, 세계무역에 있어서 법의 지배(rule of law) 원칙을 확립함으로써 무역체계를 보다 안정적이고 예측가능하게 만들어 결국은 세계 무역의 확대에 크게 이바지하게 될 것이다.

분쟁의 신속한 해결을 위해 소요기간은 최초 판정까지 1년을 넘지 않도록 하였고, 상소할 경우에도 15개월을 초과하지 않도록 하였다. 또 농산물처럼 부패하기 쉬운 상품이 관련된 사건이나 기타 급박할 경우에는 3개월을 단축할 수 있도록 하였다.

2. WTO 분쟁해결 절차

국가 간 통상분쟁이 발생하면 우선 제3자의 개입이 없는 당사국 간 협의절차에 들어간다. 협의에 의해 문제가 해결되는 것이 가장 바람직한 분쟁해결이다. 하지만 협의에 의해 분쟁이 해결되지 않으면 제2단계로 패널절차를 밟게 된다. 패널보고서가 분쟁해결기구에 보고되고 이에 따라 권고나 결정이 내려지게 된다. 당사국이 이 결과에도 불복하면 다시 상소절차로 들어가고, 그 결과에 따라 마지막으로 보복조치가 뒤따르게 된다. 결국 분쟁해결 절차를 크게 보면 협의, 패널, 상소, 권고 및 결정의 이행, 보복의 순서로 진행된다.

1) 협의

협의(consultations)는 정식 패널절차에 들어가기 전에 분쟁 당사국끼리 논의하여 분쟁을 해결하는 절차이다. 이 협의절차는 제3자의 개입 없이 분쟁 당사국 스스로 문제를 평화적으로 해결한다는 점에서 중요한 분쟁해결 절차이다. 실제 과거의 분쟁해결 사례를 보더라도 적지 않은 사건들이 이 협의단계에서 해결되었다. 협의가 정해진 기간 내에 원만히 이루어지지 못하여 그 이후의 분쟁해결 단계로 넘어가 절차가 계속 진행 중일지라도 협의와 중재(mediation)는 언제라도 가능하다.

협의의 요청은 분쟁 당사국 어느 쪽이나 할 수 있다. 협의요청이 있으면 요청을 받은 당사국은 접수일로부터 10일 이내에 답변하여야 하며, 30일 이내에 협의를 개시하여야 한다. 10일 이내에 답변이 없거나 30일 이내에 협의에 응하지 않을 경우, 협의를 요청한 회원국은 바로 패널의 설치를 요구할 수 있다. 협의는 비공개로 이루어지며, 다음 단계의 당사국의 권리를 침해하지 않는다. 협의요청을 접수한 날로부터 60일 이내에 협의를 통한 분쟁해결에 실패한 경우에는 제소국은 패널의 설치를 요구할 수 있다. 그러나 협의 당사국들이 협의를 통한 분쟁해결에 실패했다고 합의하는 경우에는 제소국은 60일이 경과하지 않더라도 패널의 설치를 요구할 수 있다.

농산물과 같이 부패성이 있는 상품과 관련된 분쟁이거나 기타 긴급한 경우에는 협의절차는 훨씬 빨리 진행되어야 한다. 이 경우에는 협의요청이 접수된 날로부터 10일 이내에 협의를 개시하고, 20일 이내에 협의를 통한 분쟁이 해결되어야 한다. 만일 이 기간 내에 분쟁이 해결되지 않으면 제소국은 패널의 설치를 요구할 수 있다.

협의 당사국이 아닌 제3의 회원국이 실질적인 무역상의 이해관계를 갖고 있는 경우에는, 협의요청 문서가 배포된 날로부터 10일 이내에 협의 당사국 및 분쟁해결기구에 협의에 참여할 의사를 통고할 수 있다. 이때 협의요청을 받은 당사국이 실질적 이해관계 주장에 충분한 근거가 있다고 동의하면 이 회원국도 협의에 참여할 수 있다.

협의절차가 개시되었다 하더라도 이와는 별도로 주선(good offices), 조정(conciliation), 중개(mediation)에 의해[1] 우호적인 방법으로 분쟁을 해결할 수 있는 방법을 열어 놓고 있다. 이들 방법은 당사자 간의 협의에 당사자가 직접 해결하기 어려운 문제에 제3자가 개입하여 분쟁을 해결하는 방법이다. 제3자는 하나 또는 둘 이상의 개인이나 국가 또는 국제기구가 될 수 있다. 주선, 조정, 중개는 당사국의 합의나 WTO 사무총장의 직권으로 이루어진다. 분쟁 당사국은 시간의 구애를 받지 않고 언제든지 이를 요청할 수 있다. 즉, 이 주선, 조정, 중개는 언제든지 개시되고 또 종료될 수 있다. 이 절차가 종료되면 제소국은 패널의 설치를 요구할 수 있다. 또한 패널절차가 진행되고 있는 도중이라도 분쟁 당사국의 합의가 있으면 주선, 조정 및 중개 절차는 계속될 수 있다.

2) 패널

협의에 의한 분쟁의 해결이 실패하면 제소국의 요청 등 일정한 절차에 따라 패널(panel) 단계로 들어가게 된다.

패널은 분쟁해결기구(dispute settlement body: DSB)가 그 임무를 효과적으로 수행하도록 도와주는 역할을 한다. 따라서 패널은 사건의 사실관계와 관련 협정의 적용가능성 및 그 협정에의 합치성에 관한 객관적인 평가를 포함하여 분쟁

1 주선(周旋, good offices)은 분쟁의 평화적 해결을 위하여 제3자가 분쟁 당사국 간의 교섭(negotiation)에 편의를 제공하는 것이다. 즉, 분쟁 당사국을 설득하여 교섭에 임하게 하는 것이다. 중개(仲介, mediation)는 제3자가 직접 분쟁 당사국 간의 교섭에 개입하여 해결책을 제의하는 것을 말한다. 조정(調停, conciliation)은 독립적 지위에 있는 제3자가 분쟁을 심사하여 분쟁 당사국에 대하여 해결조건을 제시하는 것이다. 조정은 중개에 비하여 좀 더 공식적이며 따라서 융통성이 적다(김정건, 1998).

사건에 대한 객관적인 평가를 하고, 분쟁해결기구가 권고하거나 판정하는 데 도움이 되는 그 밖의 조사를 수행한다. 또 패널은 분쟁 당사국과 정기적으로 협의를 하며 그들에게 상호 만족할 만한 해결책을 찾기 위한 충분한 기회를 제공하여야 한다.

이처럼 패널은 분쟁과 관련한 객관적인 사실조사와 이를 기초로 한 보고서를 작성하는 사실심 단계로서의 성격을 갖는다. 패널보고서는 분쟁해결기구가 채택함으로써만이 그 법적인 효력을 갖게 된다. 패널절차는 크게 패널의 설치, 패널보고서의 작성, 그리고 패널보고서의 채택 등 세 단계로 진행된다.

(1) 패널의 설치

제소국에 의하여 서면으로 패널설치 요청이 있으면 이것이 의제로 상정되는 분쟁해결기구의 첫 번째 회의에서 총의(consensus)에 의한 반대가 없는 한 패널은 설치된다. 이때 패널의 설치는 늦어도 분쟁해결기구의 그 다음 번 회의에서는 이루어진다. 패널은 분쟁 당사국이 패널설치로부터 10일 이내에 5인의 패널위원(panelists)으로 구성하는 데 합의하지 않는 한 3인의 패널위원으로 구성한다. 패널위원은 독립적인 활동이 보장되도록 하기 위하여 정부나 어떤 기관의 대표가 아닌 개인의 자격으로 임무를 수행하게 된다.

패널위원은 보통 WTO 사무국의 패널위원명부에 등재되어 있는 자 중에서 선임된다. 회원국들은 패널위원명부에 등재될 관련 전문가들을 추천할 수 있고, 추천된 인사는 분쟁해결기구의 승인을 얻어 명부에 등재된다. 패널위원이 될 수 있는 자격은 패널로서 일한 경력이 있는 자, WTO 회원국의 대표 또는 GATT 체약국의 대표로 근무한 경험이 있는 자, 사무국 근무 경험이 있는 자, 국제무역법이나 국제무역정책에 관하여 가르치거나 저술한 경력이 있는 자, 회원국의 고위 무역정책 관리로서 근무한 경험이 있는 자 등이다.

패널은 자신이 활동해야 할 사항을 위임받아 이 범위 내에서 활동하게 된다. 패널은 분쟁 당사국이 패널설치로부터 20일 이내에 달리 합의하지 않는 한 다음과 같은 위임사항(terms of reference)을 부여받는다. 즉, 분쟁해결기구에 제기된 문제를 조사하고, 분쟁해결기구가 이 협정에 규정된 권고나 판정을 내리는 데 도움이 되는 조사결과를 작성한다. 또 패널은 분쟁 당사국이 인용하는 모든 대상 협정의 관련 규정을 검토한다.

(2) 패널절차 및 보고서의 작성(패널판정)

패널은 분쟁 당사국과의 협의 후 달리 결정하지 않는 한 협정상의 절차에 따라 진행된다. 패널위원은 분쟁 당사국과의 협의 후 현실적으로 가장 빠른 시일 내에, 그리고 가능한 패널의 구성 및 위임사항에 대하여 합의가 이루어진 후 1주일 이내에 작업일정을 정하여야 한다. 분쟁 당사국은 문서로 사건을 패널에 제출한다.

분쟁 당사국이 상호 만족할 만한 해결책을 강구하는 데 실패하는 경우 패널은 서면보고서의 형식으로 조사결과를 분쟁해결기구에 제출한다. 이 경우 패널보고서는 사실에 관한 조사결과, 관련 규정의 적용가능성 및 자신이 내린 조사결과와 권고에 대한 이유를 명시하여야 한다. 분쟁 당사국 간에 해결책이 발견된 경우에는 패널보고서는 사안의 간략한 서술과 해결책이 도달되었다는 사실을 보고하는 데 국한한다.

패널의 최종보고서가 분쟁 당사국에게 제시될 때까지 소요되는 기간은 패널구성 및 위임사항에 관한 합의가 이루어진 날로부터 6개월을 초과할 수 없다. 부패성이 있는 상품에 관한 분쟁이나 기타 긴급한 사안의 경우에는 이 기간은 3개월을 초과할 수 없다. 6개월 이내 또는 긴급할 경우 3개월 이내에 보고서를 제출하지 못할 경우에는 패널은 지연사유를 분쟁해결기구에 서면으로 통보하여야 한다. 어떠한 경우에도 패널의 설치로부터 회원국에게 최종보고서가 배포될 때까지 소요되는 기간은 9개월을 초과할 수 없다.

패널의 심의는 비공개로 하며, 개별 패널위원이 패널보고서에 표명하는 의견은 익명으로 한다. 과학적 또는 기술적 문제가 제기되면 패널은 관련 전문가에게 자문을 구하거나 전문가 그룹을 임명하여 보고서를 준비하도록 한다.

최종 패널보고서를 작성하기 전에 분쟁 당사국의 의견을 수렴하고 협의하는 잠정검토 단계를 거친다. 이때 패널은 반박 서면입장 및 구두주장을 심리한 후 보고서 초안 중 사실관계 및 주장부분을 분쟁 당사국에게 제시하고, 분쟁 당사국은 패널이 설정한 기간 내에 서면으로 논평을 제출한다. 즉, 패널은 사실확인(findings)과 결론이 담긴 잠정보고서(interim report)를 작성하여 양측에 제출하고, 1주일의 기간을 부여하여 검토를 요청한다. 이 기간은 2주를 초과할 수 없으며 이 기간 중 패널은 양 당사국과 추가적인 회의를 가질 수 있다.

(3) 패널보고서의 채택

패널에 의해 작성된 최종보고서(final report)가 분쟁해결기구에 의해 채택됨으로써 분쟁에 관한 패널의 사실관계 확인과 그 결론은 비로소 법적인 효력을 갖게 된다. 따라서 최종 결정은 분쟁해결기구에 의한 최종보고서의 채택 여부에 달려 있는 셈이다.

최종보고서가 패널에 의해 양 당사국에 제출되면 그 후 3주 후에 WTO 전 회원국에게 배포된다. 패널보고서가 채택되기 전에 회원국들로 하여금 검토할 수 있는 충분한 시간이 부여된다. 이 보고서가 회원국에 배포된 날로부터 20일이 경과되지 않고서는 분쟁해결기구에 의해 채택을 위한 심의를 할 수 없다. 패널보고서에 이의가 있는 회원국은 분쟁해결기구의 심의 10일 이전까지 그 이유를 서면으로 제출하여야 한다. 분쟁 당사국은 패널보고서에 대한 분쟁해결기구의 심의 과정에 충분히 참여할 권리를 가진다. 패널보고서는 총의에 의한 반대가 없는 한 회원국에게 배포된 날로부터 60일 이내에 채택되어 분쟁해결기구의 판결이나 권고로서 확정된다.

3) 상소

패널에 의한 결정에 이의가 있는 당사국에게는 다시 상소할 수 있는 기회를 부여함으로써 당사국의 권익보호에 만전을 기하고 WTO 분쟁해결제도의 신뢰성을 강화하고 있다. 상소(appeals)는 최종심으로서 사실관계에 대한 문제를 심의하는 것이 아니라 법률적 해석에만 국한하는 법률심의다. 따라서 기존의 증거를 재심한다거나 새로운 증거를 검토하는 일은 허용되지 않는다. 또 패널단계에서와는 달리 상소는 상설상소기구(Standing Appellate Body)에 의해 수행된다.

이 상소기구는 분쟁해결기구 내에 설치되어 있는 상설기구로서 패널의 판정에 불복하여 상소된 분쟁사안을 심리한다. 상소기구는 법률, 국제무역, 해당 협정의 관련 분야에 관한 전문 지식을 갖춘 전문가로서 7인의 위원으로 구성된다. 위원의 임기는 4년이며 1차에 한하여 연임할 수 있다. 위원은 WTO 전체 회원국을 대표한다. 상소기구위원들은 어떠한 개별 국가의 정부와도 관계를 가져서는 안 되며, 직 · 간접적으로 이해관계가 있는 분쟁사안에 대한 심의에는 관여할 수 없다.

원칙적으로 분쟁 당사국만이 패널보고서에 대하여 상소할 수 있다. 분쟁 당사국이 상소를 통지한 날로부터 상소기구에 의한 보고서가 배포되는 날까지는 60일을 초과할 수 없다. 60일 이내에 보고서를 제출하지 못할 경우에는 상소기구는 지연의 사유를 분쟁해결기구에 통고하여야 한다. 그러나 어떠한 경우에도 그 기간은 90일을 초과할 수 없다.

상소기구의 심의 과정은 공개되지 아니하며, 상소기구는 패널의 법률적인 조사결과와 결론을 추인, 변경 또는 번복할 수 있다. 상소기구의 보고서가 회원국에 배포된 후 30일 이내에 분쟁해결기구가 총의에 의해 이 보고서를 채택하지 않기로 결정하지 아니 하는 한 분쟁해결기구는 이를 채택하여야 하며, 분쟁 당사국은 이 보고서를 무조건 수락하여야 한다. 즉, 상소기구의 보고서를 기각하기 위해서는 전원합의에 의해서만 가능하므로 그 보고서는 사실상의 구속력을 갖는다. 분쟁 당사국이 달리 결정하지 않는 한 패널 설치일로부터 상소보고서가 채택될 때까지는 12개월을 초과할 수 없다. 이 기간은 상소하지 않는 경우에는 9개월을 초과할 수 없다.

4) 권고 및 결정의 이행과 보복조치

분쟁해결기구에 의한 권고나 결정이 신속하게 이행됨으로써 실효성 있는 분쟁해결이 되도록 노력해야 할 필요성이 있다. 분쟁해결기구는 그 권고나 결정의 이행 여부를 감시한다.

그림 10.1 WTO 분쟁해결 절차

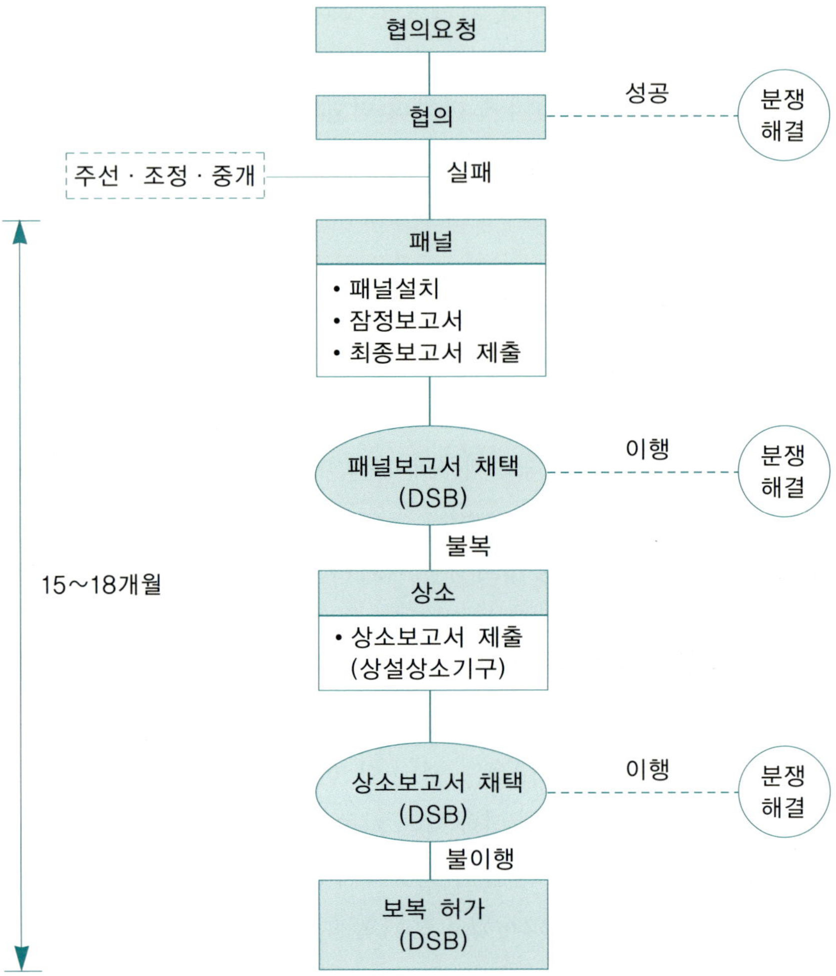

관련 회원국은 패널보고서 또는 상소기구보고서가 채택된 날로부터 30일 이내에 개최되는 분쟁해결기구 회의에서 분쟁해결기구에 의한 권고나 결정에 관한 자국의 입장을 분쟁해결기구에 통보하여야 한다. 권고나 결정을 즉시 이행할 수 없는 경우에는 관련 회원국에 이행을 위한 합리적인 기간이 부여된다.

특별한 경우를 제외하고는 패널보고서 또는 상소기구보고서가 채택된 날로부터 15개월을 초과할 수 없다. 또 합리적인 이행기간의 확정일까지의 기간은 분쟁 당사국이 달리 정하지 않는 한 패널 설치일로부터 15개월을 초과할 수 없다. 패널 또는 상소기구가 보고서 제출기간을 연장한 경우에는 추가로 소요되는 기간은 이 15개월의 기간에 합산된다. 다만 분쟁 당사국이 예외적인 사정이 존재한다고 합의하지 않는 한 총기간은 18개월을 초과하지 않는다.

권고나 결정이 합리적인 기간 내에 이행되지 않을 경우 보상이나 양허 또는 다른 의무의 정지를 취할 수 있다. 관련 회원국이 합리적인 기간 내에 협정 위반으로 결정난 조치를 동 협정에 합치시키지 않거나 권고 및 결정을 이행하지 않는 경우에는 분쟁 당사국과 상호 수락할 수 있는 보상의 마련을 위하여 협상을 개시한다. 합리적인 기간이 종료된 날로부터 20일 이내에 만족할 만한 보상에 대하여 합의가 이루어지지 않는 경우에는, 분쟁 당사국은 양허 또는 그 밖의 의무 정지의 승인을 분쟁해결기구에 요청할 수 있다. 이때 분쟁해결기구가 승인하는 양허 또는 그 밖의 의무 정지의 수준은 무효화 또는 침해의 수준에 상응한다.

보복은 피해를 받은 분야와 동일한 분야에 우선적으로 보복조치가 이루어져야 하며, 이와 같은 보복조치가 현실적이거나 효과적이지 못할 경우에 한하여 다른 분야에 대한 보복조치가 가능하다. 즉, 분쟁이 되고 있는 분야 이외의 다른 분야에 대한 교차보복을 허용함으로써 협정의무 이행의 실효성을 강화하고 있다. 또 보복조치의 수준은 자국이 입은 피해의 정도와 동등해야 한다.

양허 및 다른 의무이행의 정지에 관하여 관련 당사국이 이의를 제기하거나 원칙과 절차가 준수되지 않았음이 주장되는 때에는 중재절차에 회부된다. 중재는 합리적인 기간의 종료 후 60일 이내에 종결되어야 하며, 이 기간 중에는 양허 또는 다른 의무이행이 정지되지 아니한다. 중재의 결정은 최종적이다.

Chapter 11

WTO 뉴라운드와 농업

Chapter 11

WTO 뉴라운드와 농업

제1절 WTO 뉴라운드: DDA

1. 도하개발어젠더(DDA)

WTO 체제가 출범한 후 1999년 11월 새로운 다자간 무역협상을 개시할 목적으로 미국 시애틀에서 제3차 WTO 각료회의가 개최되었다. 그러나 각국에서 몰려든 NGO들의 강력한 저항과 개도국들의 지지를 얻지 못해 밀레니엄 뉴라운드의 출범은 실패로 돌아갔다. 이들의 반대 논리는 세계화(globalization)와 자유화(liberalization)가 궁극적으로는 선진국들의 이익만 증대시킬 뿐, 선 · 후진국 간의 빈부격차는 더 벌어지고 세계의 환경은 더욱 악화된다는 것이었다. WTO에 의한 세계화 전략이 성공하기 위해서는 무역 자유화로 인한 이익이 선진국과 개도국 간, 그리고 수출국과 수입국 간 균형 있게 분배되어야 한다는 점을 일깨워 주었다.

그 후 2001년 11월 카타르의 수도 도하에서 개최된 제4차 WTO 각료회의를 계기로 드디어 새로운 다자간 무역협상이 도하개발어젠더(Doha Development Agenda: DDA)란 이름으로 시작되었다. WTO 출범 후 최초의 다자간 무역협상이며, GATT로부터 치면 아홉 번째이다. 보통 '라운드'라는 명칭을 붙였던 과거와는 달리 '개발어젠더'라는 명칭을 사용한 것은 개발도상국들의 경제개발 등 개도국 문제가 중요한 협상의제가 되어야 한다는 점을 강조한 것이다. 그만큼 개도국들의 국제적 위상이 크게 향상되었다는 의미도 담겨 있다.

도하 각료선언(Ministerial Declaration)에 나타난 DDA 협상의제는 매우 포괄적이다. 농업, 서비스, 비농업시장접근(Market Access for Non-agricultural Products: NAMA), 무역관련 지적재산권, 무역과 투자의 관계, 무역과 경쟁정책(competition policy) 관계, 정부조달의 투명성, 무역원활화(trade facilitation), WTO 규정(반덤핑, 보조금, 지역무역협정 관련), 분쟁해결, 무역과 환경, 전자상거래, 소국경제(small economies), 국가채무 및 재정 문제, 기술이전과 협력, 최빈개도국(least-developed countries) 문제, 특별 및 차별대우 문제 등 매우 광범위한 의제들이 논의되어 왔다.

2. DDA 협상 동향과 전망[1]

2001년 DDA 협상이 시작된 후 제5차 각료회의(2003, 칸쿤)를 포함 6차(2005, 홍콩), 7차(2009, 제네바), 8차(2011, 제네바) 각료회의를 거치면서 협상을 계속 추진했으나 DDA 협상은 큰 진전을 보이지 못했다. 그러다가 제9차 각료회의가 2013년 인도네시아의 발리에서 개최되어 DDA 협상 개시 12년 만에 처음으로 부분적인 합의를 도출하였다. 이른바 '발리 패키지'에 합의하고 2014년 말까지 DDA 작업계획을 마련하기로 합의하는 등 DDA 협상에 급진전을 보였다. '발리 패키지'는 무역원활화, 농업 분야, 면화, 최빈개도국 특혜 등에 합의를 이루었지만 2014년 협상은 계획과 달리 지지부진하였다. 2015년에 들어서는 예정된 제10차 각료회의의 성과 도출을 위해 협상이 다시 활발히 진행되었다. 그러나 시간이 흐르면서 다시 DDA 협상에 대한 비관적인 전망이 나오기

1 송주호(2015. 12. 4; 2015. 12. 29).

시작하였다.

그런 가운데 2015년 12월 15~19일 케냐의 나이로비에서 제10차 WTO 각료회의가 개최되었다. 이 회의에서는 수출경쟁 분야에서만 합의를 이루었을 뿐 별 진전을 보이지 못한 채 DDA 협상의 존립 문제가 거론되었다. 향후 DDA 협상을 어떻게 진행시켜 나갈지에 대해 개도국들은 협상을 계속하자고 주장한 반면, 미국 · EU · 일본 등 일부 선진국들은 DDA가 아닌 새로운 방식으로 협상을 추진하자고 주장하여 의견이 대립되었다. 이에 대해서는 각료회의 마지막 날까지 입장 차이를 좁히지 못하여 결국 양측의 의견을 모두 나열하는 방식으로 봉합되었다. 앞으로 새로운 형식의 다자간 무역협상이 시작될지 아니면 더 이상 추진되지 않을지 두 가지 선택이 남아 있다. 별 진전 없이 너무 장기간 지속되었기 때문에 DDA라는 틀을 유지한 다자간 무역협상은 사실상 끝난 것으로 볼 수 있다.[2]

DDA 협상이 14년 이상 오랜 기간 지속되었음에도 불구하고 결국 결실을 맺지 못하고 존폐 위기에 놓이게 된 데는 몇 가지 원인을 찾을 수 있다.

첫째는 WTO 가입국 수가 160개국이 넘어서고 협상의 역학구도가 복잡한 양상을 띠고 있어 합의도출이 점점 어려워지고 있다는 점이다. 과거 우루과이 라운드 협상 당시에는 미국과 EU 양대 축을 중심으로 한 협상구도 속에서 협상이 진행되었기 때문에, 참가국 수가 많았음에도(123개국) 8년 가까운 기간이 소요되면서 마무리를 할 수 있었다. 하지만 지금은 참가국 수가 증가한 것은 물론 개도국들의 목소리와 국제경제에서의 비중이 점차 커지면서 이들의 목소리가 커지고, 또한 각국의 이해관계에 따른 협상구도가 복잡하게 얽혀 있어 협상의 타결은 더욱 어려워졌다.

2 송주호(2015. 12. 29). 관련 나이로비 각료선언문 내용: “우리는 많은 회원국들이 도하 및 그 이후 각료회의에서의 선언과 결정을 재확인하고 이러한 기준 위에 DDA를 종결시키자는 약속을 재확인함을 인정한다. 그러나 다른 회원국들은 DDA 위임사항을 재확인하지 않고 있는데, 그들은 다자간 협상에서 의미 있는 결과를 도출해 내려면 새로운 접근이 필요하다고 믿기 때문이다. 회원국들은 어떻게 협상을 다룰지에 대해 서로 다른 견해를 갖고 있다”(제30항). 그럼에도 불구하고 나머지 도하 이슈에 대해 협상을 진전시킬 필요가 있다는 모든 회원국들의 강한 약속은 남아 있다. 여기에는 농업의 국내보조, 시장접근과 수출경쟁, 그리고 비농산물 시장접근, 서비스, 개발, 무역관련 지적재산권, 규칙 등이 포함된다”(제31항).

다음으로 1990년대 들어 급격히 확산되고 있는 지역무역협정의 체결이다. FTA 같은 지역무역협정은 당사국들 간 합의만 하면 되고, 그 범위도 다자간 무역협상에 버금갈 정도로 매우 포괄적으로 논의되고 있기 때문에 구태여 합의 도출이 어려운 WTO 다자간 협상방식에 의존할 필요성이 줄어들고 있는 것이다. 그렇다 보니 DDA 협상에 대한 각국의 관심도 급격히 줄어들었다.

마지막으로 개도국 특별대우에 관한 선진국과 개도국 간의 입장 차이를 줄이지 못했기 때문이다. DDA 협상은 그 명칭에서 보듯이 개도국의 개발(development)을 위한 특별대우가 협상의 핵심이라고 회원국들이 합의하였으나, 구체적 내용에 대해 합의를 이루지 못했다는 것이다.[3]

제2절 DDA 농산물 무역협상

1. 농업 개혁 과정의 지속과 DDA 협상

농업 분야의 협상은 뉴라운드의 출범 여부와는 관계없이 농업협정 제20조의 규정에 따라 2000년부터 새로운 협상이 자동적으로 시작되었다. 농업협정 제20조에는 장기 목표로서 지지 및 보호조치의 실질적인 감축은 지속적으로 추진되는 과정이라는 것을 인식하고, 회원국들은 이 과정을 지속하기 위한 협상을 이행기간 종료 1년 전에 시작하는 데 합의한다고 명시되어 있다. 세계 농업 개혁은 우루과이라운드 협상 타결로 완성된 것이 아니라 지속되는 과정이라는 점을 못 박아 놓은 것이다. 따라서 농업 문제는 뉴라운드의 출범과 관계없이 별도로 2000년부터 협상이 시작되도록 명시되어 있는 확정의제(built-in

3 송주호(2015. 12. 29). 선진국들은 중국과 인도의 급속한 경제성장 등 상황 변화를 내세워 개도국 특별대우를 축소하자고 주장하는 반면, 개도국들은 DDA 협상의 개도국 특별배려 정신에 따라 기존의 합의사항을 반드시 준수해야 한다는 양측의 대립이 문제의 핵심이다.

agenda: BIA)이다.

지속적 농업 개혁을 명시한 농업협정 제20조가 정하고 있는 추가협상시 고려해야 할 사항은 다음과 같다.

① 감축약속 이행으로부터 새로운 협상이 시작되는 시점까지의 경험, 즉 농업협정의 감축약속의 이행이 시작된 1995년부터 새로운 협상이 시작되는 때까지 감축으로부터 얻은 각국의 경험을 무역협상에서 고려한다는 것이다.

② 감축약속이 세계 농산물 무역에 미친 영향

③ 비교역적 관심사항, 개도회원국에 대한 특별하고 차별적인 대우, 공정하고 시장지향적 농산물 무역체계 확립을 위한 목표, 서문에 명시된 기타의 목표 및 관심사항

④ 상기의 장기 목표를 달성하기 위해 필요한 또 다른 약속

2001년 DDA 협상이 시작되면서 농산물 분야의 협상도 본격적으로 시작되었다. 하지만 2008년 12월 모댈리티 4차 수정안(Rev. 4)이 제시된 이후에는 거의 진전이 없었다.[4] 그러다가 2013년 발리에서 개최된 제9차 각료회의에서 부분적인 조기수확을 거두는 진전을 보였다. 발리 각료회의에서는 2014년 말까지 DDA 작업계획을 마련하기로 합의하였으나 실제 협상은 지지부진하였다.[5] 2015년에는 농업 분야에서도 시장접근, 국내지지, 수출경쟁 각 분야별로 많은 제안이 이루어지는 등 협상이 다시 활발히 진행되었다. 하지만 큰 성과를 거두지는 못하였다.[6]

4 이 항의 내용은 주로 송주호(2015)를 이용하였다.

5 발리회의에서는 식량안보 목적의 공공비축제에 대한 영구 해법이 마련될 때까지 평화조항(농업협정 제13조)을 지속적으로 적용하기로 하고, 2015년 말까지 영구 해법을 위한 협상을 촉진하도록 하였다. 또한 2015년 7월까지 Post-Bali 작업계획을 채택하기로 연기하였다.

6 시장접근 분야에서는 복잡한 구조로 된 모댈리티 4차 수정안 대신 우루과이라운드에서처럼 단순한 평균관세 감축방법을 사용하자는 제안을 중심으로 논의가 이루어졌다. 국내지지 분야에서는 모댈리티 4차 수정안을 놓고 선진국과 개도국 간 입장 차이가 너무 커서 전혀 진전을 보이지 못하였다. 식량안보 목적의 공공비축제에 대한 영구 해법 마련을 위한 방안도 논의되었으나 별 진전은 보이지 못하였다. 수출경쟁 분야에서는 모댈리티 4차 수정안의 수출보조 철폐에 대해서는 대체로 동의하지만 수출신용, 수출국영무역, 식량원조의 세부 사항에 대해서는 이견이 표출되었다.

2. DDA 농업협상 내용

14년 이상 끌어온 DDA 협상이 존폐 위기에 놓여 있긴 하지만, 그 동안 농업 분야 협상이 진행되어 온 흐름과 내용을 이해하는 것은 여전히 필요하다. 2008년 12월 팰코너(Crawford Falconer) 농업협상 의장의 세부원칙(modality)에 관한 제4차 수정안(Rev. 4)은 2000년 3월 농업협상 이후, 그리고 2001년 도하라운드가 시작된 이래 가장 진전된 결과물로 평가되고 있다. 따라서 여기서는 합의에 이르지는 못했지만 이 4차 수정안의 내용을 간략히 소개한 후, 2015년 12월 제10차 나이로비 각료회의 최종 결과를 설명한다.

1) 제4차 수정안(Rev. 4)

(1) 시장접근 분야

첫째, 관세감축의 경우 4개의 구간으로 나누어 양허관세가 높을수록 많이 감축하는 방식을 채택하고 있다. 선진국의 경우 제1구간에 속하는 최하위 관세에 대해서는 50%를 감축하고 4구간(75% 이상)의 최상위 관세에 대해서는 70%를 감축해야 한다. 개도국은 4개 관세구간을 선진국보다 넓히고 감축수준도 선진국의 2/3만 감축하도록 했다. 이행기간은 선진국은 5년, 개도국은 10년이다(〈표 11.1〉 참조).

둘째, 민감품목의 지정이다. 민감품목을 지정하여 낮은 감축률을 적용할 수 있으나 대신 TRQ를 증량해야 한다. 민감품목의 수는 전체 세번의 4%(개도국은 5.3%)를 지정할 수 있다. 이때 관세감축률은 구간별 일반 감축률의 1/2 내지 2/3를 적용하되, TRQ를 소비량의 3~4%(개도국은 2~2.7%) 증량해야 한다. TRQ 증량은 3년 동안 하되, 이행 첫해는 1/2을 증량한다.

셋째, 특별품목(Special Products: SP)의 지정이다. 개도국은 식량안보, 생계유지, 농촌개발 관련 지표를 기초로 특별품목을 지정할 수 있다. 전체 세번의 12%를 지정할 수 있으며, 관세감축은 전체 특별품목의 평균감축률이 11%가 되도록 할 수 있고 전체 세번의 5%에 대해서는 감축을 면제할 수 있다.

표 11.1 구간별 관세감축률

(단위: %)

구간	선진국		개도국	
	현행관세(t)	감축률	현행관세(t)	감축률
1	$0 < t \leq 20$	50	$0 < t \leq 30$	33.3
2	$20 < t \leq 50$	57	$30 < t \leq 80$	38.0
3	$50 < t \leq 75$	64	$80 < t \leq 130$	42.7
4	$t > 75$	70	$t > 130$	46.7

주: 현행관세 수준은 양허관세 기준임.

넷째, 개도국에 대한 긴급수입제한조치(SSM) 문제이다. 개도국의 경우 수입량이 일정 수준 이상 증가하거나 수입가격이 일정 수준 이하로 하락할 경우 추가관세를 부과할 수 있다. 이때 발동기준을 충족하더라도 실제로 국내가격이 하락하지 않을 경우에는 발동을 제한한다.[7]

(2) 국내지지 분야

무역왜곡 국내지지총액(Overall Trade Distorting Domestic Support: OTDS) 개념을 도입하여 추가적으로 이를 감축하도록 하였다. OTDS는 기존의 AMS, *de minimis*, 그리고 Blue Box(BB)를 모두 합한 것으로(OTDS = AMS + *de minimis* + BB) AMS, *de minimis*, BB 각각을 감축하면서 동시에 OTDS도 감축해야 한다. 이 경우 국내지지 수준의 구간을 나누어 차등 감축방식을 채택하고 있다.

첫째, OTDS 감축이다. 선진국의 경우 제1구간에 속하는 EU는 80%를, 2구간의 미국과 일본은 70%, 그리고 기타 선진국들은 55%를 감축한다. 개도국은 선진국의 2/3 수준인 36.7%를 감축한다(〈표 11.2〉 참조).

둘째, AMS 감축의 경우 선진국은 AMS 규모별로 구간을 나누어 45~70%를 감축하도록 했다. 개도국은 30%를 감축한다(〈표 11.3〉 참조).

7 최근 3년 평균수입량의 110~115% 이하일 경우에는 양허관세의 25% 또는 25%p 중 높은 것을 적용하고, 115~135% 이하일 때는 40% 또는 40%p 중 높은 것, 그리고 135%를 초과할 때에는 50% 또는 50%p 중 높은 것을 적용한다.

표 11.2 구간별 OTDS 감축

<table>
<tr><th></th><th></th><th>OTDS(억$)</th><th>감축률(%)</th><th>이행기간</th><th>개도국</th></tr>
<tr><td>1구간</td><td>EU</td><td>600 초과</td><td>80</td><td rowspan="2">첫날 33% 감축, 나머지 5년 균등감축</td><td rowspan="3">36.7%
첫날 20% 감축, 나머지 8년 균등감축</td></tr>
<tr><td>2구간</td><td>미국, 일본</td><td>100~600</td><td>70</td></tr>
<tr><td>3구간</td><td>기타 국가</td><td>100 미만</td><td>55</td><td>첫날 25%, 나머지 5년 균등감축</td></tr>
</table>

표 11.3 구간별 AMS 감축

<table>
<tr><th></th><th></th><th>AMS(억$)</th><th>감축률(%)</th><th>이행기간</th><th>개도국</th></tr>
<tr><td>1구간</td><td>EU</td><td>400 초과</td><td>70</td><td rowspan="2">첫날 25% 감축, 나머지 5년 균등감축</td><td rowspan="3">30%
첫날 3.3% 감축, 나머지 8년 균등감축</td></tr>
<tr><td>2구간</td><td>미국, 일본</td><td>150~400</td><td>60</td></tr>
<tr><td>3구간</td><td>기타 국가</td><td>150 미만</td><td>45</td><td>첫날 7.5%, 나머지 5년 균등감축</td></tr>
</table>

셋째, *de minimis* 감축이다. 선진국은 현행 *de minimis*를 50% 감축한다. 즉, 현재 생산액의 5% 상한을 2.5%로 줄이되 이행 시작 첫날 감축해야 한다. 개도국은 현재 10% 상한을 6.7%로 낮춰 33.3% 감축하되 3년 동안 이행한다. 생계농과 자원빈곤 농업 생산자, 그리고 식량순수입국에게는 감축의무가 면제된다.

넷째, Blue Box 감축이다. 현행 블루박스(농업협정 제6조의 5)와 달리 새로 제시된 블루박스는 생산을 요구하지 않는 직접지불을 포함하고 있다. 현행은 생산 제약 하에 지급되는 지불이지만, 새 블루박스는 생산이 없는 경우에도 지불되는 것이다. 또 현행 블루박스는 한도를 정하지 않고 있으나, 수정안 4는 총 한도와 품목별 한도를 두고 있다.

다섯째, 허용되는 국내지지(Green Box) 문제이다. 정부서비스의 경우 농업협정 일반서비스 7개 항목에 개도국의 농촌개발 관련 지원을 추가하였다. 또 식량안보 목적의 공공비축에 대해서는 개도국에 의한 저소득층 및 자원빈곤 생산자 지원목적의 경우에는 구매가격과 외부 참조가격의 차이가 생긴다 해도 이를 AMS에 포함하지 않는다.

(3) 수출경쟁 분야

첫째, 수출보조의 경우 선진국은 2013년까지 철폐하고, 개도국은 2016년까지 단계적으로 철폐하되 농업협정 제9조 4에 따른 마케팅비용, 운송비용 등의 수출보조는 철폐시한 후 5년간 유지할 수 있다(2021년 철폐).

둘째, 식량원조에 대한 규율을 도입한다. 모든 식량원조는 무상으로 공여한다. 재수출은 금지되나 긴급 식량원조의 경우에는 예외를 인정한다. 수혜국의 동종 또는 대체 품목 생산에 부정적 영향을 끼칠 경우 현물원조를 지양하며, 점차적으로 현금원조로 전환하도록 노력한다.

2) 나이로비 각료회의 결과[8]

(1) 수출경쟁 분야

수출보조는 철폐하고 수출신용, 수출국영무역기업, 식량원조에 대한 규율에 합의하였다. 선진국은 수출보조를 즉시(각료회의 결정 채택한 날부터) 철폐하고, 개도국은 2018년 말까지 철폐한다. 다만, 개도국은 물류비 보조에 관한 특별대우를 2023년 말까지 유지할 수 있다. 수출보조 철폐에 대한 예외를 인정하여 선진국은 가공농산물, 낙농품과 일부 국가의 육류에 대해서는 2020년 말까지 지원할 수 있다. 따라서 스위스, 캐나다, 노르웨이는 가공품과 낙농품에 대하여는 수출보조를 5년간 추가로 지급할 수 있도록 하였다. 수출신용이 수출보조를 우회하는 수단으로 이용되는 것을 방지하기 위해 최대한 상환기일을 18개월로 제한하였다.

식량원조와 관련해서는 현금화 금지에 대해서도 다소의 융통성을 인정하는 선에서 합의가 이루어졌다. 국제식량원조는 식량지원의 수송이나 배달을 위해 필요한 경우 현금화할 수 있고, 혹은 식량부족을 충족하기 위해 혹은 부족한 국내생산 사정으로 인해 최빈개도국이나 식량순수입개도국의 만성적인 빈곤과 영양부족을 해결하기 위해 사용될 경우에는 현금화가 허용되도록 하

8 송주호(2015. 12. 29).

였다.

수출국영무역기업과 관련해서는 수출국영무역기업에 의한 수출 독점권한의 사용으로 무역왜곡을 초래하지 않도록 최대한 노력한다는 규정으로 대폭 완화하였다.

(2) 식량안보 목적의 공공비축

식량안보 목적의 공공비축제에 대해서는 항구적인 해법을 위해 계속 협상할 것을 다짐하는 데 그쳤다. 식량안보 목적의 공공비축제에 대한 2013년 발리 각료회의와 2014년의 일반이사회에서의 결정에 따라 2017년까지 항구 해법을 마련하되, 합의될 때까지는 제소를 자제한다.

(3) 개도국 SSM

개도국 특별긴급수입제한조치(SSM)에 대해서는 개도국이 SSM을 활용할 수 있는 권리를 보유함을 재확인하고, 농업위원회에서 논의 후 일반이사회에서 진전사항을 정기적으로 검토하도록 하였다.

Chapter 12

지역무역협정과 농업

Chapter 12

지역무역협정과 농업

제1절 지역무역협정의 의의 및 유형

1. 지역무역협정의 의의

지역무역협정(Regional Trade Agreement: RTA)은 개별 국가 간 또는 지역을 중심으로 무역을 포함한 경제협력을 도모할 목적으로 역내 국가들끼리 체결하는 지역적 경제통합을 말한다. 협정에 가입한 국가들 간에는 관세나 기타 비관세무역규제를 완화 또는 철폐하여 배타적인 호혜조치를 부여하지만 역외 국가들에게는 차별화하는 일종의 특혜무역협정(Preferential Trade Agreements: PTAs)이다.[1] WTO에 의한 다자주의적 무역협정에 대립되는 양자적 내지는 지역주의적 무역협정으로 대부분의 경우 지리적으로 가까운 나라들끼리 협정을 체결하고 있다. GATT 발효 이후 무차별의 원칙을 중심으로 하는 다자주의체제 하에서도 이 같은 지역주의적 무역협정이 예외적으로 인정되어 왔다. 상품 분야의 경우

1 특혜무역협정(PTAs)은 Preferential Trade Arrangement와 구별된다. 후자는 상호주의가 아닌 방식으로 GSP(Generalized System of Preferences, 일반특혜관세제도)와 같이 선진국이 개도국에게 일방적으로 관세나 비관세조치를 철폐해 주는 등 특혜를 부여하는 협정이다(J. A. Frankel, 1997, p.13).

에는 GATT 제24조에 의해, 그리고 서비스 분야는 GATS 제5조에 의해 허용되고 있다.

GATT 제24조는 일정한 조건을 전제로 다자주의에 대한 예외 조치로서 자유무역지대(free trade areas)와 관세동맹(customs union)을 허용하고 있다. GATT 제24조에 의한 지역무역협정은 역외 국가들에게 무역장벽을 기존의 무역장벽보다 더 높이지 않고 역내 국가들에게 자유로운 상품무역을 허용할 경우 등의 전제조건이 충족될 때 인정된다.

GATT 제24조

GATT 1947 제24조는 관세동맹과 자유무역지대에 관해 규정하고 있다. 동조 제4항은 체약국들 간 경제적 통합을 통하여 무역 자유화를 증진시키는 것이 바람직하다는 것을 인정하며, 나아가 관세동맹이나 자유무역지대의 목적은 역내의 무역을 촉진하기 위한 것이어야 한다고 명시하고 있다. 따라서 다음과 같은 조건 하에서 GATT는 관세동맹이나 지역무역지대의 형성을 방해하지 않는다(제5항). 관세동맹이나 자유무역지대는 비체결국에 대한 관세나 기타 무역제한조치가 협정체결 이전의 수준보다 높거나 규제적이어서는 안 된다(제5항 (a), (b)). 관세동맹이나 자유무역지대에 가입하고자 할 때에는 즉시 체약국단에 통보하여야 한다(제7항). 관세동맹의 경우 역내에서 모든 관세 및 기타 제한조치가 실질적으로(substantially) 철폐되어야 하며, 역외국에 대해서는 각 동맹국은 동일한 관세와 제한조치를 적용해야 한다(제8항 (a)). 자유무역지대는 역내의 모든 무역에 대해서는 실질적으로 관세나 기타 제한조치가 철폐되어야 한다(제8항 (b)).[2]

GATT로부터 WTO 체제에 이르기까지 역외국들에 대한 차별을 합법적으로 인정하는 지역주의 무역협정이 허용될 수 있었던 것은 이것이 역외국들에 대

2 서비스 무역과 관련해서는 GATS 제5조에서 회원국이 서비스 무역 자유화를 위해 양자 간 혹은 다수국간 협정을 체결하는 것을 방해하지 않는다고 명시하고(제1항) 관련 사항들을 규정하고 있다(동 제5조 1~8항).

한 차별에도 불구하고 세계 무역증대에 기여할 수 있기 때문이다. 지역적 무역협정이 무차별의 원칙에 어긋나기는 하지만 GATT가 궁극적으로 지향하는 세계 무역확대에 기여한다는 것이다. 그러나 최근의 세계적 추세와 같이 빠른 속도로 많은 나라들이 국가안보적 이유든 아니면 경제적 이유든 경쟁적으로 지역무역협정을 확산시켜 나간다면, 역외국들에 대한 차별화도 사실상 큰 의미가 없어질 것이다. 결국은 지역주의를 통한 새로운 형태의 다자적 무역체제가 되는 것이다. WTO 체제 출범 이후에는 관세철폐 외에도 서비스 및 투자 자유화, 지적재산권, 정부조달, 경쟁정책, 무역구제제도 등 그 포괄 범위가 대폭 확대되어 다자주의에 의한 무역 자유화와 큰 차이가 없어지고 있다.

그러나 1994년 GATT 체제가 마감될 때까지 근 50년 동안은 지역무역협정의 체결은 활발하지 못하였다. WTO 체제 출범 이전까지 발효된 지역무역협정은 43건으로 2015년 4월 현재 발효된 총 406건 중 10.6%에 불과하였다. 오히려 세계의 지역무역협정은 허약한 GATT 체제를 종식시키고 WTO 체제가 출범하여 좀 더 강화된 다자주의 체제가 확립된 1990년대 중반 이후 급격히 확산되었다. 앞으로도 이런 추세는 계속될 것으로 보이며, 미래 세계무역질서는 WTO에 의한 다자주의 체제가 유지되면서 동시에 지역주의가 확산되는 양상이 될 것으로 보인다.

2. 지역무역협정의 유형

지역무역협정은 가장 낮은 단계인 자유무역협정으로부터 최고 단계인 완전 경제통합에 이르기까지 다섯 종류로 유형화한다.[3] 각 유형은 서로 배타적인 성질이 아니고 상위단계의 협정은 하위단계의 협정 내용을 포괄하면서 상위단계로 갈수록 그 범위가 점차 확대되는 관계에 있다.

3 경제통합이론은 발라사(B. Balassa)에 의해 체계화되기 시작했으나 이 구분에 관해 확립된 정설은 없다. 경우에 따라서는 여기서 제시하는 5가지 유형 중 4단계 경제동맹(Economic Union)을 제외하고 네 가지 유형으로 구분하거나, 혹은 특혜무역지역(Preferential Trading Area)과 경제통화동맹(Economic and Monetary Union) 등을 포함해 6 내지 7 단계로 유형화하여 구분하기도 한다.

1) 자유무역협정

자유무역협정(Free Trade Agreement: FTA)은 가장 낮은 단계의 지역무역협정으로 현재까지 발효된 대부분의 RTA는 이 유형에 속한다. 협정 가입국들 간에는 관세 등 무역제한조치들을 철폐 또는 완화하지만 역외국들에게는 가입국들이 독자적으로 무역정책을 취하는 협정이다. 전통적인 FTA는 주로 상품 분야의 관세철폐가 중심이었으나 1990년대 이후 FTA가 급속히 확대되면서 그 포괄 범위도 단순 관세철폐를 넘어 서비스, 투자 자유화, 지적재산권 등으로 확대되고 있다.

FTA의 대표적인 예로는 북미자유무역협정(North American Free Trade Agreement: NAFTA), 유럽자유무역연합(European Free Trade Association: EFTA) 등을 들 수 있으나, 현재 세계에서 발효되고 있는 RTA의 대부분이 이 유형에 속한다. 우리나라도 2015년 현재 세계 53개국과 자유무역협정을 체결하였다.[4]

2) 관세동맹

관세동맹(Customs Union)은 역내 국가 간에는 관세 등 무역장벽을 제거하지만 역외국들에 대해서는 공동관세를 설정하여 부과하는 협정이다. FTA처럼 단순히 역내 국가들 간 관세철폐에 그치지 않고 한 발 더 나아가 역외 국가들에게 공통의 관세를 부과함으로써 협정국 모두 동일한 무역정책을 시행하는 경제통합이다. 벨기에, 네덜란드, 룩셈부르크 사이에 결성된 베네룩스(BENELUX)

4 실제 명칭은 FTA 외에도 개별 협정의 회원국 간 합의에 따라 다양하게 불리고 있다. 예를 들면, 2015년 체결된 TPP(Trans-Pacific Partnership: 환태평양경제동반자협정)은 태평양 연안 국가들 간 무역협정으로 무역장벽을 낮추고 지적재산권 문제, 노동과 환경 기준의 설정, 투자 문제 등을 통해 무역과 투자를 강화하고 경제성장과 고용을 촉진하고자 한다. RCEP(Regional Comprehensive Economic Partnership: 역내포괄적경제동반자협정)은 ASEAN 10개국과 한국, 중국, 일본, 인도, 호주, 뉴질랜드 등 16개국이 참여하는 자유무역협정이다. TPP나 RCEP 등 이들은 모두 FTA의 한 종류로 이해된다. 2010년 발효된 한국-인도의 CEPA(Comprehensive Economic Partnership Agreement: 포괄적경제동반자협정) 역시 기본적으로 FTA와 같은 성격이다. 다만, CEPA는 FTA보다 더 광의적인 개념으로 이 협정에는 상품과 서비스, 투자, 지적재산권, 원산지, 통신시장, 인력이동, 무역분쟁 등 다양한 분야를 포함하고 있다(산업통상자원부, FTA포털).

관세동맹[5]이 그 예이다.

3) 공동시장

공동시장(Common Market)은 가맹국 간 관세동맹의 수준을 넘어 생산요소의 이동제한까지 철폐하는 경제통합이다. 가맹국 사이에서는 관세철폐는 물론 노동이나 자본 등 생산요소의 자유로운 이동을 보장하고, 비가맹국들에 대해서는 공동관세 등 공동의 무역정책을 적용한다. 유럽연합(EU)의 초기단계인 EEC(European Economic Community: 유럽경제공동체), CARICOM(Caribbean Community: 카리브공동체)[6] 등이 여기에 해당한다.

4) 경제동맹

경제동맹(Economic Union)은 생산요소의 자유로운 이동을 넘어서 금융, 재정, 노동 등 역내의 공동경제정책을 수행하는 형태의 경제통합 단계이다. 그 예로 1992년 EU 이전의 EC(European Community)를 든다.

5) 완전 경제통합

완전 경제통합(Complete Economic Integration)은 가맹국 간 공동시장 단계를 넘어서 초국가적 기구를 설립하여 재정적, 화폐적, 사회 · 경제적 정책을 통합 · 운영하는 단계의 완전한 경제통합이다. EU의 예가 여기에 해당하는 유형으로 가맹국들이 각자의 경제적 주권을 포기하고 완전히 통합하여 공동의 경제정책을 수행하는 단일의 경제체제를 갖추는 최종단계의 경제통합이다. EU는 대

5 베네룩스 관세동맹은 1948년부터 발효되어 역내 관세철폐와 역외국에 대한 공통관세 부과를 내용으로 하였다. 1960년에는 상품은 물론 노동, 자본, 서비스 등의 자유로운 이동을 보장하는 베네룩스 경제연합(Benelux Economic Union)으로 발전하였다.

6 1973년에 발족한 카리브 해에 접해 있는 국가들의 경제공동체로, 주로 중앙아메리카와 카리브 해 연안 국가들이 가입해 있다.

외적으로는 물론 공동관세를 부과한다. 공동 관세율은 예외도 있기는 하지만 대부분 각 품목에 대한 회원국들의 관세율을 평균하여 결정한다.[7]

3. 지역주의와 다자주의의 관계

1948년 GATT가 발효된 이후 세계 무역질서는 무차별원칙(Non-discrimination)의 토대 위에 다자주의(multilateralism)에 의한 무역 자유화를 지향해 왔다. 제24조의 예외 규정이 있기는 했어도 기본적으로는 다자주의 방식에 의한 무역 자유화였다. 그러다가 앞에서도 언급했듯이 1990년대 중반 WTO 체제 출범을 전후하여 지역무역협정 체결이 급속히 확산되면서 지역주의 방식으로 무게중심이 옮겨가기 시작하였다. 2001년부터는 다자적 DDA 무역협상이 진행되는 속에서도 각종 지역무역협정의 체결은 계속 확산되었다. 이제 세계 무역 자유화는 WTO를 중심으로 하는 다자주의와 RTA를 중심으로 한 지역주의(regionalism)가 두 개의 큰 흐름을 형성하면서 공존하고 있는 셈이다. 최근의 세계적 추세는 오히려 지역주의가 중심이 되는 양상을 보이고 있다. WTO 출범 후 최초의 다자간 무역협상인 DDA까지 사실상 결렬 위기에 놓이게 되면서 다자주의의 위상은 더욱 위축되고 있다.

지역무역협정이 확산되고 다자적 무역협상이 지지부진해지면서 지역주의가 세계 무역 자유화에 걸림돌(stumbling block)이 된다는 견해도 등장하였다. DDA가 결렬 위기에 놓이게 된 주요 원인 중 하나도 빠르게 확산되는 지역무역협정 때문이다. 뿐만 아니라 지역무역협정의 포괄 범위가 다자간 무역협정에서 다루는 범위까지 확대되고, TPP나 RCEP 같은 거대 FTA까지 등장하면서 더욱 양자의 경계는 모호해지고 다자주의적 무역협상은 위협을 받고 있다. 나아가 지역무역협정을 본래의 통상이나 경제적 목적 외에 지역적 패권주의와 외교·안보적 목적을 위해 활용·확산시켜 나감으로써 WTO 체제의 다자주의는

7 Caves, Frankel, and Jones(1996), p. 313.

위축되고 있다.

앞으로 지역주의에 의한 지역무역협정의 확산이 세계무역 자유화에 걸림돌이 될지 아니면 디딤돌(building block)이 될지 단정적으로 말할 수는 없다. 하지만 최근의 추세로 보면 지역무역협정이 무역 자유화에 기여하고 있는 것은 틀림없다. 뿐만 아니라 GATT 체제가 출범하면서 이미 지역주의는 다자주의 정신의 훼손에도 불구하고 다자주의와 공존해 오기 시작하였다. 다자주의든 지역주의든 각자는 고유의 역할과 장점을 갖고 있고, 그리고 한계점도 갖고 있다. 그렇기 때문에 세계 무역질서를 규율할 국제기구로서 WTO 체제가 지속되는 한 다자주의와 지역주의는 서로 보완적인 관계를 유지하면서 무역확대와 경제발전을 위해 양립해 나가야 할 것이다.

제2절 지역무역협정의 효과

1. 무역창출과 무역전환효과

지역무역협정은 긍정적인 효과와 함께 부정적인 효과를 동시에 갖고 있다. 바이너(Jacob Viner)는 처음으로 지역경제통합이 자원배분을 개선할 수도, 또는 악화시킬 수도 있음을 무역창출(trade creation)효과와 무역전환(trade diversion)효과로 설명하였다. 역내의 관세철폐로 가맹국으로부터 수입이 늘어남으로써 비효율적 생산을 대체하여 결국 무역이 늘어나는 현상이 무역창출효과이다. 비효율적 가맹국의 희생으로 좀 더 효율적인 가맹국의 무역(수출)이 늘어나는 효과이다. 이에 반해 역내의 관세철폐로 효율적인 역외 국가로부터의 수입이 비효율적인 역내 국가로부터의 수입으로 전환되는 현상을 무역전환효과라고 한다.

무역창출과 무역전환효과가 〈그림 12.1〉에 나타나 있다. D와 S는 각각 본

그림 12.1 무역창출과 무역전환효과

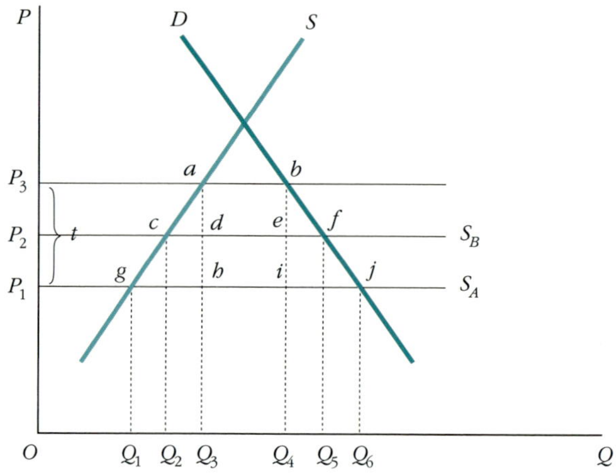

국(수입국)의 특정 상품에 대한 국내 수요와 공급곡선이다. 그리고 *A*와 *B* 두 나라가 세계시장에 이 상품을 공급하고 있는데, S_A와 S_B는 각각 이 수입국이 세계시장에서 직면하고 있는 *A*, *B* 두 나라의 수출공급곡선이다. 본국이 소국이라는 가정 하에 두 곡선은 각각의 국제가격인 P_1과 P_2에서 완전 탄력적인 수평으로 그려져 있다. *A*국이 *B*국보다 이 상품을 효율적으로 생산하고 있기 때문에 *A*국의 수출가격이 *B*국의 그것보다 낮다. 본국이 국제시장에 영향을 미칠 수 없는 소국이기 때문에 국제가격 P_1과 P_2에서 본국은 얼마든지 수입이 가능한 상황이다. 세 나라 간의 생산효율을 비교하면 *A*국의 효율성이 가장 높고 본국의 효율성이 가장 낮다. 폐쇄경제에서라면 이 나라의 국내가격은 수요와 공급이 일치하는 수준까지 높아질 것이다.

이때 본국이 자유무역을 시행한다면 국산과 수입산의 동질(완전대체)을 가정할 때 시장균형은 *D*와 S_A가 교차하는 곳(*j*)에서 일어나게 된다. 국내가격은 국제가격과 같은 P_1으로 하락하고, Q_1만큼이 국내에서 생산되고, 나머지 Q_1Q_6가 *A*국으로부터의 수입으로 충당된다. 더 비싼 *B*국으로부터는 수입이 이루어지지 않는다. 이제 본국이 국내 산업 보호를 위해 수입상품에 대해 무차별적으로 동일한 수준의 관세를 t만큼 부과한다고 가정하자. 그러면 국내가격은 P_3로 상승하면서 생산은 Q_3로 증가하고 수요는 Q_4로 감소하면서 수입 역시 Q_3Q_4로 줄어든다. B국에 대해서도 동일한 관세가 부과되기 때문에 B국으로부터의 관세부과 후의 수입가격은 P_3보다 높게 나타날 것이다. 이 같은 관세정책은 생산자잉여 증가와 관세수입이 생기지만, 소비자잉여 감소가 더 커 전체적으로는 두 삼각형 면적 agh와 bij를 더한 만큼의 사중손실이 생기게 되는 것이다.

이런 상황에서 본국이 B국과 FTA를 체결하여 관세를 철폐했다고 가정하자. 그러면 이제는 B국으로부터의 수입가격은 P_2로 하락하여 비체결국 A국으로부터의 수입가격 P_3보다 낮아진다. 따라서 생산은 Q_2로 감소하고 수요는 Q_5로 증가하여 수입이 Q_2Q_5로 증가하는데, 이때의 수입은 A국이 아닌 B국으로부터 온다. B국과 FTA를 체결함으로써 순수 수입이 증가한 부분 $Q_2Q_3(cd)$가 무역창출효과이다. 지역무역협정으로 인해 비효율적인 국내생산 부분이 더 효율적인 회원국의 생산과 수입으로 대체되어 (세계) 전체적으로 자원의 재배분으로 효율성이 증가한 것이다. $Q_4Q_5(ef)$는 가격하락으로 인해 소비가 증가한 부분으로 이를 소비효과(consumption effect)라 한다.[8] 또 하나는 FTA 체결로 수입선이 바뀌었다는 점이다. A국으로부터 수입되던 $Q_3Q_4(ab)$가 이제는 B국으로부터 수입이 되는데, 이것이 무역전환효과이다. FTA 체결로 인해 효율적인 생산국(A)으로부터의 수입은 중단되고 대신 더 비효율적인 생산국(B)으로부터 수입됨으로써 전체적으로는 자원배분이 왜곡되고 효율성을 떨어뜨린 셈이다. 체결국에게는 관세를 철폐하였지만, 역외의 비체결국에게는 차별적으로 보호무역정책을 시행한 결과이다.

본국 입장에서 FTA 체결 전후의 후생 변화를 비교해 볼 수 있다. 생산자는 면적 P_3acP_2만큼의 후생손실을 보게 되고, 소비자는 P_3bfP_2만큼 이익을 본다. 정부 입장에서는 $abih$만큼 관세수입이 없어진다. 따라서 국가 전체적으로는 $(acd + bef) - deih$만큼의 후생 변화가 생긴다. $(acd+bef)$가 $deih$보다 크면 본국

8 M. E. Kreinin(1998). 여기서 무역창출은 Viner(1950)의 정의에 충실하게 해석한 것이다. 바이너의 정의에 따르면 무역창출효과는 세계적 자원배분 관점에서 비효율적인 생산이 효율적인 생산으로 이전되는 효과로 그림에서는 Q_2Q_3부분이 해당한다. 하지만 FTA 체결로 무역(수입)이 증가한 부분은 이 외에도 Q_4Q_5까지 포함하므로 이 두 부분을 합쳐 무역창출효과로 볼 수도 있다(N. Vousden, 1990).

이 *B*국과 체결한 정책으로 후생증가를 가져온 것이지만, 반대의 경우에는 지역무역협정 체결이 오히려 후생 측면에서는 악화된 것이다.

일반적으로는 무역창출효과가 무역전환효과를 능가하여 전체적으로는 후생이 증가한다고 볼 수 있지만, 지역경제통합으로 인한 관세철폐가 언제나 그와 같은 결과를 초래하지는 않는다. 지역무역협정은 두 가지 상반된 효과를 갖고 있기 때문에 역내 국가 사이에서는 자유무역의 효과를 보지만, 역외 국가에 대해서는 보호주의 장벽을 유지하고 있는 것이다. 1996년 세계은행에 의한 연구는 MERCOSUR는 순무역전환효과를 초래했다고 추정하였다. 특히, 자동차와 기계류 분야에서 이런 현상이 현저했는데, 4개의 가맹국(브라질, 아르헨티나, 우루과이, 파라과이) 모두 이 분야에서 역외국들에 비해 비효율적이었기 때문이다.[9]

그러나 자유무역을 지향하고 있는 GATT의 MFN 원칙에도 불구하고 역내 국가들에게 차별적 무역을 허용하고 있는 것은, 자유무역은 그것이 일반적 자유무역이든 아니면 지역무역협정 같은 특혜적 · 차별적 자유무역이든 후생을 증대시킨다고 믿기 때문이다. 다자주의에 의한 무역 자유화는 모두가 역내 국가이고 무차별의 원칙이 준수되기 때문에 무역전환효과라는 것이 생길 수 없다. 그렇기 때문에 무역 자유화는 항상 전체의 후생을 증가시키는 결과를 낳게 마련이다.[10]

실증적으로 분석해 보지 않는 한 무역창출효과와 무역전환효과 중 어느 것이 더 큰지를 정확히 알 수는 없다. 일반적으로는 협정에 포함된 국가들의 경제규모가 클수록 전체적으로 긍정적인 후생효과가 나올 것이다. 또 역내 국가들 간 생산비용의 차이가 클수록, 그리고 통합 전 관세장벽이 클수록 무역창출효과는 더 커진다.

9 M. E. Kreinin(1998), p. 118.

10 그러나 차선의 이론(theory of the second best)에 의하면 일시에 완전 자유화를 하지 않고 점진적인 자유화를 시행할 경우에는 오히려 경제적 효율성이 떨어질 수도 있다.

2. 장기 · 동태적 효과

지역경제통합은 장기적으로 보면 기술개발을 통한 생산성 향상과 자본축적 등을 통해 경제성장을 촉진시키는 효과를 유발한다.

관세철폐는 역내 국가들 상호간에 수출시장 규모를 확대시키고, 이는 규모의 경제(economy of scale)를 통한 성장효과로 이어진다. 규모의 경제효과는, 특히 소국 간 경제통합의 경우에 크게 나타날 수 있다. 또 국제적 경쟁환경에 노출됨으로써 기술개발, 경영합리화 등의 노력을 통해 생산성이 향상되어 경제성장을 촉진시키게 된다. 나아가 이런 경제성장효과는 비회원국들로부터의 수입까지 증대시킴으로써 부정적인 무역전환효과를 상쇄시킬 수도 있는 것이다. 지역무역협정이 노동과 자본 등 생산요소의 자유로운 이동까지 포함한다면 비교우위산업으로의 자원집중과 생산특화가 더욱 촉진되면서 국가 간의 자원배분과 생산의 효율성이 증대되어 장기적으로 역내 국가들의 경제성장을 촉진시킨다.

한편, 지역무역협정에서의 관세철폐는 다시 원상으로 되돌릴 수 없다는 데서 비가역적(irreversible)이다. 이는 시장의 장기적 안정성과 예측가능성을 제고하여 기업의 투자환경을 개선시켜 준다. 따라서 국내외 투자를 촉진시키는 투자창출(investment creation)효과로 나타나고 장기적으로 자본축적과 기술개발이 확대되면서 경제성장으로 이어진다.[11]

11 반면 지역무역협정이 초래하는 부정적 측면도 빼놓을 수 없다. 역진적 소득재분배 문제나 농업 문제 등 자유무역이 초래하는 일반적인 부정적 측면 외에 특혜적 무역협정(PTA)으로서의 지역무역협정이 안고 있는 문제를 지적한다. 바그와티(J. Bhagwati)는 자유무역지대의 거대한 확산으로 인해 다자주의적 세계 무역체제가 악영향을 받고 있음을 지적하고 있다. 특혜무역협정이 세계경제를 거미줄처럼 서로 얽히고설키게 함으로써(crisscross) 제품의 원산지에 따라 적용되는 관세나 비관세장벽에 스파게티 볼(spaghetti bowl) 현상을 일으키고 있다고 비판한다(Jagdish Bhagwati, 1998, p. 65). 여러 나라와 동시에 FTA를 맺게 되면 원산지에 따라 수없이 많은 서로 다른 관세율이 적용되므로 심각한 혼란과 비효율을 초래하게 된다는 것을 접시 안에 복잡하게 얽혀 있는 스파게티에 비유하고 있다. 또한 지역무역협정은 무역굴절(trade deflection)이나 간접무역굴절(indirect trade deflection)효과를 일으켜 자원배분의 효율성을 저하시키기도 한다. 무역굴절효과란 역외에 대한 관세율 차이를 이용하여 역외국이 역내 관세가 낮은 나라로 수출한 다음 다시 관세가 높은 역내의 다른 나라로 수출하는 현상을 말한다. 간접무역굴절효과는 역내의 저관세국 생산자가 자국 상품을 모두 역내의 고관세국으로 수출하고 자국 내에 필요한 상품은 역외의 저관세국으로부터 수입하는 현상이다.

제3절 세계의 지역무역협정

1. 추진 현황

2015년 4월 현재 GATT와 WTO에 보고된 세계의 지역무역협정 건수는 612건(상품, 서비스, 가입)이다(〈그림 12.2〉 참조). 이 중 426건은 GATT 1947 또는 GATT 1994 제24조에 의해, 그리고 147건이 GATS 제5조에 의해 이루어졌다. 612건 중 406건이 발효되었으며, 그 중에서도 상품무역을 다룬 FTA가 230건으로 가장 많은 비중을 차지한다. 시기적으로는 1995년 WTO가 출범한 이후 348건이 발효되어 전체의 85.7%를 차지하고 있다. 1990년대 초 · 중반 이후 WTO가 출범한 이후에 급격히 증가한 것을 알 수 있다. WTO에 의한 다자간 무역협상이 진전을 보이지 못하자 각국이 지역무역협정에 의존하고 있는 현상이 나타나고 있는 것이다. 경제적인 목적 외에도 정치적, 외교 · 안보적 이유에서 세계는 1990년대 들어서 경쟁적으로 지역적 동맹관계를 급속히 확산시켜 나가고 있다.

GATT 발효 당시부터 자유무역지대를 허용하는 규정이 있었음에도 불구하고 40여 년이 지난 뒤에야 지역무역협정 체결이 급속히 확산된 데는 그 만한 배경이 있다.

첫째, WTO에 의한 다자주의적 무역협상이 점점 더 타결되기 어려워지고 있다는 점이다. 과거 우루과이라운드 때와 비교해 회원국 수가 크게 증가했을 뿐 아니라 협상의제나 협상구도도 매우 복잡해졌기 때문이다. 2001년에 시작된 DDA 협상도 별다른 성과 없이 14년 이상 지속되다가 현재는 결렬될 상황에 놓여 있다.[12] 이렇게 협상타결이 어려운 다자간 무역협상에 의존하기보다 의제의 범위도 점차 확대되어 큰 차이가 없는 FTA를 활용하게 되었다.

12 2015년 12월 15~19일 케냐의 나이로비에서 개최된 제10차 WTO 각료회의(MC10) 결과, 농산물 수출보조 철폐 시한 등에 대한 부분적 합의를 이루었으나 DDA 협상 지속 여부에 대해서는 합의를 이루지 못해 사실상 폐기된 것으로 보는 관측이 지배적이다.

그림 12.2 세계 지역무역협정 체결 현황

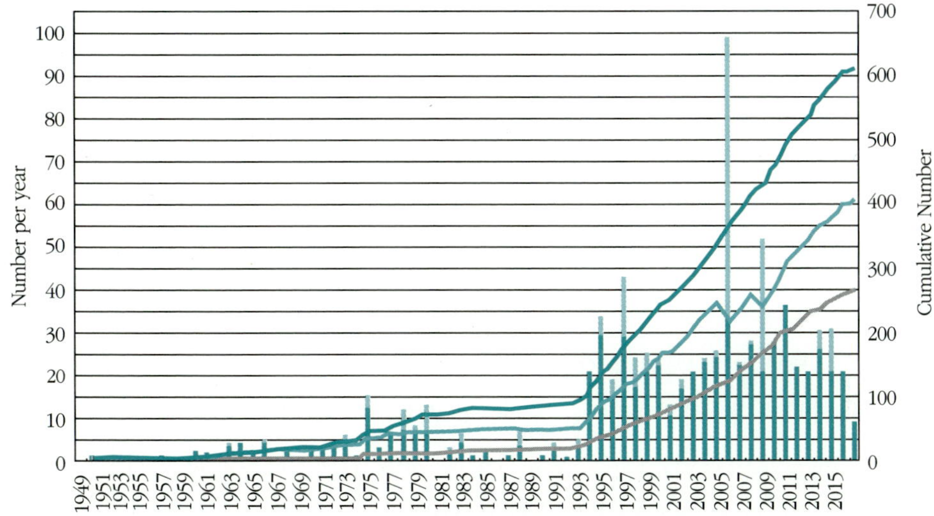

주: 실제(Physical) RTA 건수는 상품, 서비스, 가입 구분 없이 계산한 RTA 건수.
자료: WTO 웹사이트.

둘째, 다른 나라에 선점 당하면 무역전환효과 등 피해를 본다는 생각으로 국가 간 경쟁적으로 우후죽순처럼 FTA가 확산되고 있다. 특히, 경제규모가 작은 나라들의 경우에는 차별적 대우를 피하기 위하여 더욱 FTA 확산에 주력하고 있다.

셋째, 다자간 무역협상에 의해서는 자국의 이익을 관철하기 쉽지 않기 때문에 지역무역협정을 통해 국가이익을 극대화하고자 하는 경향을 보이고 있다.

넷째, 지역의 국가안보적 동맹관계를 형성할 목적으로 이용하고 있다. 지역무역협정을 통상외교의 방편으로 이용하고 있으며, 특히 강대국들을 중심으로 한 지정학적 패권주의와 헤게모니 확보를 위한 경쟁에 이용되고 있다.

2. 세계의 주요 경제통합

• **EU(European Union, 유럽연합)**: EU는 1993년 마스트리히트 조약 발효로 창설되었다. 당시 회원국은 12개국으로 1952년 유럽석탄철강공동체(ECSC) 창설국인 독일, 프랑스, 이탈리아, 네덜란드, 벨기에, 룩셈부르크 등 6개국 외에 1973년 영국, 아일랜드, 덴마크 등 3개국이 가입하고, 그 후 그리스(1981), 스페인 및 포르투갈(1986)이 가입하여 총 12개국이 유럽단일시장을 이루는 유럽연합을 출범시켰다. 2002년에는 유로화를 공식 통화로 사용하게 되었으며, 그 후 새로 16개국이 추가로 가입하여 현재 회원국 수는 총 28개국이다(1995년 스웨덴, 핀란드, 오스트리아; 2004년 헝가리, 폴란드, 체코, 슬로베니아, 에스토니아, 사이프러스, 라트비아, 리투아니아, 몰타, 슬로바키아; 2007년 루마니아와 불가리아; 2013년 크로아티아). EU는 공동시장 단계를 넘어 단일 화폐를 사용하는 등 완전한 경제통합에 가까운 지역무역협정이다.

• **ASEAN(Association of Southeast Asian Nations, 동남아시아국가연합)**: ASEAN은 1967년 태국, 말레이시아, 인도네시아, 싱가포르, 필리핀 등 5개국이 결성한 동남아시아의 정치, 경제, 문화 공동체이다. 이후 브루나이(1984), 베트남(1995), 라오스(1997), 미얀마(1997), 캄보디아(1999)가 추가로 가입하여 현재 10개의 회원국으로 구성되어 있다.

아세안은 2015년 12월 31일 아시아의 유럽연합(EU)이라 할 수 있는 아세안 경제공동체(ASEAN Economic Community: AEC)를 출범시키고 거대 단일시장을 향한 첫걸음을 시작하였다. AEC의 출범으로 아세안 10개 회원국은 일부 민감품목을 제외한 역내 관세를 폐지하고 노동력과 자본 등의 자유로운 이동을 보장 받게 되었다. 관세는 이미 95% 이상 폐지되었지만 노동력과 자본의 이동은 회원국 간 이해관계가 복잡하게 얽혀 있어 단계적으로 이루어질 예정이다.[13]

13 ASEAN 10개 회원국들의 구성이 정치 · 경제 · 사회 · 문화적으로 매우 다양하고 이질적이기 때문에 단일시장 형성이 쉽지 않을 것이라는 전망이 나온다. 경제적으로는 싱가포르처럼 선진국 단계에 있는 나라로부터 개도국 단계, 나아가 최빈개도국 수준에 있는 나라 등 경제적 격차가 매우 심하다. 정치체제도 자유민주주의, 사회주의, 회교절대군주국가 등 다양한 정치체제를 띠고 있다.

• NAFTA(North American Free Trade Agreement, 북미자유무역협정): NAFTA는 미국, 캐나다, 멕시코 등 북미 3국 간에 광범위한 자유무역을 추진하기 위해 1994년 1월 1일 공식 출범한 협정이다. 1988년 체결한 미국과 캐나다 간의 자유무역협정에 멕시코를 포함시킨 것으로 기존 협정에 지적재산권, 투자, 운송서비스 등을 추가함으로써 그 적용 범위가 훨씬 넓어졌다. NAFTA는 회원국 간 무역장벽의 철폐와 원활한 상품 및 서비스의 이동, 공정한 경쟁조건 확립, 투자확대 및 지적재산권 보호 등을 목표로 한다.

• EFTA(European Free Trade Association, 유럽자유무역연합): EFTA는 영국, 오스트리아, 스웨덴, 스위스, 덴마크, 노르웨이, 포르투갈 등 7개 국가를 회원국으로 하여 1960년 결성되었다. 그 후 유럽경제공동체(EEC)와 유럽연합(EU)의 창설과 함께 새로운 가입과 탈퇴가 이어지는 과정을 거쳐 현재는 EFTA 회원국은 아이슬란드, 노르웨이, 스위스, 리히텐슈타인 등 4개국이다. 모두 유럽연합에는 가입되어 있지 않다. EFTA 가입국은 EU와 함께 1994년 유럽경제지역(European Economic Area: EEA)을 설립하였다.[14] EEA는 자유무역지역이며 EU의 역내시장과 똑같이 상품, 서비스, 사람, 자본의 자유로운 이동이 보장되고 있다. 다만 EEA는 EU의 공통 통상정책을 포함하지 않으며 관세동맹이 아니다.

• MERCOSUR(Mercado Común del Sur, 남미공동시장): 메르코수르는 아르헨티나, 브라질, 파라과이, 우루과이, 베네수엘라 등 5개국을 포괄하는 경제공동체이다. 상품과 노동 그리고 자본의 자유로운 교환 및 이동을 촉진하는 것을 목적으로 하고 있다. 메르코수르는 외부시장에 대한 동일 관세체제를 만들었고 1999년부터는 회원국 사이의 무역에서 90% 품목에 대해 무관세 무역을 시행하고 있다.

14 유럽경제지역은 유럽의 양대 경제블록인 EU와 EFTA가 합쳐져 결성된 거대 유럽 단일시장이다. 1994년 1월 EFTA와 EU 사이에 발효한 협정에 따라 만들어졌다. 2015년 1월 현재 스위스를 제외한 EFTA 3개국과 EU 28개국을 합쳐 총 31개국이 참가하고 있다.

• **APEC(Asia-Pacific Economic Cooperation, 아시아태평양경제협력체)**: APEC은 1989년 11월 호주 캔버라에서 환태평양 국가들 12개국이 중심이 되어 만든 국제기구이다. 이들 12개국은 한국, 미국, 일본, 호주, 뉴질랜드, 캐나다, 아세안 6개국(말레이시아, 인도네시아, 태국, 싱가포르, 필리핀, 브루나이) 등이다. 이후 1991년에 중국, 홍콩, 대만이 가입하고 1993년 멕시코, 파푸아 뉴기니, 1994년에 칠레, 1998년에 페루, 러시아, 베트남 등이 추가로 가입하여 총 21개국이 참여하고 있다. APEC은 아 · 태 공동체의 달성을 장기 비전으로 하여 아 · 태 지역의 경제성장과 번영을 목표로 삼고 있다. 이를 위해 1994년 정상회의에서 보고르 목표(Bogor Goal)를 채택하여 선진국은 2010년, 개도국은 2020년을 시한으로 무역 및 투자 자유화를 달성하기로 하였다.

• **TPP(Trans-Pacific Strategic Economic Partnership, 환태평양경제동반자협정)**: TPP는 아시아 · 태평양 지역의 경제통합을 목표로 공산품, 농산품을 포함한 모든 품목의 관세를 철폐하고, 나아가 정부조달, 지적재산권, 노동규제, 금융, 의료서비스 등의 모든 비관세 장벽을 철폐하고 자유화하는 협정이다. 또한 무역과 투자를 강화하고 경제성장과 고용을 촉진하고자 한다. 2005년 6월 뉴질랜드, 싱가포르, 칠레, 브루나이 등 4개국 체제로 시작하여 그 후 미국, 호주, 페루, 베트남, 말레이시아, 캐나다, 필리핀, 일본이 가입하여 총 12개국으로 2015년 10월 TPP 협정이 사실상 타결되었다.

• **RCEP(Regional Comprehensive Economic Partnership, 역내포괄적경제동반자협정)**: RCEP는 동남아시아국가연합(ASEAN) 10개국과 한국, 중국, 일본, 인도, 호주, 뉴질랜드 등 16개국이 참여하는 동아시아 중심 자유무역협정이다. 역내 무역과 서비스, 투자 자유화 실현을 목표로 2013년부터 협상이 개시되었다. 경제규모가 TPP에 버금가는 거대 FTA이며, 인구규모로는 34억 명의 세계 최대 경제블록이다.

• **GCC(Gulf Cooperation Council, 걸프협력회의)**: GCC는 사우디아라비아, 쿠웨이

트, 아랍에미리트연합(UAE), 카타르, 오만, 바레인 등 페르시아만 연안 6개국들이 주축이 되어 결성한 지역협력체로 세계 석유 매장량의 약 40%를 보유하고 있다.

제4절 한국의 지역무역협정과 농업

1. RTA 체결 현황

한국은 1960년대 경제개발 5개년계획을 추진하기 시작하면서부터 수출 지향적 경제성장정책을 견지해 왔다. 대외적 시장개방을 국가의 기본적 경제정책 기조로 오랫동안 지속해 올 수밖에 없었던 것도 이런 배경이다.

WTO 출범 이후 세계적으로 RTA 체결이 급속히 확산되기 시작하자 한국도 해외시장 확대를 위해 적극적으로 FTA 체결을 추진해 왔다. 〈표 12.1〉이 보여주듯이 한국의 지역무역협정은 2004년 칠레와의 FTA가 발효된 것을 효시로 2015년 말 현재 세계 53개국과 체결하였다. 미국, EU, 중국은 물론 세계 주요 경제대국들과 대부분 체결하여 체결국 수 기준 세계 제2위이다. 2004년 칠레와의 FTA가 발효된 이후 짧은 기간 동안에 급속히 성장한 것이다. 세계의 수출시장을 넓히기 위해 적극적으로 추진하고 있지만, 다른 한편으로는 경제의 대외의존도가 높아져 세계경제 변화에 점점 취약해지는 구조로 변해 가고 있는 것이다.

한-EU FTA는 2007년 5월 협상을 개시하여 2011년 7월 잠정 발효하였으며(2015년 12월 전체 발효), 한-미 FTA는 2006년 6월 협상을 개시하여 2012년 3월 15일 발효하였다. 이 밖에 호주와 2014년 12월 발효되었고, 캐나다와는 2015년 1월 발효되었다. 또 2015년 12월에는 중국, 뉴질랜드, 베트남과의 FTA가 발효되었다. 이 밖에 협상을 준비 중이거나 공동연구 단계에 있는 나라들도 다수 있다.

표 12.1 한국의 지역무역협정 체결 현황

	건수	대상국가
발효	14	칠레(2004), 싱가포르(2006), EFTA(2006), ASEAN(2007, 2009),[15] 인도(2010), EU(2011), 페루(2011), 미국(2012), 터키(상품협정 2013), 호주(2014), 캐나다(2015), 중국(2015), 뉴질랜드(2015), 베트남(2015)
타결	2	콜롬비아(2013), 터키(서비스 · 투자협정 2015)
협상진행	4	한 · 중 · 일, RCEP(16국), 중미(6국),[16] 에콰도르
협상재개 여건조성	4	인도네시아, 일본, 멕시코, GCC(6국)
협상준비/ 공동연구	3	MERCOSUR, 이스라엘, 말레이시아
계	27	

주: 2016년 1월 기준. 발효 및 타결 대상국가의 ( ) 내 수치는 발효 또는 타결 연도임.
자료: 산업통상자원부, FTA포털(FTA 강국, KOREA) http://www.fta.go.kr/main; 관세청, FTA포털 http://www.customs.go.kr

2. 농업 분야 양허 내용

어느 나라나 다자적 방식이든 지역적 방식이든 무역 자유화 조치에 가장 민감한 분야 중 하나가 농업이다. 특히, 농업의 경쟁력이 약한 한국에게 시장 개방의 문제는 더욱 민감할 수밖에 없다. 여기서는 우리나라가 체결한 FTA 중에서 주요 선진국들과 체결한 FTA의 농업 분야 양허 내용을 살펴본다.

한국의 주요 농산물 양허결과를 〈표 12.2〉에 FTA 체결국별로 비교해 놓았다. 한국 농업에 영향을 크게 미칠 것으로 예상되는 미국, EU, 호주, 캐나다, 뉴질랜드 등 농업 선진국들을 중심으로 양허결과를 개략적으로 비교해 놓았다.[17]

농산물 세이프가드(Agricultural Safeguard: ASG)는 농업협정의 SSG보다 더 요건을 완화하여, 수입량이 일정 수준을 초과하면 국내 농업을 보호하기 위해 높은

15 상품무역협정은 2007년, 서비스 및 투자협정은 2009년에 발효되었다.
16 중미 6국은 파나마, 코스타리카, 과테말라, 온두라스, 엘살바도르, 니카라과 등이다.
17 중국과도 2015년 FTA가 발효되었지만 거의 대부분의 농산물이 양허에서 제외되었기 때문에 이 표에는 포함시키지 않았다.

관세를 적용하는 자유무역협정 체결시 사용되는 수입제한조치이다. TRQ(Tariff Rate Quota)는 관세철폐 또는 감축을 면제하는 대신 일정의 쿼터량에 대해서는 무관세 또는 저율관세를 적용하여 최소한의 시장접근을 확보하려는 제도이다. 계절관세는 특정 품목이 생산되어 시장에 출하되는 시기에는 국내 농업 보호를 위해 높은 관세를 유지하고 비출하기에만 관세를 철폐 또는 감축하는 양허방식이다. 출하기와 비출하기에 따라 적용관세를 포함한 감축수준이나 철폐방식을 달리하는 것이다.

예를 들어, 한-미 FTA에서 보리는 15년에 걸쳐 관세를 철폐하되 이 기간 중 무관세 쿼터(TRQ)를 제공하고, 수입량이 이 쿼터량을 초과하면 농산물 세이프가드(ASG)를 적용하기로 양허하였다. 또 쇠고기는 15년 철폐에 ASG를 적용하기로 양허하였다. 즉, 15년에 걸쳐 현행 40%의 관세를 철폐하되, ASG를 적용하는데 발동물량은 시행 1년차에 270천 톤을 시작으로 매년 6천 톤씩 증가하여 15년차에는 354천 톤으로 늘어난다. ASG 발동세율은 40%(1~5년차), 30%(6~10년차), 24%(11~15년차)이다. 다시 말하면, 관세를 15년 동안 철폐해 나가되 해당 연도의 수입물량이 정해진 ASG 발동물량을 초과하면 관세철폐와 별개로 수입되는 쇠고기에 대해서 높은 ASG 발동세율이 적용되는 것이다.

포도(신선)는 계절관세 방식으로 양허하였다. 세부적으로는 비출하기(10월 16일부터 익년 4월까지)에는 5년간 철폐하고, 성출하기(5월부터 10월 15일까지)에는 17년간 관세를 철폐하기로 했다. 오렌지는 계절관세와 TRQ를 혼합하는 방식으로 양허하였다. 비출하기(3~8월)에는 7년간 철폐하고 성출하기(9월~익년 2월)에는 현행관세 50%를 유지하되 무관세 쿼터를 제공하기로 하였다. 쿼터량은 2,500톤을 시작으로 매년 3% 증량하는 방식이다.[18]

이 외에도 세번 분리방식을 통해 국내 농업을 보호하는 노력을 보이고 있다. 예를 들면, 사과의 경우 같은 세율이 적용되는 동일한 HS 세번 내의 사과라 해도 이를 품종별로 구분하여 후지사과의 경우에는 20년간 철폐하고, 기타 품

18 품목별 실제 양허결과는 상대 국가마다, 그리고 품목마다 다르고 복잡하기 때문에 〈표 12.2〉에는 개략적인 양허결과만을 나타내주었다. 따라서 품목별 세부적인 양허결과는 각 FTA 협정문서를 참고하기 바란다.

표 12.2 FTA 체결 주요 농산물 한국 측 양허결과

품목(관세율, %)		한-미 FTA	한-EU FTA	한-호 FTA	한-캐 FTA	한-뉴 FTA
쌀	쌀 16개 세번(513)	양허 제외	양허 제외	양허 제외	양허 제외	양허 제외
보리	겉보리(324), 쌀보리(299.7)	15년/ASG/TRQ	양허 제외	양허 제외	15년/ASG/TRQ	양허 제외
	맥아(269), 맥주맥(513)	15년/ASG/TRQ	15년/ASG/TRQ	15년/ASG/TRQ	12년/ASG/TRQ	10년(맥아), 제외
콩	식용(487)	현행유지/TRQ	양허 제외	현행유지/TRQ	현행유지/TRQ	양허 제외
쇠고기	신선, 냉장, 냉동(40)	15년/ASG	15년/ASG	15년/ASG	15년/ASG	15년/ASG
돼지	냉동 삼겹살(25)	2014. 1. 1	10년	양허 제외	13년/ASG	양허 제외
고기	냉장 삼겹살, 기타(22.5)	10년/ASG	10년/ASG	10년, 15년	13년/ASG	양허 제외
닭고기	냉동가슴, 냉동날개(20)	12년	13년	18년	양허 제외	양허 제외
	냉장(18), 가공품(30)	10년	10년	18년, 10년	10년, 양허 제외	양허 제외
분유	탈지 · 전지(176), 연유(89)	현행유지/TRQ	현행유지/TRQ	양허 제외	양허 제외	현행유지/TRQ
	조제분유(36)	10년/TRQ	10년/TRQ	13년/TRQ	양허 제외	10년/TRQ
	혼합분유(36)	10년	10년	13년	양허 제외	10년
치즈	신선, 가공, 기타(36)	15년/TRQ	15년/TRQ	20년, 18년/TRQ	양허 제외	12년, 15년/TRQ
	체다치즈(36)	10년/TRQ	10년/TRQ	13년/TRQ	양허 제외	7년/TRQ
버터	버터(89)	10년/TRQ	10년/TRQ	15년/TRQ	양허 제외	10년/TRQ
꿀	천연꿀(243)	현행유지/TRQ	현행유지/TRQ	양허 제외	현행유지/TRQ	양허 제외
	인조꿀(243)	10년	10년	양허 제외	10년	양허 제외

주: 세부 품목별 상세한 양허 내용은 국별 FTA 협정문서 참조.
쌀의 관세율 513%는 2015년 관세화하면서 한국 정부가 WTO 사무국에 제출한 관세상당치(TE)로 이해당사국 간 협상에 의해 확정된 것은 아님.

표 12.2 FTA 체결 주요 농산물 한국 측 양허결과(계속)

품목(관세율, %)		한-미 FTA	한-EU FTA	한-호 FTA	한-캐 FTA	한-뉴 FTA
사과	사과(45)	20년(후지), 10년(기타)/ASG	20년(후지), 10년(기타)/ASG	양허 제외	20년(후지), 10년(기타)/ASG	양허 제외
배	배(45)	20년(동양배), 10년(기타)	20년(동양배), 10년(기타)	양허 제외	제외(동양배), 10년(기타)/ASG	양허 제외
포도	포도(45)	계절관세	계절관세	계절관세	양허 제외	양허 제외
감귤류	온주감귤(144)	15년	양허 제외	양허 제외	양허 제외	양허 제외
	맨더린, 탠저린(144)	15년	15년	계절관세	11년	양허 제외
	오렌지(50)	계절관세/TRQ	계절관세/TRQ	계절관세/TRQ	양허 제외	양허 제외
키위	키위(45)	15년	15년	계절관세	10년	6년
호박	호박(27)	즉시	즉시	15년	10년	계절관세
고추	신선, 냉장, 건조(270)	15년/ASG	양허 제외	양허 제외	양허 제외	양허 제외
	냉동고추(27)	15년	15년	양허 제외	11년	양허 제외
마늘	신선, 냉장, 건조(360)	15년/ASG	양허 제외	양허 제외	양허 제외	양허 제외
	냉동(27)	15년	15년	18년	11년	18년
양파	신선, 냉장, 건조(135)	15년/ASG	양허 제외	양허 제외	양허 제외	양허 제외
	냉동(27)	12년	12년	15년	11년	15년
인삼류	뿌리삼류(222.8-754.3)	18년/ASG	양허 제외	양허 제외	양허 제외	양허 제외
	기타 인삼가공품(754.3)	10년, 15년/ASG	10년, 15년/ASG	양허 제외	양허 제외	양허 제외

주: 세부 품목별 상세한 양허 내용은 국별 FTA 협정문서 참조.

목의 사과는 10년 내에 철폐하기로 하였다. 배도 같은 세번 내의 배를 동양배와 기타 배로 나누어 동양배는 철폐기간을 다른 품종의 두 배인 20년으로 양허함으로써 국내 배 산업을 보호하고자 했다.

3. 농업에 미치는 영향

1) 농업부문의 피해

한국이 적극적으로 지역무역협정을 확대해 온 이유는 두 말할 나위 없이 그것이 국가이익, 즉 이른바 무역의 이익을 증대시켜 줄 것으로 믿기 때문이다. 그래서 FTA 체결을 추진할 때마다 정부는 전문기관의 연구결과를 토대로 예상되는 기대효과를 발표해 왔다. 한-미 FTA의 경우만 해도 장기적으로 5.66%의 추가적인 경제성장효과가 있을 것으로 전망하였다.[19] EU와의 FTA도 장기에 걸쳐 비슷한 수준의 5.62% 추가 성장효과를 가져다 줄 것으로 전망하였다.[20]

그러나 무역 자유화가 국가 전체의 이익을 이와 같이 갖다 준다고 하지만 내부적으로는 손해를 보는 분야가 반드시 생기게 되어 있다. 비교열위 분야가 손해를 보는 분야이다. 우리나라의 경우 농업은 대표적인 비교열위 분야이다. 한국이 FTA를 체결한 주요 나라는 미국, EU, 중국, 호주, 캐나다, 뉴질랜드 등 농업 선진국들이다. 광활한 농경지와 자본, 기술, 혹은 농업 인구 등을 갖춘 세계의 전형적인 농업 강국들이다. 이들과의 무역에 있어서 우리나라의 농업은 비교열위에 놓일 수밖에 없다. 칠레와 FTA를 처음 체결할 때부터 그랬던 것처럼 농업의 예상 피해액을 추정했던 이유도 여기에 있다. 농업은 피해를 볼 수밖에 없는 비교열위산업임을 전제로 한 것이다.

거시적으로 보면 1990년대 중반 WTO 출범 이후 농산물 시장개방이 본격적으로 시작되면서 우리나라의 농업 성장은 장기 정체기로 접어들었다. 이 시기

19 대외경제정책연구원 외 9개 연구기관(2011. 8. 5).
20 대외경제정책연구원 외 9개 연구기관(2010. 10. 6).

를 기점으로 농업은 사실상 성장이 멈춰 섰다. 농업 성장이 멈추자 도 · 농 간 소득격차가 심화되기 시작하고 농촌의 노령화 현상도 더욱 깊어졌다. 농업부문의 무역수지 또한 감내하기 어려운 수준으로까지 확대되었다. 농업부문의 부가가치(GDP) 총액이 200억 달러 수준인데 농업 분야 무역수지 적자액도 이 정도에 이르고 있다.[21] 국가 전체적으로는 471억 달러(2014)에 이르는 무역흑자를 보이고 있음에도 농업부문에서는 농업 GDP에 맞먹는 수준의 적자를 시현하고 있는 것이다. 이 같은 농업부문의 전반적인 정체현상은 2000년대 들어 FTA가 급속히 확산되면서 더욱 어려운 국면으로 접어들고 있다.

그런데 이 같은 농업부문의 피해는 가격하락과 생산감소, 이에 따른 농가소득 감소 등 시장가격으로 평가되는 경제적 가치만 포함되어 있다. 농업 생산기반 위축에 따라 필연적으로 나타날 수밖에 없는 농업의 다원적 · 공익적 기능의 축소와 이로 인한 피해액은 포함되지 않은 것이다. 식량안보와 식품안전이 위협을 받고, 농촌의 자연경관과 환경 및 생태계가 훼손되고, 수자원 보존과 홍수조절 기능이 약화되고, 농촌지역사회와 국토 균형발전이 저해되는 등 외부효과 피해액은 들어 있지 않은 것이다. 이 같은 농업 특유의 긍정적 외부효과에 의한 공익적 기능의 피해까지 고려한다면 FTA로 인한 손실은 농업부문을 넘어 사회적으로도 상당한 수준이 될 것이다.

농산물의 소비대체성 문제

농업부문의 시장개방이 심각한 결과를 초래한다는 것은 농산물 특유의 대체적 속성에서도 잘 나타나고 있다. 농산물은 동일 또는 유사한 품목이 아니더라도 필수재적 속성 때문에 전 품목 간에 강한 소비대체 관계가 존재한다. 예컨대, 주요 농산물인 곡물이나 축산물, 그리고 채소류와 과일 등은 모두 상호 소비대체관계에 있다. 쇠고기는 돼지고기나 닭고기뿐 아니라 쌀이나 밀, 그리고 채소류나 과일과도 깊은 대체관계에 있다. 쇠고기 관세철폐로 가격이 하락하여 스테이크 소비가 증가하면 쌀 소비는 줄어들게 되어 있다. 농산물은 대부

21 2014년 기준 농축산물과 농림축수산물의 무역수지 적자액은 각각 192.4억 달러, 278.9억 달러에 이른다(농림축산식품부, 2015).

분이 필수식품이기 때문에 무엇을 먹든 일정 양을 소비하면 다른 농산물 소비는 줄어들 수밖에 없기 때문이다.

이와 같이 농산물 상호간 광범위한 대체관계가 존재한다는 것은 수입증가에 따른 국내 농업 피해가 매우 심각해질 수 있다는 의미이다. 쇠고기 수입증가는 쇠고기 가격뿐 아니라 관련성이 없어 보이는 쌀 가격 하락으로까지 이어지는 것이다. 현재 국산 농산물 가격이 전반적으로 침체되고 있는 현상은 설령 그 품목이 FTA 이행대상이 아니라 해도 전체 농산물 간의 깊은 대체관계로 인해 생기는 자연스런 결과이다. 농업에서는 전반적인 대체관계의 속성 때문에 품목별로 관세감축이나 철폐를 한다 해도 이는 해당 품목만의 문제가 아니라 전체 농업의 문제로 귀결되는 것이다.[22]

2) 정책적 대응

시장개방으로 당장 나타나는 피해는 농가소득의 감소 문제이지만, 장기적으로 보면 농업기반 축소에 따른 전체 농업 · 농촌에 미치는 심각한 악영향이다. 이에 대한 정책적 대응과 방향도 단기적인 농가의 피해보전뿐 아니라 장기적으로 농업의 경쟁력 향상과 농촌사회의 종합적인 발전에 초점이 맞춰져야 한다.

이를 위해 정부는 FTA 피해보전직불제를 시행하여 가격하락분에 대한 피해를 보전해 주고 있다.[23] 하지만 이는 단기적 미봉책일 뿐 근본적인 문제해결은 못 된다. 농민에 대한 대책은 될 수 있지만, 농업 · 농촌의 발전을 위한 근본대책일 수는 없다. 중요한 것은 농업 · 농촌 발전이며, 농민의 문제는 농업 · 농촌의 성장과 발전이란 큰 틀 속에서 함께 해결해 나가야 한다.

좀 더 장기적인 관점에서는 기술혁신, 유통혁신, 인력혁신 등 농업의 근본적인 경쟁력 향상을 위한 대책이 필요하다. 그러나 경쟁력은 단시일 내에 길러

22 뿐만 아니라 미국, EU, 호주 등 다수의 국가들과 동시 다발적으로 FTA가 체결됨에 따라 관세감축 상황이 매우 복잡해져 개별 품목의 피해산정은 매우 어려워지고 있다.

23 2004년 「자유무역협정 체결에 따른 농어업인 등의 지원에 관한 특별법」을 제정하여 FTA 이행에 따른 농가피해 보전과 폐업지원을 직접지불금으로 지급해 주고 있다.

지는 것이 아니다. 오랜 시간 많은 투자와 연구가 필요하다. 또 공급 측의 경쟁력 향상 못지않게 중요한 것은 국산 농산물에 대한 수요진작정책이다. 지금은 세계 각국의 농산물이 홍수처럼 국내시장으로 밀려와 공급이 넘쳐나는 시대이다. 이렇게 공급이 넘쳐나는 시대에는 수요가 문제이다. 수요 측면에서 다양한 국산 농산물 수요진작정책이 동시에 적극 추진되어야 한다.[24] 나아가 농촌사회의 삶의 질 향상과 종합적인 농촌개발정책이 국가 균형발전의 큰 틀 속에서 시행되어야 한다.

24 이용기(2012a).

부록

1. WTO 농업협정 원문

2. 한국의 품목별 관세양허 현황

1. WTO 농업협정 원문

AGREEMENT ON AGRICULTURE

Members,

Having decided to establish a basis for initiating a process of reform of trade in agriculture in line with the objectives of the negotiations as set out in the Punta del Este Declaration;

Recalling that their long-term objective as agreed at the Mid-Term Review of the Uruguay Round "is to establish a fair and market-oriented agricultural trading system and that a reform process should be initiated through the negotiation of commitments on support and protection and through the establishment of strengthened and more operationally effective GATT rules and disciplines";

Recalling further that "the above-mentioned long-term objective is to provide for substantial progressive reductions in agricultural support and protection sustained over an agreed period of time, resulting in correcting and preventing restrictions and distortions in world agricultural markets";

Committed to achieving specific binding commitments in each of the following areas: market access; domestic support; export competition; and to reaching an agreement on sanitary and phytosanitary issues;

Having agreed that in implementing their commitments on market access, developed country Members would take fully into account the particular needs and conditions of developing country Members by providing for a greater improvement of opportunities and terms of access for agricultural products of particular interest to these Members, including the fullest liberalization of trade in tropical agricultural products as agreed at the Mid-Term Review, and for products of particular importance to the diversification of production from the growing of illicit narcotic crops;

Noting that commitments under the reform programme should be made in an equitable way among all Members, having regard to non-trade concerns, including food security and the need to protect the environment; having regard to the agreement that special and differential treatment for developing countries is an integral element of the negotiations, and taking into account the possible negative effects of the implementation of the reform programme on least-developed and net food-importing developing countries;

Hereby agree as follows:

Part Ⅰ

Article 1 Definition of Terms

In this Agreement, unless the context otherwise requires:

(a) "Aggregate Measurement of Support" and "AMS" mean the annual level of support, expressed in monetary terms, provided for an agricultural product in favour of the producers of the basic agricultural product or non-product-specific support provided in favour of agricultural producers in general, other than support provided under programmes that qualify as exempt from reduction under Annex 2 to this Agreement, which is:

(i) with respect to support provided during the base period, specified in the relevant tables of supporting material incorporated by reference in Part Ⅳ of a Member's Schedule; and

(ii) with respect to support provided during any year of the implementation period and thereafter, calculated in accordance with the provisions of Annex 3 of this Agreement and taking into account the constituent data and methodology used in the tables of supporting material incorporated by reference in Part IV of the Member's Schedule;

(b) "basic agricultural product" in relation to domestic support commitments is defined as the product as close as practicable to the point of first sale as specified in a Member's Schedule and in the related supporting material;

(c) "budgetary outlays" or "outlays" includes revenue foregone;

(d) "Equivalent Measurement of Support" means the annual level of support, expressed in monetary terms, provided to producers of a basic agricultural product through the application of one or more measures, the calculation of which in accordance with the AMS methodology is impracticable, other than support provided under programmes that qualify as exempt from reduction under Annex 2 to this Agreement, and which is:

(i) with respect to support provided during the base period, specified in the relevant tables of supporting material incorporated by reference in Part IV of a Member's Schedule; and

(ii) with respect to support provided during any year of the implementation period and thereafter, calculated in accordance with the provisions of Annex 4 of this Agreement and taking into account the constituent data and methodology used in the tables of supporting material incorporated by reference in Part IV of a Member's Schedule;

(e) "export subsidies" refers to subsidies contingent upon export performance, including the export subsidies listed in Article 9 of this Agreement;

(f) "implementation period" means the six-year period commencing in the year 1995, except that, for the purposes of Article 13, it means the nine-year period commencing in 1995;

(g) "market access concessions" includes all market access commitments undertaken pursuant to this Agreement;

(h) "Total Aggregate Measurement of Support" and "Total AMS" mean the sum of all domestic support provided in favour of agricultural producers, calculated as the sum of all aggregate measurements of support for basic agricultural products, all non-product-specific aggregate measurements of support and all equivalent measurements of support for agricultural products, and which is:

(i) with respect to support provided during the base period (i.e. the "Base Total AMS") and the maximum support permitted to be provided during any year of the implementation period or thereafter (i.e. the "Annual and Final Bound Commitment Levels"), as specified in Part Ⅳ of a Member's Schedule; and

(ii) with respect to the level of support actually provided during any year of the implementation period and thereafter (i.e. the "Current Total AMS"), calculated in accordance with the provision of this Agreement, including Article 6, and with the constituent data and methodology used in the tables of supporting material incorporated by reference in Part Ⅳ of the Member's Schedule;

(i) "year" in paragraph (f) above and in relation to the specific commitments of a Member refers to the calendar, financial or marketing year specified in the Schedule relating to that Member.

Article 2 Product Coverage

This Agreement applies to the products listed in Annex 1 to this Agreement, hereinafter referred to as agricultural products.

Part II

Article 3 Incorporation of Concessions and Commitments

1. The domestic support and export subsidy commitments in Part Ⅳ of each Member's Schedule constitute commitments limiting subsidization and are hereby made an integral part of GATT 1994.

2. Subject to the provisions of Article 6, a Member shall not provide support in favour of domestic producers in excess of the commitment levels specified in Section I of Part Ⅳ of its Schedule.

3. Subject to the provisions of paragraphs 2(b) and 4 of Article 9, a Member shall not provide export subsidies listed in paragraph 1 of Article 9 in respect of the agricultural products or groups of products specified in Section Ⅱ of Part Ⅳ of its Schedule in excess of the budgetary outlay and quantity commitment levels specified therein and shall not provide such subsidies in respect of any agricultural product not specified in that Section of its Schedule.

Part Ⅲ

Article 4 Market Access

1. Market access concessions contained in Schedules relate to bindings and reductions of tariffs, and to other market access commitments as specified therein.

2. Members shall not maintain, resort to, or revert to any measures of the kind which have been required to be converted into ordinary customs duties,[1] except as otherwise provided for in Article 5 and Annex 5.

Article 5 Special Safeguard Provisions

1. Notwithstanding the provisions of paragraph 1(b) of Article Ⅱ of GATT 1994, any Member may take recourse to the provisions of paragraphs 4 and 5 below in connection with the importation of an agricultural product, in respect of which measures referred to in paragraph 2 of Article 4 of this Agreement have been converted into an ordinary customs duty and which is designated in its Schedule with the symbol "SSG" as being the subject of a concession in respect of which the provisions of this Article may be invoked, if:

(a) the volume of imports of that product entering the customs territory of the Member granting the concession during any year exceeds a trigger level which relates to the existing market access opportunity as set out in paragraph 4; or, but not concurrently:

(b) the price at which imports of that product may enter the customs territory of the Member granting the concession, as determined on the basis of the c.i.f. import price of the shipment concerned expressed in terms of its domestic currency, falls below a trigger price equal to the average 1986 to 1988 reference price[2] for the

1 These measures include quantitative import restrictions, variable import levies, minimum import prices, discretionary import licensing, non-tariff measures maintained through state-trading enterprises, voluntary export restraints, and similar border measures other than ordinary customs duties, whether or not the measures are maintained under country-specific derogations from the provisions of GATT 1947, but not measures maintained under balance-of-payments provisions or under other general, non-agriculture-specific provisions of GATT 1994 or of the other Multilateral Trade Agreements in Annex 1A to the WTO Agreement.

2 The reference price used to invoke the provisions of this subparagraph shall, in general, be the average c.i.f. unit value of the product concerned, or otherwise shall be an appropriate price in terms

product concerned

2. Imports under current and minimum access commitments established as part of a concession referred to in paragraph 1 above shall be counted for the purpose of determining the volume of imports required for invoking the provisions of subparagraph 1(a) and paragraph 4, but imports under such commitments shall not be affected by any additional duty imposed under either subparagraph 1(a) and paragraph 4 or subparagraph 1(b) and paragraph 5 below.

3. Any supplies of the product in question which were *en route* on the basis of a contract settled before the additional duty is imposed under subparagraph 1(a) and paragraph 4 shall be exempted from any such additional duty, provided that they may be counted in the volume of imports of the product in question during the following year for the purposes of triggering the provisions of subparagraph 1(a) in that year.

4. Any additional duty imposed under subparagraph 1(a) shall only be maintained until the end of the year in which it has been imposed, and may only be levied at a level which shall not exceed one third of the level of the ordinary customs duty in effect in the year in which the action is taken. The trigger level shall be set according to the following schedule based on market access opportunities defined as imports as a percentage of the corresponding domestic consumption[3] during the three preceding years for which data are available:

of the quality of the product and its stage of processing. It shall, following its initial use, be publicly specified and available to the extent necessary to allow other Members to assess the additional duty that may be levied.

3 Where domestic consumption is not taken into account, the base trigger level under subparagraph 4(a) shall apply.

(a) where such market access opportunities for a product are less than or equal to 10 per cent, the base trigger level shall equal 125 per cent;

(b) where such market access opportunities for a product are greater than 10 per cent but less than or equal to 30 per cent, the base trigger level shall equal 110 per cent;

(c) where such market access opportunities for a product are greater than 30 per cent, the base trigger level shall equal 105 per cent.

In all cases the additional duty may be imposed in any year where the absolute volume of imports of the product concerned entering the customs territory of the Member granting the concession exceeds the sum of (x) the base trigger level set out above multiplied by the average quantity of imports during the three preceding years for which data are available and (y) the absolute volume change in domestic consumption of the product concerned in the most recent year for which data are available compared to the preceding year, provided that the trigger level shall not be less than 105 per cent of the average quantity of imports in (x) above.

5. The additional duty imposed under subparagraph 1(b) shall be set according to the following schedule:

(a) if the difference between the c.i.f. import price of the shipment expressed in terms of the domestic currency (hereinafter referred to as the "import price") and the trigger price as defined under that subparagraph is less than or equal to 10 per cent of the trigger price, no additional duty shall be imposed;

(b) if the difference between the import price and the trigger price (hereinafter referred to as the "difference") is greater than 10 per cent but less than or equal to 40 per cent of the trigger price, the additional duty shall equal 30 per cent of the amount by which the difference exceeds 10 per cent;

(c) if the difference is greater than 40 per cent but less than or equal to 60 per cent of the trigger price, the additional duty shall equal 50 per cent of the amount by which the difference exceeds 40 per cent, plus the additional duty allowed under (b);

(d) if the difference is greater than 60 per cent but less than or equal to 75 per cent, the additional duty shall equal 70 per cent of the amount by which the difference exceeds 60 per cent of the trigger price, plus the additional duties allowed under (b) and

(e) if the difference is greater than 75 per cent of the trigger price, the additional duty shall equal 90 per cent of the amount by which the difference exceeds 75 per cent, plus the additional duties allowed under (b), (c) and (d).

6. For perishable and seasonal products, the conditions set out above shall be applied in such a manner as to take account of the specific characteristics of such products. In particular, shorter time periods under subparagraph 1(a) and paragraph 4 may be used in reference to the corresponding periods in the base period and different reference prices for different periods may be used under subparagraph 1(b).

7. The operation of the special safeguard shall be carried out in a transparent manner. Any Member taking action under subparagraph 1(a) above shall give notice in writing, including relevant data, to the Committee on Agriculture as far in advance as may be practicable and in any event within 10 days of the implementation of such action. In cases where changes in consumption volumes must be allocated to individual tariff lines subject to action under paragraph 4, relevant data shall include the information and methods used to allocate these changes. A Member taking action under paragraph 4 shall afford any interested Members the opportunity to consult with it in respect of the conditions of application of such action. Any Member taking action under subparagraph 1(b) above shall give notice in writing, including relevant

data, to the Committee on Agriculture within 10 days of the implementation of the first such action or, for perishable and seasonal products, the first action in any period. Members undertake, as far as practicable, not to take recourse to the provisions of subparagraph 1(b) where the volume of imports of the products concerned are declining. In either case a Member taking such action shall afford any interested Members the opportunity to consult with it in respect of the conditions of application of such action.

8. Where measures are taken in conformity with paragraph 1 through 7 above, Members undertake not to have recourse, in respect of such measures, to the provisions of paragraphs 1(a) and 3 of Article XIX of GATT 1994 or paragraph 2 of Article 8 of the Agreement on Safeguards.

9. The provisions of this Article shall remain in force for the duration of the reform process as determined under Article 20.

Part IV

Article 6 Domestic Support Commitments

1. The domestic support reduction commitments of each Member contained in Part IV of its Schedule shall apply to all of its domestic support measures in favour of agricultural producers with the exception of domestic measures which are not subject to reduction in terms of the criteria set out in this Article and in Annex 2 to this Agreement. The commitments are expressed in terms of Total Aggregate Measurement of Support and "Annual and Final Bound Commitment Levels".

2. In accordance with the Mid-Term Review Agreement that government measures of assistance, whether direct or indirect, to encourage agricultural and rural development are an integral part of the development programmes of developing countries, investment subsidies which are generally available to agriculture in developing country Members and agricultural input subsidies generally available to low-income or resource-poor producers in developing country Members shall be exempt from domestic support reduction commitments that would otherwise be applicable to such measures, as shall domestic support to producers in developing country Members to encourage diversification from growing illicit narcotic crops. Domestic support meeting the criteria of this paragraph shall not be required to be included in a Member's calculation of its Current Total AMS.

3. A Member shall be considered to be in compliance with its domestic support reduction commitments in any year in which its domestic support in favour of agricultural producers expressed in terms of Current Total AMS does not exceed the corresponding annual or final bound commitment level specified in Part Ⅳ of the Member's Schedule.

4. (a) A Member shall not be required to include in the calculation of its Current Total AMS and shall not be required to reduce:

(i) product-specific domestic support which would otherwise be required to be included in a Member's calculation of its Current AMS where such support does not exceed 5 per cent of that Member's total value of production of a basic agricultural product during the relevant year; and

(ii) non-product-specific domestic support which would otherwise be required to be included in a Member's calculation of its Current AMS where such support does not exceed 5 per cent of the value of that Member's total agricultural production.

(b) For developing country Members, the de minimis percentage under this paragraph shall be 10 per cent.

5. (a) Direct payments under production-limiting programmes shall not be subject to the commitment to reduce domestic support if:

(i) such payments are based on fixed area and yields; or

(ii) such payments are made on 85 per cent or less of the base level of production; or

(iii) livestock payments are made on a fixed number of head.

(b) The exemption from the reduction commitment for direct payments meeting the above criteria shall be reflected by the exclusion of the value of those direct payments in a Member's calculation of its Current Total AMS.

Article 7 General Disciplines on Domestic Support

1. Each Member shall ensure that any domestic support measures in favour of agricultural producers which are not subject to reduction commitments because they qualify under the criteria set out in Annex 2 to this Agreement are maintained in conformity therewith.

2. (a) Any domestic support measure in favour of agricultural producers, including any modification to such measure, and any measure that is subsequently introduced that cannot be shown to satisfy the criteria in Annex 2 to this Agreement or to be exempt from reduction by reason of any other provision of this Agreement shall be included in the Member's calculation of its Current Total AMS.

(b) Where no Total AMS commitment exists in Part Ⅳ of a Member's Schedule, the Member shall not provide support to agricultural producers in excess of the relevant de minimis level set out in paragraph 4 of Article 6.

Part V

Article 8 Export Competition Commitments

Each Member undertakes not to provide export subsidies otherwise than in conformity with this Agreement and with the commitments as specified in that Member's Schedule.

Article 9 Export Subsidy commitments

1. The following export subsidies are subject to reduction commitments under this Agreement:

(a) the provision by governments or their agencies of direct subsidies, including payments-in-kind, to a firm, to an industry, to producers of an agricultural product, to a cooperative or other association of such producers, or to a marketing board, contingent on export performance;

(b) the sale or disposal for export by governments or their agencies of non-commercial stocks of agricultural products at a price lower than the comparable price charged for the like product to buyers in the domestic market;

(c) payments on the export of an agricultural product that are financed by virtue of governmental action, whether or not a charge on the public account is involved, including payments that are financed from the proceeds of a levy imposed on the agricultural product concerned or on an agricultural product from which the exported product is derived;

(d) the provision of subsidies to reduce the costs of marketing exports of agricultural products (other than widely available export promotion and advisory services) including handling, upgrading and other processing costs, and the costs of international transport and freight;

(e) internal transport and freight charges on export shipments, provided or mandated by governments, on terms more favourable than for domestic shipments;

(f) subsidies on agricultural products contingent on their incorporation in exported products.

2. (a) Except as provided in subparagraph (b), the export subsidy commitment levels for each year of the implementation period, as specified in a Member's Schedule, represent with respect to the export subsidies listed in paragraph 1 of this Article:

(i) in the case of budgetary outlay reduction commitments, the maximum level of expenditure for such subsidies that may be allocated or incurred in that year in respect of the agricultural product, or group of products, concerned; and

(ii) in the case of export quantity reduction commitments, the maximum quantity of an agricultural product, or group of products, in respect of which such export subsidies may be granted in that year.

(b) In any of the second through fifth years of the implementation period, a Member may provide export subsidies listed in paragraph 1 above in a given year in excess of the corresponding annual commitment levels in respect of the products or groups of products specified in Part Ⅳ of the Member's Schedule, provided that:

(i) the cumulative amounts of budgetary outlays for such subsidies, from the beginning of the implementation period through the year in question, does not exceed the cumulative amounts that would have resulted from full compliance with the relevant annual outlay commitment levels specified in the Member's Schedule by more than 3 per cent of the base period level of such budgetary outlays;

(ii) the cumulative quantities exported with the benefit of such export subsidies, from the beginning of the implementation period through the year in question, does not exceed the cumulative quantities that would have resulted from full compliance with the relevant annual quantity commitment levels specified in the Member's Schedule by more than 1.75 per cent of the base period quantities;

(iii) the total cumulative amounts of budgetary outlays for such export subsidies and the quantities benefiting from such export subsidies over the entire implementation period are no greater than the totals that would have resulted from full compliance with the relevant annual commitment levels specified in the Member's Schedule; and

(iv) the Member's budgetary outlays for export subsidies and the quantities benefiting from such subsidies, at the conclusion of the implementation period, are no greater than 64 per cent and 79 per cent of the 1986-1990 base period levels, respectively. For developing country Members these percentages shall be 76 and 86 per cent, respectively.

3. Commitments relating to limitations on the extension of the scope of export subsidization are as specified in Schedules.

4. During the implementation period, developing country Members shall not be required to undertake commitments in respect of the export subsidies listed in subparagraphs (d) and (e) of paragraph 1 above, provided that these are not applied in a manner that would circumvent reduction commitments.

Article 10 Prevention of Circumvention of Export Subsidy Commitments

1. Export subsidies not listed in paragraph 1 of Article 9 shall not be applied in a

manner which results in, or which threatens to lead to, circumvention of export subsidy commitments; nor shall non-commercial transactions be used to circumvent such commitments.

2. Members undertake to work toward the development of internationally agreed disciplines to govern the provision of export credits, export credit guarantees or insurance programmes and, after agreement on such disciplines, to provide export credits, export credit guarantees or insurance programmes only in conformity therewith.

3. Any Member which claims that any quantity exported in excess of a reduction commitment level is not subsidized must establish that no export subsidy, whether listed in Article 9 or not, has been granted in respect of the quantity of exports in question.

4. Members donors of international food aid shall ensure:

(a) that the provision of international food aid is not tied directly or indirectly to commercial exports of agricultural products to recipient countries;

(b) that international food aid transactions, including bilateral food aid which is monetized, shall be carried out in accordance with the FAO "Principles of Surplus Disposal and Consultative Obligations", including, where appropriate, the system of Usual Marketing Requirements(UMRs); and

(c) that such aid shall be provided to the extent possible in fully grant form or on terms no less concessional than those provided for in Article Ⅳ of the Food Aid Convention 1986.

Article 11 Incorporated Products

In no case may the per-unit subsidy paid on an incorporated agricultural primary product exceed the per-unit export subsidy that would be payable on exports of the primary product as such.

Part VI

Article 12 Disciplines on Export Prohibitions and Restrictions

1. Where any Member institutes any new export prohibition or restriction on foodstuffs in accordance with paragraph 2(a) of Article XI of GATT 1994, the Member shall observe the following provisions:

(a) the Member instituting the export prohibition or restriction shall give due consideration to the effects of such prohibition or restriction on importing Members' food security;

(b) before any Member institutes an export prohibition or restriction, it shall give notice in writing, as far in advance as practicable, to the Committee on Agriculture comprising such information as the nature and the duration of such measure, and shall consult, upon request, with any other Member having a substantial interest as an importer with respect to any matter related to the measure in question. The Member instituting such export prohibition or restriction shall provide, upon request, such a Member with necessary information.

2. The provisions of this Article shall not apply to any developing country Member, unless the measure is taken by a developing country Member which is a net-food

exporter of the specific foodstuff concerned.

Part VII

Article 13 Due Restraint

During the implementation period, notwithstanding the provisions of GATT 1994 and the Agreement on Subsidies and Countervailing Measures (referred to in this Article as the "Subsidies Agreement"):

(a) domestic support measures that conform fully to the provisions of Annex 2 to this Agreement shall be:

(i) non-actionable subsidies for purposes of countervailing duties[4];

(ii) exempt from actions based on Article XVI of GATT 1994 and Part III of the Subsides Agreement; and

(iii) exempt from actions based on non-violation nullification or impairment of the benefits of tariff concessions accruing to another Member under Article II of GATT 1994, in the sense of paragraph 1(b) of Article XXIII of GATT 1994;

(b) domestic support measures that conform fully to the provisions of Article 6 of this Agreement including direct payments that conform to the requirements of paragraph 5 thereof, as reflected in each Member's Schedule, as well as domestic support within *de minimis* levels and in conformity with paragraph 2 of Article 6, shall be:

(i) exempt from the imposition of countervailing duties unless a determination of injury or threat thereof is made in accordance with Article VI of GATT 1994 and Part

4 "Countervailing duties" where referred to in this Article are those covered by Article VI of GATT 1994 and Part V of the Agreement on Subsidies and Countervailing Measures.

Ⅴ of the Subsidies Agreement, and due restraint shall be shown in initiating any countervailing duty investigations;

(ii) exempt from actions based on paragraph 1 of Article XVI of GATT 1994 or Articles 5 and 6 of the Subsidies Agreement, provided that such measures do not grant support to a specific commodity in excess of that decided during the 1992 marketing year; and

(iii) exempt from actions based on non-violation nullification or impairment of the benefits of tariff concessions accruing to another Member under Article Ⅱ of GATT 1994, in the sense of paragraph 1(b) of Article XXⅢ of GATT 1994, provided that such measures do not grant support to a specific commodity in excess of that decided during the 1992 marketing year;

(c) export subsidies that conform fully to the provisions of Part Ⅴ of this Agreement, as reflected in each Member's Schedule, shall be:

(i) subject to countervailing duties only upon a determination of injury or threat thereof based on volume, effect on prices, or consequent impact in accordance with Article Ⅵ of GATT 1994 and Part Ⅴ of the Subsidies Agreement, and due restraint shall be shown in initiating any countervailing duty investigations; and

(ii) exempt from actions based on Article XVI of GATT 1994 or Articles 3, 5 and 6 of the Subsidies Agreement.

Part Ⅷ

Article 14 Sanitary and Phytosanitary Measures

Members agree to give effect to the Agreement on the Application of Sanitary and Phytosanitary Measures.

Part IX

Article 15 Special and Differential Treatment

1. In keeping with the recognition that differential and more favourable treatment for developing country Members is an integral part of the negotiation, special and differential treatment in respect of commitments shall be provided as set out in the relevant provisions of this Agreement and embodied in the Schedules of concessions and commitments.

2. Developing country Members shall have the flexibility to implement reduction commitments over a period of up to 10 years. Least-developed country Members shall not be required to undertake reduction commitments.

Part X

Article 16 Least-Developed and Net Food-Importing Developing Countries

1. Developed country Members shall take such action as is provided for within the framework of the Decision on Measures Concerning the Possible Negative Effects of the Reform Programme on Least-Developed and Net Food-Importing Developing Countries.

2. The Committee on Agriculture shall monitor, as appropriate, the follow-up to this Decision.

Part XI

Article 17 Committee on Agriculture

A Committee on Agriculture is hereby established.

Article 18 Review of the Implementation of Commitments

1. Progress in the implementation of commitments negotiated under the Uruguay Round reform programme shall be reviewed by the Committee on Agriculture.

2. The review process shall be undertaken on the basis of notifications submitted by Members in relation to such matters and at such intervals as shall be determined, as well as on the basis of such documentation as the Secretariat may be requested to prepare in order to facilitate the review process.

3. In addition to the notifications to be submitted under paragraph 2, any new domestic support measure, or modification of an existing measure, for which exemption from reduction is claimed shall be notified promptly. This notification shall contain details of the new or modified measure and its conformity with the agreed criteria as set out either in Article 6 or in Annex 2.

4. In the review process Members shall give due consideration to the influence of excessive rates of inflation on the ability of any Member to abide by its domestic support commitments.

5. Members agree to consult annually in the Committee on Agriculture with respect

to their participation in the normal growth of world trade in agricultural products within the framework of the commitments on export subsidies under this Agreement.

6. The review process shall provide an opportunity for Members to raise any matter relevant to the implementation of commitments under the reform programme as set out in this Agreement.

7. Any Member may bring to the attention of the Committee on Agriculture any measure which it considers ought to have been notified by another Member.

Article 19 Consultation and Dispute Settlement

The provisions of Articles XXII and XXIII of GATT 1994, as elaborated and applied by the Dispute Settlement Understanding, shall apply to consultations and the settlement of disputes under this Agreement.

Part XII

Article 20 Continuation of the Reform Process

Recognizing that the long-term objective of substantial progressive reductions in support and protection resulting in fundamental reform is an ongoing process, Members agree that negotiations for continuing the process will be initiated one year before the end of the implementation period, taking into account:

(a) the experience to that date from implementing the reduction commitments;

(b) the effects of the reduction commitments on world trade in agriculture;

(c) non-trade concerns, special and differential treatment to developing country Members, and the objective to establish a fair and market-oriented agricultural trading system, and the other objectives and concerns mentioned in the preamble to this Agreement; and

(d) what further commitments are necessary to achieve the above mentioned long-term objectives.

Part XIII

Article 21 Final Provisions

1. The provisions of GATT 1994 and of other Multilateral Trade Agreements in Annex 1A to the WTO Agreement shall apply subject to the provisions of this Agreement.

2. The Annexes to this Agreement are hereby made an integral part of this Agreement.

ANNEX 1

PRODUCT COVERAGE

1. This Agreement shall cover the following products:

(i) HS Chapters 1 to 24 less fish and fish products, plus*

(ii)	HS Code	2905.43	(mannitol)
	HS Code	2905.44	(sorbitol)
	HS Heading	33.01	(essential oils)
	HS Headings	35.01 to 35.05	(albuminoidal substances, modified starches, glues)
	HS Code	3809.10	(finishing agents)
	HS Code	3823.60	(sorbitol n.e.p)
	HS Headings	41.01 to 41.03	(hides and skins)
	HS Heading	43.01	(raw furskins)
	HS Headings	50.01 to 50.03	(raw silk and silk waste)
	HS Headings	51.01 to 51.03	(wool and animal hair)
	HS Headings	52.01 to 52.03	(raw cotton, waste and cotton carded or combed)
	HS Heading	53.01	(raw flax)
	HS Heading	53.02	(raw hemp)

2. The foregoing shall not limit the product coverage of the Agreement on the Application of Sanitary and Phytosanitary Measures.

* The product descriptions in round brackets are not necessarily exhaustive.

ANNEX 2

DOMESTIC SUPPORT: THE BASIS FOR EXEMPTION FROM THE REDUCTION COMMITMENTS

1. Domestic support measures for which exemption from the reduction commitments is claimed shall meet the fundamental requirement that they have no, or at most minimal, trade-distorting effects or effects on production. Accordingly, all measures for which exemption is claimed shall conform to the following basic criteria:

(a) the support in question shall be provided through a publicly-funded government programme (including government revenue foregone) not involving transfers from consumers; and,

(b) the support in question shall not have the effect of providing price support to producers;

plus policy-specific criteria and conditions as set out blew.

Government Service Programmes

2. General services

Polices in this category involve expenditures (or revenue foregone) in relation to programmes which provide services or benefits to agriculture or the rural community. They shall not involve direct payments to producers or processors. Such programmes, which include but are not restricted to the following list, shall meet the general criteria in paragraph 1 above and policy-specific conditions where set out below:

(a) research, including general research, research in connection with environmental programmes, and research programmes relating to particular products;

(b) pest and disease control, including general and product-specific pest and disease control measures, such as early-warning systems, quarantine and eradication;

(c) training services, including both general and specialist training facilities;

(d) extension and advisory services, including the provision of means to facilitate the transfer of information and the results of research to producers and consumers;

(e) inspection services, including general inspection services and the inspection of particular products for health, safety, grading or standardization purposes;

(f) marketing and promotion services, including market information, advice and promotion relating to particular products but excluding expenditure for unspecified purposes that could be used by sellers to reduce their selling price or confer a direct economic benefit to purchasers; and

(g) infrastructural services, including: electricity reticulation, roads and other means of transport, market and port facilities, water supply facilities, dams and drainage schemes, and infrastrucural works associated with environmental programmes. In all cases the expenditure shall be directed to the provision or construction of capital works only, and shall exclude the subsidized provision of on-farm facilities other than for the reticulation of generally available public utilities. It shall not include subsidies to inputs or operating costs, or preferential user charges.

3. Public stockholding for food security purposes[5]

Expenditures (or revenue foregone) in relation to the accumulation and holding of

5 For the purposes of paragraph 3 of this Annex, governmental stockholding programmes for food security purposes in developing countries whose operation is transparent and conducted in accordance with officially published objective criteria or guidelines shall be considered to be in conformity with the provisions of this paragraph, including programmes under which stocks of foodstuffs for food security purposes are acquired and released at administered prices, provided that the difference between the acquisition price and the external reference price is accounted for in the AMS.

stocks of products which form an integral part of a food security programme identified in national legislation. This may include government aid to private storage of products as part of such a programme.

The volume and accumulation of such stocks shall correspond to predetermined targets related solely to food security. The process of stock accumulation and disposal shall be financially transparent. Food purchases by the government shall be made at current market prices and sales from food security stocks shall be made at no less than the current domestic market price for the product and quality in question.

4. Domestic food aid[6]

Expenditures (or revenue foregone) in relation to the provision of domestic food aid to sections of the population in need.

Eligibility to receive the food aid shall be subject to clearly-defined criteria related to nutritional objectives. Such aid shall be in the form of direct provision of food to those concerned or the provision of means to allow eligible recipients to buy food either at market or at subsidized prices. Food purchases by the government shall be made at current market prices and the financing and administration of the aid shall be transparent.

5. Direct payments to producers

Support provided through direct payments (or revenue foregone, including

5&6) For the purposes of paragraphs 3 and 4 of this Annex, the provision of foodstuffs at subsidized prices with the objective of meeting food requirements of urban and rural poor in developing countries on a regular basis at reasonable prices shall be considered to be in conformity with the provisions of this paragraph.

payments in kind) to producers for which exemption from reduction commitments is claimed shall meet the basic criteria set out in paragraph 1 above, plus specific criteria applying to individual types of direct payment as set out in paragraphs 6 through 13 below. Where exemption from reduction is claimed for any existing or new type of direct payment other than those specified in paragraphs 6 through 13, it shall conform to criteria (b) through (e) in paragraph 6, in addition to the general criteria set out in paragraph 1.

6. Decoupled income support

(a) Eligibility for such payments shall be determined by clearly-defined criteria such as income, status as a producer or landowner, factor use or production level in a defined and fixed base period.

(b) The amount of such payments in any given year shall not be related to, or based on, the type or volume of production (including livestock units) undertaken by the producer in any year after the base period.

(c) The amount of such payments in any given year shall not be related to, or based on, the prices, domestic or international, applying to any production undertaken in any year after the base period.

(d) The amount of such payments in any given year shall not be related to, or based on, the factors of production employed in any year after the base period.

(e) No production shall be required in order to receive such payments.

7. Government financial participation in income insurance and income safety-net programmes

(a) Eligibility for such payments shall be determined by an income loss, taking into account only income derived from agriculture, which exceeds 30 per cent of average gross income or the equivalent in net income terms (excluding any payments from the same or similar schemes) in the preceding three-year period or a three-year average based on the preceding five-year period, excluding the highest and the lowest entry. Any producer meeting this condition shall be eligible to receive the payments.

(b) The amount of such payments shall compensate for less than 70 per cent of the producer's income loss in the year the producer becomes eligible to receive this assistance.

(c) The amount of any such payments shall relate solely to income; it shall not relate to the type or volume of production (including livestock units) undertaken by the producer; or to the prices, domestic or international, applying to such production; or the factors of production employed.

(d) Where a producer receives in the same year payments under this paragraph and under paragraph 8 (relief from natural disasters), the total of such payments shall be less than 100 per cent of the producer's total loss.

8. Payments (made either directly or by way of government financial participation in crop insurance schemes) for relief from natural disasters

(a) Eligibility for such payments shall arise only following a formal recognition by government authorities that a natural or like disaster (including disease outbreaks, pest infestations, unclear accidents, and war on the territory of the Member concerned) has occurred or is occurring; and shall be determined by a production loss which exceeds 30 per cent of the average of production in the preceding three-year period or a three-year average based on the preceding five-year period, excluding the highest and the lowest entry.

(b) Payments made following a disaster shall be applied only in respect of losses of income, livestock (including payments in connection with the veterinary treatment of animals), land or other production factors due to the natural disaster in question.

(c) Payments shall compensate for not more than the total cost of replacing such losses and shall not require or specify the type or quantity of future production.

(d) Payments made during a disaster shall not exceed the level required to prevent or alleviate further loss as defined in criterion (b) above.

(e) Where a producer receives in the same year payments under this paragraph and under paragraph 7 (income insurance and income safety-net programmes), the total of such payments shall be less than 100 per cent of the producer's total loss.

9. Structural adjustment assistance provided through producer retirement programmes

(a) Eligibility for such payments shall be determined by reference to clearly defined criteria in programmes designed to facilitate the retirement of persons engaged in marketable agricultural production, or their movement to non-agricultural activities.

(b) Payments shall be conditional upon the total and permanent retirement of the recipients from marketable agricultural production.

10. Structural adjustment assistance provided through resource retirement programmes

(a) Eligibility for such payments shall be determined by reference to clearly defined criteria in programmes designed to remove land or other resources, including livestock, from marketable agricultural production.

(b) Payments shall be conditional upon the retirement of land from marketable agricultural production for a minimum of three years, and in the case of livestock on its slaughter or definitive permanent disposal.

(c) Payments shall not require or specify any alternative use for such land or other resources which involves the production of marketable agricultural products.

(d) Payments shall not be related to either the type or quantity of production or to the prices, domestic or international, applying to production undertaken using the land or other resources remaining in production.

11. Structural adjustment assistance provided through investment aids

(a) Eligibility for such payments shall be determined by reference to clearly-defined criteria in government programmes designed to assist the financial or physical restructuring of a producer's operations in response to objectively demonstrated structural disadvantages. Eligibility for such programmes may also be based on a clearly-defined government programme for the reprivatization of agricultural land.

(b) The amount of such payments in any given year shall not be related to, or based on, the type or volume of production (including livestock units) undertaken by the producer in any year after the base period other than as provided for under criterion (e) below.

(c) The amount of such payments in any given year shall not be related to, or based on, the prices, domestic or international, applying to any production undertaken in any year after the base period.

(d) The payments shall be given only for the period of time necessary for the realization of the investment in respect of which they are provided.

(e) The payments shall not mandate or in any way designate the agricultural products to be produced by the recipients except to require them not to produce a particular product.

(f) The payments shall be limited to the amount required to compensate for the structural disadvantage.

12. Payments under environmental programmes

(a) Eligibility for such payments shall be determined as part of a clearly-defined government environmental or conservation programme and be dependent on the fulfilment of specific conditions under the government programme, including conditions related to production methods or inputs.

(b) The amount of payment shall be limited to the extra costs or loss of income involved in complying with the government programme.

13. Payments under regional assistance programmes

(a) Eligibility for such payments shall be limited to producers in disadvantaged regions. Each such region must be a clearly designated contiguous geographical area with a definable economic and administrative identity, considered as disadvantaged on the basis of neutral and objective criteria clearly spelt out in law or regulation and indicating that the region's difficulties arise out of more than temporary circumstances.

(b) The amount of such payments in any given year shall not be related to, or based on, the type or volume of production (including livestock units) undertaken by the producer in any year after the base period other than to reduce that production.

(c) The amount of such payments in any given year shall not be related to, or based on, the prices, domestic or international, applying to any production undertaken in any year after the base period.

(d) Payments shall be available only to producers in eligible regions, but generally available to all producers within such regions.

(e) Where related to production factors, payments shall be made at a degressive rate above a threshold level of the factor concerned.

(f) The payments shall be limited to the extra costs or loss of income involved in undertaking agricultural production in the prescribed area.

ANNEX 3

DOMESTIC SUPPORT:
CALCULATION OF AGGREGATE MEASUREMENT OF SUPPORT

1. Subject to the provisions of Article 6, an Aggregate Measurement of Support (AMS) shall be calculated on a product-specific basis for each basic agricultural product receiving market price support, non-exempt direct payments, or any other subsidy not exempted from the reduction commitment ("other non-exempt policies"). Support which is non-product specific shall be totalled into one non-product-specific AMS in total monetary terms.

2. Subsidies under paragraph 1 shall include both budgetary outlays and revenue foregone by governments or their agents.

3. Support at both the national and sub-national level shall be included.

4. Specific agricultural levies or fees paid by producers shall be deducted from the AMS.

5. The AMS calculated as outlined below for the base period shall constitute the base level for the implementation of the reduction commitment on domestic support.

6. For each basic agricultural product, a specific AMS shall be established, expressed in total monetary value terms.

7. The AMS shall be calculated as close as practicable to the point of first sale of the

basic agricultural product concerned. Measures directed at agricultural processors shall be included to the extent that such measures benefit the producers of the basic agricultural products.

8. Market price support: market price support shall be calculated using the gap between a fixed external reference price and the applied administered price multiplied by the quantity of production eligible to receive the applied administered price. Budgetary payments made to maintain this gap, such as buying-in or storage costs, shall not be included in the AMS.

9. The fixed external reference price shall be based on the years 1986 to 1988 and shall generally be the average f.o.b. unit value for the basic agricultural product concerned in a net exporting country and the average c.i.f unit value for the basic agricultural product concerned in a net importing country in the base period. The fixed reference price may be adjusted for quality differences as necessary.

10. Non-exempt direct payments: non-exempt direct payments which are dependent on a price gap shall be calculated either using the gap between the fixed reference price and the applied administered price multiplied by the quantity of production eligible to receive the administered price, or using budgetary outlays.

11. The fixed reference price shall be based on the years 1986 to 1988 and shall generally be the actual price used for determining payment rates.

12. Non-exempt direct payments which are based on factors other than price shall be measured using budgetary outlays.

13. Other non-exempt measures, including input subsidies and other measures such as marketing-cost reduction measures: the value of such measures shall be measured using government budgetary outlays or, where the use of budgetary outlays does not reflect the full extent of the subsidy concerned, the basis for calculating the subsidy shall be the gap between the price of the subsidized good or service and a representative market price for a similar good or service multiplied by the quantity of the good or service.

ANNEX 4

DOMESTIC SUPPORT: CALCULATION OF EQUIVALENT MEASUREMENT OF SUPPORT

1. Subject to the provisions of Article 6, equivalent measurements of support shall be calculated in respect of all basic agricultural products where market price support as defined in Annex 3 exists but for which calculation of this component of the AMS is not practicable. For such products the base level for implementation of the domestic support reduction commitments shall consist of a market price support component expressed in terms of equivalent measurements of support under paragraph 2 below, as well as any non-exempt direct payments and other non-exempt support, which shall be evaluated as provided for under paragraph 3 below. Support at both national and sub-national level shall be included.

2. The equivalent measurements of support provided for in paragraph 1 shall be calculated on a product-specific basis for all basic agricultural products as close as practicable to the point of first sale receiving market price support and for which the calculation of the market price support component of the AMS is not practicable. For those basic agricultural products, equivalent measurements of market price support shall be made using the applied administered price and the quantity of production eligible to receive that price or, where this is not practicable, on budgetary outlays used to maintain the producer price.

3. Where basic agricultural products falling under paragraph 1 are the subject of non-exempt direct payments or any other product-specific subsidy not exempted from the reduction commitment, the basis for equivalent measurements of support concerning

these measures shall be calculations as for the corresponding AMS components (specified in paragraphs 10 through 13 of Annex 3).

4. Equivalent measurements of support shall be calculated on the amount of subsidy as close as practicable to the point of first sale of the basic agricultural product concerned. Measures directed at agricultural processors shall be included to the extent that such measures benefit the producers of the basic agricultural products. Specific agricultural levies or fees paid by producers shall reduce the equivalent measurements of support by a corresponding amount.

ANNEX 5

SPECIAL TREATMENT WITH RESPECT TO PARAGRAPH 2 OF ARTICLE 4

Section A

1. The provisions of paragraph 2 of Article 4 shall not apply with effect from the entry into force of the WTO Agreement to any primary agricultural product and its worked and/or prepared products ("designated products") in respect of which the following conditions are complied with (hereinafter referred to as "special treatment"):

(a) imports of the designated products comprised less than 3 per cent of corresponding domestic consumption in the base period 1986-1988("the base period");

(b) no export subsidies have been provided since the beginning of the base period for the designated products;

(c) effective production-restricting measures are applied to the primary agricultural product;

(d) such products are designated with the symbol "ST-Annex 5" in Section I-B of Part I of a Member's Schedule annexed to the Marrakesh Protocol, as being subject to special treatment reflecting factors of non-trade concerns, such as food security and environmental protection; and

(e) minimum access opportunities in respect of the designated products correspond, as specified in Section I-B of Part I of the Schedule of the Member concerned, to 4 per cent of base period domestic consumption of the designated products from the beginning of the first year of the implementation period and, thereafter, are increased by 0.8 per cent of corresponding domestic consumption in the base period per year for the remainder of the implementation period.

2. At the beginning of any year of the implementation period a Member may cease to apply special treatment in respect of the designated products by complying with the provisions of paragraph 6. In such a case, the Member concerned shall maintain the minimum access opportunities already in effect at such time and increase the minimum access opportunities by 0.4 per cent of corresponding domestic consumption in the base period per year for the remainder of the implementation period. Thereafter, the level of minimum access opportunities resulting from this formula in the final year of the implementation period shall be maintained in the Schedule of the Member concerned.

3. Any negotiation on the question of whether there can be a continuation of the special treatment as set out in paragraph 1 after the end of the implementation period shall be completed within the time-frame of the implementation period itself as a part of the negotiations set out in Article 20 of this Agreement, taking into account the factors of non-trade concerns.

4. If it is a agreed as a result of the negotiation referred to in paragraph 3 that a Member may continue to apply the special treatment, such Member shall confer additional and acceptable concessions as determined in that negotiation.

5. Where the special treatment is not to be continued at the end of the implementation period, the Member concerned shall implement the provisions of paragraph 6. In such a case, after the end of the implementation period the minimum access opportunities for the designated products shall be maintained at the level of 8 per cent of corresponding domestic consumption in the base period in the Schedule of the Member concerned.

6. Border measures other than ordinary customs duties maintained in respect of the designated products shall become subject to the provisions of paragraph 2 of Article 4 with effect from the beginning of the year in which the special treatment ceases to apply. Such products shall be subject to ordinary customs duties, which shall be bound in the Schedule of the Member concerned and applied, from the beginning of the year in which special treatment ceases and thereafter, at such rates as would have been applicable had a reduction of at least 15 per cent been implemented over the implementation period in equal annual instalments. These duties shall be established on the basis of tariff equivalents to be calculated in accordance with the guidelines prescribed in the attachment hereto.

Section B

7. The provisions of paragraph 2 of Article 4 shall also not apply with effect from the entry into force of the WTO Agreement to a primary agricultural product that is the predominant staple in the traditional diet of a developing country Member and in respect of which the following conditions, in addition to those specified in paragraph 1(a) through 1(d), as they apply to the products concerned, are complied with:

(a) minimum access opportunities in respect of the products concerned, as specified in Section I-B of Part I of the Schedule of the developing country Member concerned, correspond to 1 per cent of base period domestic consumption of the products concerned from the beginning of the first year of the implementation period and are increased in equal annual instalments to 2 per cent of corresponding domestic consumption in the base period at the beginning of the fifth year of the implementation period. From the beginning of the sixth year of the implementation period, minimum access opportunities in respect of the products concerned correspond to 2 per cent of corresponding domestic consumption in the base period and are increased in equal annual instalments to 4 per cent of corresponding domestic consumption in the base period until the beginning of the 10th year. Thereafter, the level of minimum access opportunities resulting from this formula in the 10th year shall be maintained in the Schedule of the developing country Member concerned;

(b) appropriate market access opportunities have been provided for in other products under this Agreement.

8. Any negotiation on the question of whether there can be a continuation of the special treatment as set out in paragraph 7 after the end of the 10th year following the beginning of the implementation period shall be initiated and completed within the time-frame of the 10th year itself following the beginning of the implementation period.

9. If it is agreed as a result of the negotiation referred to in paragraph 8 that a Member may continue to apply the special treatment, such Member shall confer additional and acceptable concessions as determined in that negotiation.

10. In the event that special treatment under paragraph 7 is not to be continued beyond the 10th year following the beginning of the implementation period, the products concerned shall be subject to ordinary customs duties, established on the basis of a tariff equivalent to be calculated in accordance with the guidelines prescribed in the attachment hereto, which shall be bound in the Schedule of the Member concerned. In other respects, the provisions of paragraph 6 shall apply as modified by the relevant special and differential treatment accorded to developing country Members under this Agreement.

Attachment to Annex 5

Guidelines for the Calculation of Tariff Equivalents for the Specific Purpose Specified in Paragraphs 6 and 10 of this Annex

1. The calculation of the tariff equivalents, whether expressed as *ad valorem* or specific rates, shall be made using the actual difference between internal and external prices in a transparent manner. Data used shall be for the years 1986 to 1988. Tariff equivalents:

(a) shall primarily be established at the four-digit level of the HS;

(b) shall be established at the six-digit or a more detailed level of the HS wherever appropriate;

(c) shall generally be established for worked and/or prepared products by multiplying the specific tariff equivalent(s) for the primary agricultural product(s) by the proportion(s) in value terms or in physical terms as appropriate of the primary agricultural product(s) in the worked and/or prepared products, and take account, where necessary, of any additional elements currency providing protection to industry.

2. External prices shall be, in general, actual average c.i.f. unit values for the importing country. Where average c.i.f. unit values are not available or appropriate, external prices shall be either:

(a) appropriate average c.i.f. unit values of a near country; or

(b) estimated from average f.o.b. unit values of (an) appropriate major exporter(s) adjusted by adding an estimate of insurance, freight and other relevant costs to the importing country.

3. The external prices shall generally be converted to domestic currencies using the annual average market exchange rate for the same period as the price data.

4. The internal price shall generally be a representative wholesale price ruling in the domestic market or an estimate of that price where adequate data is not available.

5. The initial tariff equivalents may be adjusted, where necessary, to take account of differences in quality or variety using an appropriate coefficient.

6. Where a tariff equivalent resulting from these guidelines is negative or lower than the current bound rate, the initial tariff equivalent may be established at the current bound rate or on the basis of national offers for that product.

7. Where an adjustment is made to the level of a tariff equivalent which would have resulted from the above guidelines, the Member concerned shall afford, on request, full opportunities for consultation with a view to negotiating appropriate solutions.

2. 한국의 품목별 관세양허 현황

세 번 (H.S.)	품목	기준관세 (%)	양허관세 (%)	비고
0101	말, 당나귀, 노새와 버새	20.0	13.1	
0102	소	free-99.0	free-89.1	SSG(종우)
0103	돼지	23.7	18.0	SSG(종돈)
0104	면양과 산양	20.0	18.0	
0105	가금류(닭, 오리, 거위 등)	10.0-20.0	9.0-18.0	SSG(종계)
0106	기타 산 동물	20.0-23.7	13.1-18.0	
0201	쇠고기(신선, 냉장)	44.5	40.0	
0202	쇠고기(냉동)	44.5	40.0	
0203	돼지고기	29.6-37.0	22.5-25.0	
0204	면양과 산양 고기	29.6	22.5	
0205	말, 당나귀, 노새, 버새의 고기	30.0	27.0	
0206	식용 설육	20.0-23.7	18.0	
0207	가금류의 육 및 식용설육	20.0-35.0	18.0-27.0	
0208	기타의 육과 식용설육	20.0-35.5	18.0-27.0	
0209	돼지 및 가금류의 비계	10.0	6.6	
0210	육과 식용설육(염장, 건조, 훈제)	29.6-41.4	22.5-31.5	
0401	밀크와 크림	47.4	36.0	
0402	밀크와 크림(농축, 감미료 첨가)	99.0-220.0	89.0-176.0	
0403	버터밀크, 요구르트, 케피어 등	47.4-99.0	36.0-89.0	
0404	유장	47.4-99.0	36.0-49.5	
0405	버터 및 기타 기름	99.0	89.0	
0406	치즈와 커드	40.0-47.4	36.0	
0407	조란	30.0	27.0	
0408	조란(껍질 없는 것)과 난황	30.0-46.3	27.0-41.6	
0409	천연꿀	270.0	243.0	선택관세
0410	기타 식용의 동물성 생산품	30.0	19.7	
0501	인모(가공 안한 것)	10.0	6.6	
0502	돼지, 멧돼지, 오소리 등의 털	10.0	6.6	
0503	마모	10.0	6.6	
0504	동물(어류 제외)의 장	35.5	27.0	
0505	새의 털, 분 및 그 웨이스트	10.0	6.6	
0506	뼈와 혼코어	10.0-28.5	6.6-25.6	
0507	아이보리, 귀갑, 뿔, 부리 등	30.0-40.0	19.7-36.0	
0510	용연향, 해리향, 시빗과 사향 등	20.0	13.1	

주: HS 4단위 이상의 세부 품목별 내용은 대한민국(1994) 참조.

세 번 (H.S.)	품목	기준관세 (%)	양허관세 (%)	비고
0511	기타 동물성 생산품(비식용)	free-23.7	free-18.0	SSG(소정액 등)
0601	인경, 괴경, 괴근, 근경 등	30.0	27.0	
0602	기타 산 식물, 삽수, 접수	20.0-30.0	13.1-27.0	SSG(사과나무, 배나무, 복숭아나무, 귤나무, 뽕나무)
0603	절화와 꽃봉오리	40.0	36.0	
0604	식물의 잎, 가지, 기타 부분	20.0	13.1	
0701	감자	338.0	304.0	SSG
0702	토마토	50.0	45.0	
0703	양파, 쪽파, 마늘, 부추	30.0-400.0	27.0-360.0	선택관세(양파, 마늘)
0704	양배추, 케일, 기타 배추속	30.0	27.0	
0705	상치 및 치커리	30.0-50.0	19.7-45.0	
0706	당근, 순무	30.0-50.0	27.0-45.0	
0707	오이류	30.0	27.0	
0708	채두류	30.0	27.0	
0709	기타 채소	30.0-300.0	27.0-270.0	선택관세(버섯류, 고추, 고사리)
0710	냉동채소	30.0-100.0	27.0-90.0	선택관세(고사리)
0711	일시 저장 처리한 채소	30.0-400.0	27.0-360.0	선택관세(오이, 마늘, 버섯, 죽순 등)
0712	건조한 채소	30.0-400.0	27.0-360.0	선택관세(양파, 버섯류, 마늘, 무, 파, 당근, 호박 등)
0713	건조한 채두류	35.5-675.0	27.0-607.5	SSG(종자용 녹두, 팥)
0714	매니옥, 칡뿌리, 고구마 등	20.0-986.0	18.0-887.4	선택관세(고구마), SSG(매니옥, 고구마, 칡뿌리)
0801	코코넛, 브라질넛, 캐슈넛	50.0	32.8	
0802	기타 견과류	30.0-629.8	27.0-566.8	선택관세(밤, 잣, 은행)
0803	바나나	100.0	90.0	
0804	대추야자, 무화과, 파인애플 등	50.0-59.2	32.8-45.0	
0805	감귤류	50.0-160.0	30.0-144.0	
0806	포도	50.0	21.0-45.0	
0807	멜론과 포포우	59.2	45.0	
0808	사과, 배, 마르멜로	50.0-75.0	45.0	
0809	살구, 버찌, 복숭아, 자두	40.0-75.0	24.0-45.0	
0810	기타 과실(신선)	50.0-679.4	45.0-611.5	선택관세(대추)
0811	냉동과실과 냉동견과류	80.0-94.7	72.0	

세 번 (H.S.)	품목	기준관세 (%)	양허관세 (%)	비고
0812	일시 저장처리한 과실과 견과류	50.0-59.2	32.8-45.0	
0813	건조한 과실 및 그 혼합물	30.0-679.4	18.0-611.5	선택관세(감, 대추)
0814	감귤류 및 멜론의 껍질	50.0	32.8	
0901	커피	45.0-60.0	29.5-54.0	
0902	차류	67.5-570.7	60.7-513.6	
0903	마태	40.0	26.2	
0904	후추 및 고추류	30.0-300.0	19.7-270.0	선택관세(고추류)
0905	마닐라두	20.0	13.1	
0906	계피와 계피나무 꽃	30.0	19.7	
0907	정향	30.0	19.7	
0908	육두구, 메이스, 소두구	30.0	19.7	
0909	아니스, 대회향 등	30.0	19.7	
0910	생강, 샤프란, 심황 등	30.0-419.2	19.7-377.3	선택관세(생강)
1001	밀과 메슬린	10.0-11.8	1.8-9.0	
1002	호밀	120.8(종자) 10.0(기타)	108.7 9.0	SSG
1003	보리	333.0-570.0	299.7-513.0	SSG, 선택관세(맥주맥 제외)
1004	귀리	616.4(종자) 10.0(기타)	554.8 9.0	SSG
1005	옥수수	365.0-700.0	328.0-630.0	SSG
1006	쌀(벼 포함)	-	-	ST-Annex 5
1007	수수	866.0(종자) 10.0(기타)	779.4 9.0	SSG
1008	메밀, 조, 카나리시드, 기타 곡물	20.0-889.0	13.1-800.3	SSG
1101	밀가루, 메슬린 가루	20.0-30.0	4.2-13.1	
1102	곡분(밀가루, 메슬린 가루 제외)	23.7-889.2	18.0-800.3	SSG(보리 가루 등)
1103	곡물의 분쇄물, 조분, 펠리트	181.0-889.2	162.9-800.3	SSG
1104	기타 가공한 곡물	23.7-889.2	18.0-800.3	SSG(보리, 귀리, 옥수수, 율무 등)
1105	감자의 분, 조분, 플레이크	338.0	304.0	SSG
1106	건조한 채두류의 분과 조분	30.0-35.5	19.7-27.0	
1107	맥아	35.5-299.0	27.0-269.0	
1108	전분과 이눌린	56.6-889.2	50.9-800.3	SSG
1109	밀의 글루텐	25.0	16.4	
1201	대두	541.0	487.0	SSG, 선택관세
1202	낙화생	256.1	230.5	SSG
1203	코프라	10.0	6.6	

세 번 (H.S.)	품목	기준관세 (%)	양허관세 (%)	비고
1204	아마인	10.0	5.0	
1205	유채	35.5	20.0	
1206	해바라기 씨	47.4	36.0	
1207	기타 채유용 종자와 과실	10.0-700.0	6.6-630.0	선택관세(참깨)
1208	채유용 종자와 과실의 분, 조분	35.5	27.0	
1209	파종용의 종자, 과실 및 포자	free	free	SSG(채소, 연초의 종자)
1210	호프와 루플린	50.0	32.8-45.0	
1211	향료용, 의료용, 살충용의 식물	20.0-838.1	18.0-754.3	SSG(인삼, 홍삼)
1212	로커스트두, 해초류, 사탕무 등	10.0-30.0	6.6-20.0	
1213	곡물의 짚과 껍질	30.0	19.7	
1214	루우산, 사료용 근채류	20.0-111.7	10.0-100.5	SSG
1301	락과 천연 껌	20.0	13.1	
1302	식물성 액즙과 엑스 등	20.0-838.1	13.1-754.3	SSG(홍삼)
1401	편조물용 식물성 재료	10.0-20.0	9.0-13.1	
1402	충전용 식물성 재료	10.0	6.6	
1403	비 또는 브러쉬용 식물성 재료	10.0	6.6	
1404	기타 식물성 생산품	10.0-11.8	6.6-9.0	
1501	라드, 기타 돼지 및 가금의 기름	10.0-30.0	6.6-27.0	
1502	소, 면양, 산양의 지방	20.0	18.0	
1503	라드스테아린 등	10.0	6.6	
1505	울그리스, 라놀린	10.0	6.6	
1506	기타 동물성 유지와 그 분획물	20.0	18.0	
1507	대두유와 그 분획물	30.0-35.5	5.4-27.0	
1508	낙화생유와 그 분획물	30.0	27.0	
1509	올리브유와 그 분획물	30.0	27.0	
1510	기타 올리브유와 그 분획	30.0	27.0	
1511	팜유와 그 분획물	30.0	27.0	
1512	해바라기씨유 등과 그 분획물	29.6-47.4	5.4-36.0	
1513	야자유, 팜핵유 등과 그 분획물	25.0-30.0	16.4-27.0	
1514	유채유, 겨자유와 그 분획물	40.0-47.4	30.0-36.0	
1515	기타 비휘발성 식물성 유지	25.0-700.0	10.0-630.0	선택관세(참기름)
1516	동물성, 식물성 유지와 분획물	25.0-40.0	16.4-36.0	
1517	마가린, 쇼트닝 등	30.0	19.7	
1518	동물성, 식물성 유지와 분획물	25.0	16.4	
1519	공업용 지방성 알코올 등	20.0	13.1-18.0	
1520	글리세롤	20.0	13.1	
1521	식물성 납	25.0-35.0	16.4-31.5	

세 번 (H.S.)	품목	기준관세 (%)	양허관세 (%)	비고
1522	데그라스 및 지방성 물질 등	25.0	16.4	
1601	소시지, 기타	35.0-41.4	18.0-31.5	
1602	기타 조제한 육, 설육, 피	60.0-80.0	27.0-72.0	
1603	육, 어류 등의 엑스와 즙	41.4	31.5	
1701	사탕수수당, 사탕무당	23.7-94.6	18.0-85.1	선택관세(향미 또는 착색제 첨가)
1702	기타의 당	30.0-270.0	19.7-243.0	
1703	당밀	11.8-25.0	9.0-16.4	
1704	설탕과자	30.0	19.7	
1801	코코아두	20.0-30.0	13.1-19.7	
1802	코코아두의 각과 피	30.0	19.7	
1803	코코아 페이스트	30.0	19.7	
1804	코코아 버터	30.0	19.7	
1805	코코아 분말	30.0	19.7	
1806	초코렛과 코코아 함유 조제식품	30.0-40.0	19.7-27.0	
1901	맥아 엑스와 분, 조분, 전	35.5-71.0	27.0-54.0	
1902	파스타	60.0	54.0	선택관세(당면)
1903	타피오카	35.5	27.0	
1904	콘플레이크, 콘칩	30.0-60.0	5.4-54.0	
1905	빵, 파이, 케이크, 비스켓	30.0	19.7-27.0	
2001	식초로 조제 처리한 채소, 과실	40.0-60.0	30.0-54.0	
2002	조제, 저장 처리한 토마토	35.0-50.0	32.5-45.0	
2003	조제, 저장 처리한 버섯	35.0-52.5	30.0-47.2	선택관세(양송이버섯)
2004	조제, 저장 처리한 기타 채소	35.0-60.0	18.0-54.0	
2005	조제, 저장 처리한 기타 채소 (식초로 처리한 것 제외)	35.0-60.0	15.0-54.0	
2006	설탕으로 처리한 과실, 견과류	50.0-75.0	32.8-67.5	
2007	잼, 과실제리, 퓨레 등	41.4-59.2	31.5-45.0	
2008	기타 방법으로 처리한 과실 등	50.0-100.0	45.0-90.0	
2009	과실주스, 채소주스	50.0-71.0	30.0-54.0	
2101	커피, 차, 마태의 엑스	45.0-60.0	40.0-54.0	
2102	효모	20.0-35.0	13.1-30.0	
2103	소스, 혼합 조미료, 겨자의 분	60.0	54.0	선택관세(메주)
2104	수프	60.0	18.0-54.0	
2105	아이스크림, 기타 빙과류	35.0-60.0	22.9-54.0	
2106	기타 조제식료품	35.0-838.1	22.9-754.3	SSG(홍삼차)
2201	물	20.0	13.1	
2202	감미료나 향미를 첨가한 물	10.0-40.0	9.0-26.2	

세 번 (H.S.)	품목	기준관세 (%)	양허관세 (%)	비고
2203	맥주	100.0	30.0	
2204	포도주	100.0-118.4	30.0	
2205	베르뭇	100.0	30.0	
2206	기타 발효주	100.0	30.0	
2207	변성하지 않은 에틸알코올	30.0-300.0	8.0-270.0	
2208	변성하지 않은 에틸알코올 (알코올 용량 80/100 미만)	100.0-118.4	30.0	
2209	식초	30.0	8.0	
2301	육, 설육, 어류 등(비식용)	10.0	9.0	
2302	밀기울, 미강	10.0	5.0-6.6	
2303	전분박	10.0	free-6.6	
2304	대두박	20.0	1.8	
2305	낙화생박	10.0	6.6	
2306	오일케익, 기타 고형의 유박	10.0-70.0	free-63.0	SSG 및 선택 관세(참깨의 것)
2307	포도주박, 생주석	10.0	6.6	
2308	사료용 식물성 물질, 웨이스트	20.0-100.0	13.1-90.0	선택관세(도토리)
2309	사료용 조제품	20.0-79.0	4.2-71.0	SSG(일부 품목)
2401	잎담배 및 부산물	71.0	54.0	
2402	시가, 셔루트, 시가릴로, 권련	100.0	65.5	
2403	기타 제조담배	50.0-100.0	32.8-65.5	
2905.43	만니톨	20.0	13.0	
2905.44	디-글루시톨	25.0	22.5	
3301	정유	20.0-40.0	13.0-16.0	
3501	카세인	25.0	22.5	
3502	알부민	20.0	13.0	
3503	젤라틴	20.0-40.0	13.0-15.0	
3504	펩톤과 그 유도체	20.0	13.0	
3505	덱스트린과 기타 변성전분	20.0-428.6	13.0-385.7	SSG
3809.10	전분질을 기재로 한 염색캐리어	20.0	18.0	
3823.60	솔비톨	25.0	13.0	
4101	소와 마속 동물의 원피	10.0-20.0	5.0	
4102	면양의 원피	10.0	5.0	
4103	기타의 원피	10.0	5.0-9.0	
4301	생모피	40.0	5.0-36.0	
5001	누에고치	56.7	51.0	선택관세
5002	생사(꼰 것 제외)	23.7-57.5	18.0-51.7	선택관세
5003	견웨이스트	10.0-11.8	9.0	

세 번 (H.S.)	품목	기준관세 (%)	양허관세 (%)	비고
5101	양모	10.0	2.0	
5102	섬수모, 조수모	10.0	2.0	
5103	양모, 섬수모 등의 웨이스트	10.0	2.0	
5201	면	10.0	2.0	
5202	면웨이스트	10.0	2.0	
5203	면(카드 또는 코움한 것)	10.0	2.0	
5301	아마, 아마의 토우 및 웨이스트	10.0	2.0	
5302	대마, 대마의 토우 및 웨이스트	10.0	2.0	

강인수 외 7인, 『국제통상론』 제3판, 박영사, 2003.

관세청, FTA 포털, http://www.customs.go.kr

김세원, 『무역정책』, 무역경영사, 1992.

김인준, 『국제경제론』 제3판, 다산출판사, 1998.

김정건, 『국제법』, 박영사, 1998.

노택환 · 김진삼 · 조현정 · 서민교, 『국제통상의 이해』, 박영사, 2014.

농림수산부, 『UR농산물협상/최종협정서초안(Draft Final Act/Text on Agriculture)』, 1991. 12.

______, 『세계무역기구 설립을 위한 마라케쉬협정』, 1994.

농림축산식품부, 『농림축산식품 주요통계』, 2015.

농촌진흥청, 『농업이 환경에 미치는 공익적 기능 평가』, 1996.

대외경제정책연구원 외, 「한 · EU FTA의 경제적 효과분석」, 연구보고서, 2010. 10. 6.

______, 「한 · 미 FTA 경제적 효과 재분석」, 연구보고서, 2011. 8. 5.

대한무역진흥공사, 『GATT 협정문』, 무역자료 27-34, 1988.

대한민국, 『UR 농산물협상 이행계획서』, 1994. 3.

산업통상자원부, FTA 포털: FTA 강국 KOREA, http://www.fta.go.kr/main

송주호, 「WTO 제10차 나이로비 각료회의의 전망과 우리나라의 대응방안」, 제10차 DDA/FTA 농업협상 전문가 포럼 발표자료, 2015. 12. 4.

______, 「WTO/DDA의 운명 어둠 속으로」, GS&J 시선집중 제211호, 2015. 12.

안병일, 「개도국 세분화 논의동향 및 대응방향」, 제3차 DDA/FTA 농업협상전문가포럼 발표자료, 2015. 6. 12.

이 균, 『관세이론』, 법경사, 1992.

이용기, 「무역자유화와 우리나라 수입농산물의 최적관세율 결정」, 『경제학연구』 제46집 제1호, 1998.

______, 「한국의 쌀 산업 직접지불제와 디커플링」, 『농업경제연구』 제46권 제4호, 2005.

______, 「한 · 미 FTA가 쇠고기 산업에 미치는 영향: 소비대체접근법」, 『농업경영 · 정책연구』 제33권 제4호, 2006.

______, 「직접지불을 통한 쌀농가 소득지원정책의 효율성 분석」, 『농업경제연구』 제48권 제4호, 2007.

______, 『한국농업 길을 묻다』, (주)푸른길, 2012a.

______, 「농부의 딜레마 재조명」, 『농업경영 · 정책연구』 제39권 제4호, 2012b.

조영정, 『국제통상학』, 학현사, 1999.

한국관세연구소, 『관세율표』, 1998.

한국농촌경제연구원, 『우루과이라운드 농업협정문 해설』, 1994.

______, 『우루과이라운드 농산물협상 백서』, D.94, 1994. 11.

Bhagwati, J. N., *A Stream of Windows*, The MIT Press, 1998.

Bhagwati, J. N. and M. Hirsch, edited, *The Uruguay Round and Beyond*, Springer, 1998.

Bhagwati, J. N., A. Panagariya, and T. N. Srinivasan, *Lectures on International Trade*, second edition, The Massachusetts Institute of Technology, 1998.

Borcherding, T. E. and E. Silberberg, "Shipping the Good Apples Out: The Alchian and Allen Theorem Reconsidered," *Journal of Political Economy* 86, 1978, pp. 131~138.

Caves R. E., J. A. Frankel, and R. W. Jones, *World Trade and Payments: An Introduction*, seventh edition, HarperCollins, 1996.

CODEX, website http://www.fao.org/fao-who-codexalimentarius/en/

Donaldson, G., "Food Security and the Role of the Grain Trade," in J. P. Gittinger, J. Leslie, and C. Hoisington, eds, *Food Policy: Integrating Supply,*

Distribution, and Consumption, The Johns Hopkins University Press, 1987.

Falvey, R. E., "The Composition of Trade within Import-restricted Product Categories," *Journal of Political Economy* 87, 1979, pp. 1105~1114.

_______, "Tariffs, Quotas and Piecemeal Policy Reform," *Journal of International Economics* 25, 1988, pp. 177~183.

FAO, *The State of Food Insecurity in the World,* 2015.

Feenstra, R. C., *Advanced International Trade: Theory and Evidence*, Princeton University Press, 2004.

Frankel, J. A., *Regional Trading Blocs in the World Economic System*, Institute for International Economics, 1997.

Fukushima, T., "Tariff Structure, Nontraded Goods and Theory of Piecemeal Policy Recommendations," *International Economic Review* 20, 1979, pp. 361~369.

_______, and N. Kim, "Welfare Improving Tariff Changes: A Case of Many Goods and Countries," *Journal of International Economics* 26, 1989, pp. 383~388.

Gardner, B. L., "Efficient Redistribution through Commodity Markets," *American Journal of Agricultural Economics* 65, 1983, pp. 225~234.

_______, *The Economics of Agricultural Policies*, Macmillan Publishing Company, 1987.

Hamilton, K. and G. V. Reed, "Economic Aspects of Voluntary Export Restraints," by D. Greenaway, in *Current Issues in International Trade*, second edition, edited, Macmillan Press Ltd., 1996.

Hatta, T., "A Recommendation for a Better Tariff Structure," *Econometrica* 45, 1977a, pp. 1859~1869.

_______, "A Theory of Piecemeal Policy Recommendations," *Review of Economic Studies* 44, 1977b, pp. 11~21.

_______, and T. Fukushima, "The Welfare Effect of Tariff Rate Reduction in a Many Country World," *Journal of International Economics* 9, 1979, pp. 503~511.

Helmberger, P. G., *Economic Analysis of Farm Programs*, McGraw-Hill, Inc., 1991.

Heron, R. L., *Globalized Agriculture: Political Choice*, Pergamon Press Ltd., 1993.

Houck, J. P., *Elements of Agricultural Trade Policies*, Macmillan Publishing Company, 1986.

Ingersent, K. A., A. J. Rayner, and R. C. Hine, edited, *Agriculture in the Uruguay Round*, St. Martin's Press, 1994.

Irwin, D. A., *Against the Tide: An Intellectual History of Free Trade*, Princeton University Press, 1996.

_______, *Free Trade under Fire*, fourth edition, Princeton University Press, 2015.

Jackson, J. H., *The World Trading System: Law and Policy of International Economic Relations*, second edition, The MIT Press, 1999.

Johnson, D. G., *World Agriculture in Disarray*, St. Martin's Press, 1991.

Just, R. E., D. L. Hueth, and A. Schmitz, *Appled Welfare Economics and Public Policy*, Prentice-Hall, Inc., 1982.

_______, *The Welfare Economics of Public Policy: A Practical Approach to Project and Policy Evaluation*, Edward Elgar Publishing Company, 2005.

Katz, M. L. and H. S. Rosen, *Microeconomics*, IRWIN, 1991.

Kohls, R. L. and J. N. Uhl, *Marketing of Agricultural Products*, Prentice Hall, Inc., 1998.

Kreinin, M. E., *International Economics: A Policy Approach*, eighth edition, The Dryden Press, 1998.

Krueger, A. O., *The WTO As An International Organization*, edited, The University of Chicago Press, 1998.

Krugman, P., *Peddling Prosperity: Economic Sense and Nonsense in the Age of Diminished Expectations*, W. W. Norton and Company, 1994.

Krugman, P. R. and M. Obstfeld, *International Economics: Theory and Policy*, fifth edition, Addison-Wesley, 2000.

Lancaster, K., *Trade, Markets and Welfare*, Edward Elgar Publishing Company, 1996.

Lee, Yong-Kee, "In Search of Some Criteria for Selecting Tariff Policies," *The Korean Economic Review*, vol. 13, no. 1, 1997.

_______, "Effects of Agricultural Trade Liberalization through Free Trade Agreements: Trade Creation and Trade Diversion in Korea's Differentiated Beef Market," *Journal of Korea Trade*, vol. 14, no. 4, 2010.

Leu, Gwo-Jiun M., A. Schmitz, and R. D. Knutson, "Gains and Losses of Sugar Program Policy Options," *American Journal of Agricultural Economics* 69, 1987, pp. 591~602.

Lichtenber, E. and D. Zilberman, "The Welfare Economics of Price Supports in U.S. Agriculture," *American Journal of Agricultural Economics* 68, 1986, pp. 1135~1141.

Lipsey, R. G. and K. Lancaster, "The General Theory of Second Best," *Review of Economic Studies* 24, 1956, pp. 11~32.

MaCalla, A. F. and T. E. Josling, *Agricultural Policies and World Markets*, Macmillan Publishing Company, 1985.

Malthus, Thomas R., *An Essay on the Principle of Population*, 1798.

McDonald, B., *The World Trading System: The Uruguay Round and Beyond*, Macmillan Press Ltd., 1998.

McGee, R. W., *A Trade Policy for Free Society: A Case Against Protectionism*, Quorum Books, 1994.

OECD, *Agricultural Policies in OECD Countries: Measurement of Support and Background Information 1997.*

_______, *Agricultural Policies in OECD Countries: Monitoring and Evaluation 2000.*

_______, *Agricultural Policy Monitoring and Evaluation 2014.*

OIE, website http://www.oie.int/

Palmeter, D. and P. C. Mavroidis, *Dispute Settlement in the World Trade*

Organization: Practice and Procedure, Kluwer Law International, 1999.

Pindyck, R. S. and D. L. Rubinfeld, *Microeconomics*, sixth edition, Pearson Education, Inc., 2005.

Reutlinger, S., "Food Security and Poverty in Developing Countries," in J. P. Gittinger, J. Leslie, and C. Hoisington, eds, *Food Policy: Integrating Supply, Distribution, and Consumption*, The Johns Hopkins University Press, 1987.

Ricardo, D., *The Principle of Political Economy and Taxation*, 1817.

Roberts, R. D., *The Choice: A Fable of Free Trade and Protectionism*, Prentice-Hall Inc., 1994.

Rodrik, D., *The Globalization Paradox*, W. W. Norton & Company, Inc., 2012.

Salvatore, D., *International Economics*, sixth edition, John Wiley & Sons, Inc., 1999.

Schott, J. J., *The WTO After Seattle*, edited, Institute for International Economics, 2000.

Trebilcock, M. J. and R. Howse, *The Regulation of International Trade*, second edition, Routledge, 1999.

United Nations, Department of Economic and Social Affairs, Population Division, *World Population Prospects: The 2015 Revision, Key Findings and Advance Tables*, 2015.

Varian, H. R., *Microeconomic Analysis*, third edition, W. W. Norton & Company, Inc., 1992.

Vousden, N., *The Economics of Trade Protection*, Cambridge University Press, 1990.

Wolfe, R., *Farm Wars: The Political Economy of Agriculture and the International Trade Regime*, Macmillan Press Ltd, 1998.

WTO, website http://www.wto.org

찾아보기

[ㄱ]

[ㅅ]

[ㅇ]

[ㅈ]

[ㅊ]

[ㅋ]

[ㅌ]

[ㅍ]

[ㅎ]